气候变化综合评估模型与应用

Climate Change Integrated Assessment Model and Its Applications

魏一鸣　梁巧梅　余碧莹　廖　华等　著

科学出版社

北京

内 容 简 介

气候变化综合评估模型（integrated assessment model，IAM）是气候经济学前沿研究领域。IAM 通过整合经济系统和气候系统，实现在同一平台下直接比较应对气候变化的成本和收益。本书在全面介绍气候变化综合评估模型的基本概念和发展历程、研究现状和研究热点、关键问题、典型气候变化综合评估模型的基础上，聚焦北京理工大学能源与环境政策研究中心（CEEP-BIT）自主设计研发的中国气候变化综合评估模型（China's climate change integrated assessment model，C^3IAM），系统描述其方法论和总体框架，逐一剖析各组成模块的基本架构、核心方程以及典型应用示例，并对 C^3IAM 不同模块之间的耦合方式和社会经济数据的处理进行专门说明。作为 C^3IAM 模型的典型应用，研究提出全球气候变化减缓策略与途径。

本书兼顾学术性和科普性，既可供高等院校经济类、管理类专业教学使用，系统训练学生的建模能力，也可用于广大能源环境经济、碳中和技术与管理领域科研人员的实践参考，还可供政府决策部门、政策制定者和企业管理人员参阅。

图书在版编目（CIP）数据

气候变化综合评估模型与应用 = Climate Change Integrated Assessment Model and Its Applications/ 魏一鸣等著. —北京：科学出版社，2023.3

ISBN 978-7-03-074961-1

Ⅰ.①气… Ⅱ.①魏… Ⅲ.①气候变化–研究–中国 Ⅳ.①P467

中国国家版本馆 CIP 数据核字（2023）第 034154 号

责任编辑：刘翠娜 / 责任校对：王萌萌
责任印制：吴兆东 / 封面设计：蓝正设计

科 学 出 版 社 出版
北京东黄城根北街 16 号
邮政编码：100717
http://www.sciencep.com

北京虎彩文化传播有限公司 印刷
科学出版社发行 各地新华书店经销
*
2023 年 3 月第 一 版　开本：787×1092 1/16
2023 年 3 月第一次印刷　印张：16 3/4
字数：380 000

定价：168.00 元
（如有印装质量问题，我社负责调换）

作 者 简 介

魏一鸣，北京理工大学教授、副校长。曾入选教育部高层次人才计划特聘教授(2008年)、国家杰出青年科学基金获得者(2004年)、中国科学院"百人计划"(2005年)、"首批新世纪百千万人才工程国家级人选"(2004年)、国家"万人计划"领军人才(2017年)、国家自然科学基金委创新研究群体"能源经济与气候政策"学术带头人(2015年)。现任北京理工大学副校长、北京理工大学能源与环境政策研究中心主任、能源经济与环境管理北京市重点实验室主任，兼任中国优选法统筹法与经济数学研究会副理事长、能源经济与管理研究分会理事长等。受邀担任 *Energy and Climate Change* 等 20 余份国际期刊主编、编委或国际顾问，担任联合国政府间气候变化专门委员会(IPCC)第六次评估报告第三工作组能源系统的领衔作者的召集人(Coordinating Lead Author)。曾任中国科学院科技政策与管理科学研究所副所长(2000~2008年)、研究员，中国优选法统筹法与经济数学研究会秘书长(2001~2009年)和副理事长(2010~2019年)，北京理工大学管理与经济学院院长(2009~2019年)。

长期从事能源环境系统工程和气候工程管理、碳减排工程管理的研究和教学工作，在能源经济预测与决策建模、碳捕集封存与利用技术管理、灾害风险评估、全球气候政策等领域开展了有创新的研究工作并做出了贡献。先后主持国家重点研发计划项目、国家自然科学基金创新研究群体项目、国家自然科学基金重大国际合作、973 计划课题、国家科技支撑计划项目、国家自然科学基金重点项目、欧盟第七框架计划(7th Framework Programme，FP7)等 50 余项重要科研任务。著作 20 余部；在包括《自然》子刊在内的国际主流期刊发表学术论文 200 余篇。论文累计他引万余次，26 篇入选全球"高被引论文"。自 2010 年以来，连续多年被评为"中国高被引学者"。自 2018 年以来，连续多年入选全球高被引科学家。获 13 项省部级奖，其中一等奖 6 项。向中央和国务院提交了多份政策咨询报告并得到了重视，研究成果在学术界和政府部门均有较大影响。

曾获全国创新争先奖(2020年)、中国青年科技奖(2001年)纪念博士后制度 20 周年"全国优秀博士后"称号(2005年)，获国务院政府特殊津贴(2004年)，获全国优秀科技工作者(2012年)、北京市优秀教师(2013年)、中国科学院优秀研究生导师(2008年)等荣誉称号。

梁巧梅，管理学博士(2007年)，北京理工大学能源与环境政策研究中心副主任，教授，博士生导师。长期从事管理科学的研究工作，主要研究方向为能源经济复杂系统建模与能源环境政策。2014 年度国家自然科学基金优秀青年科学基金获得者，入选教育部新世纪优秀人才及北京市优秀人才支持计划。主持或参与国家自然科学基金项目、国家重点研发计划项目、国家科技支撑计划、欧盟 FP7 等重要科研任务 20 余项。在国内外重要学术期刊发表论文 70 余篇，其中 SCI/SSCI 收录期刊论文 50 余篇。合著中英文专著

9 部。发表的英文论文累计被他人引用 1300 余次，一作单篇 SCI/SSCI 他引最高 194 次（Web of Science）。曾入选"2020 年管理科学与工程学科的中国高被引学者"。部分成果被路透社等多家媒体报道。曾获全国优秀博士学位论文提名奖、北京市优秀博士学位论文、中科院优秀博士学位论文、中科院院长优秀奖、教育部科技进步奖等荣誉。

余碧莹，北京理工大学能源与环境政策研究中心副主任，教授，博士生导师。先后获国家青年科学基金、国家优秀青年科学基金。曾任日本京都大学 JSPS 特别研究员、英国伦敦大学(UCL)访问研究员、日本广岛大学助理教授。主要研究方向涵盖能源消费行为模拟和政策研究、共享经济和智能出行、时间利用、行为-经济-能源-环境复杂系统分析等方面。迄今为止已在《自然》子刊 *Nature Energy* 等国际知名期刊上发表学术论文 40 余篇，其中高被引论文 3 篇。在 *Nature Energy* 上发表的论文被遴选为《自然》期刊亮点研究(research highlights)。合著出版中、英、日文专著 4 部。完成的多份政策咨询报告被中办、国办等部门采用。兼任 *Applied Energy* 期刊领域编辑(Assistant Editor)，*Asian Transport Studies* 期刊副主编(Associate editor)，International Association for Travel Behavior Research 成员，International Association for Time Use Research 成员，东亚运输学会成员，*Environmental Science & Technology*、*Ecological Economics*、*Applied Energy*、*Journal of Cleaner Production*、*Energy Policy* 等国际知名学术期刊评审人。

廖华，北京理工大学能源与环境政策研究中心副主任，教授，博士生导师。从事能源与气候经济领域的人才培养和科学研究工作。讲授《能源经济学》等课程，指导博士生 10 余人。负责国家自然科学基金项目 8 项、国家重点研发计划课题 1 项，发表论文 100 余篇，向上级提交多份政策咨询报告并得到重视。获省部级一等奖 4 项。入选教育部高层次人才青年学者计划(2015 年)，获批国家杰出青年科学基金(2019 年)。

前　言

全球气候变化深刻影响着自然生态系统和人类的生存与发展，应对气候变化是人类社会共同面临的重大挑战。气候变化具有成因复杂、波及范围广、不确定性强、影响不可逆等复杂的特征，气候治理涉及气候科学、生态学、经济学、政治学和国际关系等多学科交叉。气候变化本质上是人类活动产生的外部性，其主要根源是人类活动和经济增长使用的化石燃料消耗产生的温室气体排放，而气候变化的加剧不仅会带来生态环境灾难，也会对社会经济系统的运行产生负面影响。因此，气候系统与社会经济系统存在相互关联、相互影响、互为反馈的复杂关系。

为应对全球气候变化，威廉·诺德豪斯开创性地将气候变化纳入经济学分析框架中，并因此获得了2018年度诺贝尔经济学奖，引发了世界对气候经济学的广泛关注。气候变化的全球外部性本质决定了全球气候治理需要相关政策的积极干预，而气候经济学为全球气候政策的制定提供了理论基础。首先，设定合理的、具有约束力的温度限制目标是制定气候政策的基础，而确定气候变化目标需要同时考虑应对气候变化的成本和避免损失的收益；其次，应对气候变化是一个长期的工作，现阶段气候变化的减缓措施和成本在很大程度上是避免将来对后代的危害，因此，气候政策的制定需要考虑代际成本和收益的分布均衡性；再次，气候变化是一个全球议题，各国有强烈的搭便车动机，因此，制定减排路径需要考虑各国的差异性、协调国家间的利益冲突。总而言之，气候政策的关键问题是确定温度限制的合理目标、减排的时间安排、各国分担的减排量和有效的政策工具等，其核心是依赖于以气候经济学为基础的成本-收益分析。

气候变化及影响涉及复杂的传导机制，而气候政策涉及多方主体、多重利益和多源目标，为提高气候治理的有效性，有必要选择合理的气候政策工具。气候变化综合评估模型(integrated assessment model，IAM)不仅包含气候要素，而且包含气候变化的科学与经济学，在描述经济、能源和气候等系统间的复杂动态交互关系方面具有独特优势。气候变化综合评估模型从气候经济学视角出发，能够将自然气候系统与社会经济系统有机地整合在一个框架中，实现同一平台下应对气候变化的成本与收益比较，已成为全面评估气候政策和应对策略的有效工具，并作为科学设计减排机制、制定气候政策的重要支撑方法。在综合评估模型的构建中，如何有效地刻画气候、经济、社会、技术等不同子系统的关联和反馈机制，如何对具有不同数据尺度、建模逻辑和方法论的不同子系统进行一致性多耦合等，一直是亟待解决的关键问题。

北京理工大学能源与环境政策研究中心长期致力于气候变化领域的科学问题研究，先后在国家重点研发计划项目(2016YFA0602603)和国家自然科学基金项目(72293600、72074022、71822401)等长期支持下，自主设计研制了中国气候变化综合评估模型(China's climate change integrated assessment model，C^3IAM)的1.0版及2.0版。本书是北京理工大学能源与环境政策研究中心团队成员在建模方法与应用研究过程中长期积累的经验总结。期望本书的出版能帮助国内外气候环境领域的学者系统性地了解气候变化综合评估模型的原理和机制，并推动气候变化相关问题的应用研究，从而为政府相关部门提供有效的政策支持。

本书针对气候变化综合评估模型的建模过程与应用研究进行了系统介绍，全书共分为 12 章。第 1 章从全球气候治理的紧迫性和复杂性入手，指出气候政策的有效设计需要兼顾经济成本与效益，以及综合评估模型在评估和设计气候政策方面的独特优势，分析了全球气候变化的现状和综合评估模型对于评估和设计气候政策的作用。第 2 章进一步介绍了气候变化综合评估模型的基本概念和发展历程，梳理了研究现状、研究热点及在模型框架、不确定性、公平性、模型耦合和降尺度等方面的关键科学问题，系统总结并评述了气候变化综合评估模型的新进展。第 3 章系统介绍了中国气候变化综合评估模型 (C^3IAM) 的建模方法、模型整体框架及其内部的社会经济模型、能源技术模型、气候系统模型、气候损失模型及生态和土地利用模型等的建模原理与运行机制。第 4～9 章分别对中国气候变化综合评估模型 (C^3IAM) 的各个核心模型进行理论介绍和应用分析，主要包括：①构建了全球多区域经济最优增长模型 ($C^3IAM/EcOp$)，并探讨了实现《巴黎协定》2℃温控目标的路径。②构建了全球多区域能源与环境政策分析模型 ($C^3IAM/GEEPA$) 和中国多区域能源与环境政策分析模型 ($C^3IAM/MR.CEEPA$)，展示了国际贸易与碳减排之间关系的典型应用。③构建了国家能源技术模型 (C^3IAM/NET)，并探讨了碳中和背景下我国可行的碳排放路径。④构建了气候系统模型 ($C^3IAM/Climate$)，并实现了模式温度的整体模拟。⑤构建了气候变化损失模型 ($C^3IAM/Loss$)，并对未来的气候变化影响进行了评估。⑥构建了生态和土地利用模型 ($C^3IAM/EcoLa$)，并分析了全球土地利用变化的格局。第 10 章详细刻画了气候变化综合评估模型中社会经济、能源利用、土地利用、气候变化及损失等模块中间的耦合方式，构建了社会经济系统与气候系统的多源数据尺度转换模型，并实现了社会经济参数、排放数据及土地利用数据的降尺度，为分析、模拟和预测各类社会经济及气候要素的发展和演化提供了基本技术支持。第 11 章介绍了中国气候变化综合评估模型 (C^3IAM) 在宏观政策模拟方面的典型应用。针对基于市场的主流减缓措施，采用 C^3IAM 模型，探讨了碳定价背景下我国电价管制如何有序放开，以及全国碳市场如何有序扩容的问题。第 12 章介绍了中国气候变化综合评估模型 (C^3IAM) 在制定全球气候减缓策略方面的应用。为实现长期温控目标以避免巨额损失，在综合考虑技术发展和气候变化不确定性的条件下，对各国应对气候变化可能带来的经济收益和避免的气候损失进行了评估，提出了在"后巴黎协定时代"能够实现各方无悔的最优"自我防护策略"。

Preface

  Global climate change has a profound impact on the natural ecosystem and the survival and development of human beings. Tackling climate change is a major challenge faced by all human society. Climate change is characterized by complex systems with complex causes, wide spread, strong uncertainties and irreversible impacts. Climate governance involves multidisciplinary including climate science, ecology, economics, political science and international relations. Climate change is essentially an externality generated by human activities, and its main root is greenhouse gas emissions from fossil fuel consumption of human activities and economic growth. The aggravation of climate change will not only bring ecological disasters, but also have a negative impact on the operation of social and economic systems. Therefore, there is a complex relationship between climate system and socio-economic system, which is interrelated, influencing and feedback to each other.

  In order to cope with global climate change, William Nordhaus broke ground by framing climate change in economic analysis and won the Nobel Prize in economics in 2018, arousing the world's extensive attention to climate economics. The nature of global externalities of climate change determines that global climate governance needs the active intervention of relevant policies, and climate economics provides a theoretical basis for the formulation of global climate policies. First, the first step in climate policy is to set reasonable, binding targets for temperature limits, and setting climate change targets requires consideration of both the costs of dealing with climate change and the benefits of avoiding losses. Secondly, addressing climate change is a long-term task. Mitigation measures and costs of climate change at the present stage are, to a large extent, aimed at avoiding harm to future generations. Therefore, the formulation of climate policy needs to consider the balanced distribution of costs and benefits among generations. Third, climate change is a global issue, and countries have a strong incentive to free ride. Therefore, it is necessary to consider the differences and coordinate the interest conflicts among countries to formulate emission reduction paths. All in all, the key issues of climate policy are to determine the reasonable target of temperature limit, the time schedule of emission reduction, the emission reduction shared by countries and the effective policy tools, etc. Its core relies on the cost-benefit analysis based on climate economics.

  Climate change and its impacts involve complex transmission mechanisms, and climate policy involves multiple actors, multiple interests and multi-source objectives. In order to improve the effectiveness of climate governance, it is necessary to choose reasonable climate policy tools. The climate change integrated assessment model (IAM) contains not only climate elements, but also the science and economics of climate change, and has unique advantages in describing the complex dynamic interaction among economic, energy and climate systems. From the perspective of climate economics, the climate change integrated assessment model can integrate the natural climate system and the socio-economic system into a framework to compare the costs and benefits of responding to climate change under the same platform. It has become an effective tool for assessing climate policy and coping strategy comprehensively, and an important supporting method for scientific design of emission reduction mechanism and formulation of climate policy. When developing the integrated assessment model, how to describe the relationship and feedback mechanism of different subsystems such as climate, economy, society and technology, and how to make the consistency and multi-coupling of different subsystems with different data scales, modeling logic and methodology, etc., have been a key issue that needs to be addressed.

The Center for Energy and Environmental Policy Research, Beijing Institute of Technology (CEEP-BIT), has long been committed to scientific research in the field of climate change, and independently designed and developed China's climate change integrated assessment model (C^{3}IAM) with the long-term support of the national key research and development program of China (2016YFA0602603) and the national natural science foundation of China (72293600, 72074022, 71822401). "Climate Economics: Integrated Assessment Model & Application" is a condensation of long-term experience accumulated by team members of CEEP-BIT in the process of modeling methods and applied research. It is expected that the publication of this book will help domestic and foreign scholars in the field of climate environment to systematically understand the principles and mechanisms of the climate change integrated assessment model, and promote the applied research on climate change-related issues, so as to provide effective policy support for relevant government departments.

This book focuses on the modeling process and application of the climate change integrated assessment model, being divided into 12 chapters. Starting from the urgency and complexity of global climate governance in Chapter 1, it is pointed out that the effective design of climate policy should take into account economic costs and benefits, and the unique advantages of integrated assessment model in assessing and designing climate policy. The status quo of global climate change and the role of integrated assessment models in assessing and designing climate policies are introduced. Chapter 2 introduces the development history and status quo of climate change integrated assessment models, summarizes the research status, research hotspots and key scientific issues in the aspects of model framework, uncertainty, fairness, model coupling and downscaling, and systematically summarizes and reviewes the new progress of climate change integrated assessment models. Chapter 3 systematically introduces the modeling method of China's climate change integrated assessment model (C^{3}IAM) and submodels' modeling principles and operating mechanisms, including socio-economy model, energy technology model, climate system model, climate loss model, ecology and land use model. From Chapter 4 to Chapter 9, the theorey and application of each core model in C^3IAM are introduced respectively, mainly including: (1) The global multiregional economic optimum growth model ($C^3IAM/EcOp$) is constructed and the paths to achieve the $2°C$ temperature control target of Paris Agreement are discussed. (2) The global energy and environmental policy analysis model ($C^3IAM/GEEPA$) and China's multiregional energy and environmental policy analysis model ($C^3IAM/MR.CEEPA$) are constructed to demonstrate the typical application of the relationship between international trade and carbon emission reduction. (3) The national energy technology model (C^3IAM/NET) is constructed and the feasible carbon emission paths in China under the background of carbon neutrality are discussed. (4) The climate system model ($C^3IAM/Climate$) is constructed and the overall simulation of the model temperature is realized. (5) The climate change loss model ($C^3IAM/Loss$) is constructed and the impact of future climate change is assessed. (6) The ecological land use model ($C^3IAM/EcoLa$) is constructed and the pattern of global land use change is analyzed. Chapter 10 describes in detail the coupling modes among the modules of social economy, energy use, land use, climate change and loss in the climate change integrated assessment model. The multi-source data scale conversion model of socio-economic system and climate system is constructed, and the downscaling of socio-economic parameters, emission data and land use data is realized, providing basic technical support for analyzing, simulating and predicting the development and evolution of various socioeconomic and climate factors. Chapter 11 introduces the application of C^3IAM in macro policy simulation. In view of the mainstream market-based mitigation measures, C^3IAM model is used to discuss how to deregalize electricity price regulation in China and how to expand the national carbon market in an orderly manner under the background of carbon pricing. Chapter 12 introduces the typical application of C^3IAM in formulating global climate mitigation strategy. In order to realize long-term temperature control target and avoid huge losses, taking into account the uncertainties of technological development and climate change, this book evaluates the economic benefits and avoided climate losses of addressing climate change, and proposes the optimal "self-protection strategy" that can achieve no regrets of all parties in the post-Paris Agreement era.

目　　录

第1章 气候经济学与综合评估模型

应对气候变化是世界各国共同面临的重大挑战和长期任务。世界各国高度重视气候变化的应对与减缓，正就气候行动加紧谈判和磋商，形成了《京都议定书》和《巴黎协定》等具有里程碑意义的文件。作为负责任的发展中大国，中国政府将应对气候变化作为促进高质量发展和可持续发展的重要战略举措，把绿色发展作为生态文明建设的重要内容，采取了一系列行动，为应对全球气候变化做出了重要贡献。然而，进入21世纪以来，全球碳减排的行动效果并未达到预期，联合国主导下的气候谈判屡屡受挫，各国陷入集体行动的困境。气候治理赤字和治理难度与日俱增。虽然各国近年来纷纷提出碳中和愿景，但明确的战略仍未形成，因此，面对碳中和这样的严苛目标和任务，需要在科学的框架内设计有效的气候政策和评估方法，并进行科学的成本与效益分析。基于此，本章将从以下几个方面展开：

- 全球气候变化的现状、发展趋势和危害如何？
- 设计有效气候政策的关键何在？
- 气候经济学的内涵是什么？
- 综合评估模型对于评估和设计气候政策有什么作用？

1.1 全球气候治理具有高度复杂性

气候变化影响着人类的生存与发展，是各国共同面临的重大挑战，已经成为一项受国际社会广泛关注的全球性问题。地球气温在过去的几个世纪中长期保持稳定，然而，自工业化以来，人类大量排放二氧化碳(CO_2)、甲烷(CH_4)、氧化亚氮(N_2O)、氢氟碳化物(HFC_S)、全氟化碳(PFC_S)、六氟化硫(SF_6)等温室气体，造成大气中温室气体浓度快速增高，破坏臭氧层，形成大块云层，大量吸收地表红外长波辐射，进而产生"温室效应"，造成全球气候加速变暖。气候变化对社会经济系统和自然系统产生了直接或间接的影响(IPCC，2014；Parmesan and Yohe，2003)。极端天气频繁出现，旱涝灾害频频发生；冰川消融，对全球淡水资源埋下隐患，全球海平面上升，永久冻土层出现融化迹象，等等。灾害的频发造成了巨大的经济损失，更严重威胁着受灾居民的生命安全，人类的生产生活面临着严峻的挑战。虽然气候变化具有长达数十年甚至更久的延伸期，但是由于气候变化的不确定性，目前的认知难以确定安全的温度范围，因此，应对气候变化的行动越快越好。

气候变化可能带来的灾难性后果倒逼人类直面气候治理问题。应对全球气候变化，实现可持续发展，是一项紧迫而复杂的任务，事关人类生存环境和各国发展前途，需要国际社会携手合作。20世纪70年代，第一次世界气候大会在日内瓦召开，大会首次将气候变化作为一个重要的国际问题提上议事日程，制定了世界气候研究计划，并开始努力构建应对气候变化的国际机制，从此，气候变化的全球治理逐步展开。全球气候治理要求"在缺少国际中央权威的情形下"，以"全球治理"路径应对气候变化带来的不利影响。此后，国际社会构建了一系列多层次、多区域、多主体、长周期的制度安排。1992年5月，联合国政府间谈判委员会就气候变化问题达成《联合国气候变化框架公约》(United Nations Framework Convention on Climate Change，UNFCCC)，这是世界上第一个为全面控制温室气体排放，以应对全球变暖给人类社会和自然社会带来不利影响的国际公约，也确定了国际社会进行应对气候变化国际合作的基本框架。以《联合国气候变化框架公约》为核心的气候协定是全球气候治理的主要工具，此类公约将自然界的气候变化与人类社会经济发展链接，主要功能在于通过国际合作，降低国家间的减排成本，使得各方获得潜在收益。《联合国气候变化框架公约》全面确立了规制气候变化的国际环境法律制度，明确"共同但有区别的责任"，标志着集体应对气候变化开始进入制度化轨道。《联合国气候变化框架公约》建立了一种谈判机制，在此机制下缔约方定期举行缔约方大会(Conference of Parties，COP)以推动气候治理，每年召开以评价应对气候变化的进展，并制定未来减排方案。

围绕《联合国气候变化框架公约》的框架，全球气候治理演化出一条从规则到行动再到全面行动的清晰轨迹。在"量化行动"阶段(1995～2005年)，作为《联合国气候变化框架公约》的补充条款，《京都议定书》(Kyoto Protocol)于1997年通过并于2005年正式生效，确立了"自上而下"的国际约束型全球气候治理机制。至此，全球气候治理实现了从规则到行动的重大突破,国际社会应对气候变化的重要时期由此开启。在"延续行动"阶段(2005~2012 年),为了推动减排进程,各方于 2007 年通过"巴厘岛路线图",开始"双轨"谈判并计划达成新协定。在"增强行动"阶段(2011~2015 年),197 个缔约方通过《巴黎协定》(Paris Agreement),进一步明确了 21 世纪末将全球温升控制在不超过工业化前 2℃这一长期目标,并将 1.5℃温控目标确立为应对气候变化的长期努力方向(UNFCCC,2018)。2016 年 11 月 4 日,《巴黎协定》正式生效,标志着全球气候治理从"自上而下"的国际约束型模式向"自下而上"的国内驱动型模式转变。在"全面参与"阶段(2016 年至今),全球气候治理进入后巴黎时代,治理的主体更为多元、约束目标更为宽泛。缔约方每五年提交一次"国家自主贡献"(National Determined Contribution,NDC),由各国根据各自国情、减排能力等自主制定减排目标,缓解了发展中国家的顾虑(Falkner,2016)。为使自主贡献与全球目标不断趋近,《巴黎协定》设置了动态评估机制,评估减排努力与全球目标之间的差距,为下一轮更新提供参考。首轮全球盘点将于 2023年开始。

　　气候治理的目标是形成一份各国普遍接受的温室气体减排协议并付诸行动(Krupp et al.,2019)。为此,国际社会做出了持续不断的努力。然而进入 21 世纪以来,联合国主导下的气候谈判屡屡受挫,各国陷入集体行动的困境。英国"脱欧"、美国退出《巴黎协定》、美国"贸易战"等一系列地缘政治事件凸显了"逆全球化"趋势,提高了全球社会碳成本。气候治理赤字和治理难度与日俱增,主要表现在以下两方面:①气候协定达成的共同目标难以实现。现有多数研究表明,各国提交的国家自主贡献无法满足《巴黎协定》长期温控目标的要求(Wei et al.,2020)。为进一步推动减排力度的提高,2019 年召开的第 25 次联合国气候变化大会(COP25)就《巴黎协定》实施细则的一些关键性议题开展协商,然而各方未能达成一致,谈判结果"令人失望"。②治理供给落后于治理需求。随着减排压力的提高,国际社会对公共产品需求日益增大,但公共产品供给的严重不足与旺盛需求之间的矛盾日益凸显。这一方面是由于气候公共物品的属性、参与方的"搭便车"倾向,导致国家利益最大化与全球利益最大化之间的必然冲突;另一方面,传统大国的供给意愿近年来急速下降,供给责任和担当意识明显减弱,气候治理话语权出现"真空状态"(韩融,2020)。此外,全球多数国家碳中和愿景的提出进一步增加了减少温室气体排放和治理气候变化的迫切需求。

1.2　气候政策的有效设计需要兼顾经济成本与收益

　　全球气候治理失灵,说明现行规则体系不能充分有效地发挥全球性治理的功能。造成这种局面的原因既有气候变化问题本身固有的复杂属性,又包括机制设计不完善等因素:①国家之间利益诉求不同。各国在寻找减排对策方面的制度化行动是人类共同面对灾害的阶段性成果,但由于在政治立场、经济水平、科技实力和温室气体排放量等方面存在差异,不同国家的利益诉求出现分化。各国为了本国利益或集团利益进行博弈,往往将经济发展置于气候治理之上,这些问题限制了国际社会的深度合作,使各国陷入集体行动的困境。②气候治理机制合理性不足。气候治理机制包括减排量核算、责任分担规则、资金支持规模及来源、低碳技术推广措施等，这些环节是否合理直接影响预期目标的实现。机制设计不合理，对缔约方的激励与约束作用难以真正发挥，可行性和有效性进而会大打折扣。③气候政策有效性不足。气候变化已经从一个有争议的科学问题，转化为一个政治问题、经济问题、环境问题，甚至道德问题（Hoegh-Guldberg，1999；IPCC，2007；Walther et al.，2002；Watson，2003）。众多组织、国家、学者等提出了许多气候政策来减缓与适应气候变化。目前气候治理的政策工具有限且成本过高。有限的政策工具如碳排放权交易机制的有效性明显不足。碳交易市场发展至今二十余年，存在交易数据公开性、完整性缺乏等诸多问题。部分碳市场配额分配宽松、流动性低，对政策的实际效果产生负面影响。

　　制定有效的气候政策是提升气候治理效果的必要途径。后巴黎时代，逆全球化等复杂国际局势对全球气候治理进程提出了严峻挑战。联合国环境规划署发布 2019 年《排放差距报告》，指出如果全球温室气体的排放量在 2020～2030 年不能以每年 7.6% 的水平下降，世界将失去实现 1.5℃温控目标的机会（UNEP，2019）。此外，后巴黎时代对气候治理精准化、综合决策的科学化提出了更高的要求。当前正处于全球气候治理的十字路口，现有的气候治理机制是否公平合理、各方行动力度和行动方式是否全面有效，将对未来气候治理的走向产生深刻影响。因此，在科学的框架内开发多样化评估方法、构建系统化评估机制、进行气候政策的设计与评估，将有助于提升气候治理效果。

　　气候变化是典型的全球外部性问题。英国学者庇古提出，"边际私人净产品"与"边际社会净产品"之间的差别是导致外部性的根本原因。温室气体排放者对他人和社会造成了不利影响，但是这些负面影响的成本和排放者并不直接相关，排放者不用完全支付成本并承担后果。而气候保护则具有很强的正外部性，可以提供具有集体消费品或公共消费品性质的产品。除此之外，气候变化还具有跨区域、多主体和长周期等特点。因此，气候治理政策的设计与评估需要平衡国际压力与国家利益、减排目标与减排能力等之间的关系，谨慎地权衡空间与时间上的成本和收益。

　　从空间维度上看，设计气候政策需要兼顾世界各经济主体的成本与收益。人们普遍认为，气候治理是一种全球公共物品，减缓全球气候变化是全球性行动的问题，即被视为全球公共利益，一国避免自身气候损害的利益不足以鼓励该国承担减缓气候变化相关的成本。因此，在没有全球约束力和外部强制性法规的情况下，各参与方存在"搭便车"动机，从而不会自愿参与减少温室气体排放（Carraro et al.，1993；Jakob and Steckel，2014）。国际气候治理谈判的核心就是发达国家和发展中国家利益纷争的问题，协调全球减缓气候变化的行动并找到满足不同利益相关者的解决方案仍然是一个重大挑战（Hallegatte et al.，2016；Keohane et al.，2016；Lenton，2014）。尽管在全球一致通过的《巴黎协定》中，发达国家和发展中国家均遵守"共同但有区别"的责任原则，但由于国情、国际地位等因素的差异，以及双方在环境目标、手段措施和时间表等方面的分歧，该原则在实施过程中遭遇到了困境，从而使得国际合作的有效开展在很大程度上受到了阻碍（Dimitrov，2016；Galán-Martín et al.，2018）。参与全球气候治理是一个付费的过程，需要所有国家的参与，通过改变生产方式、取缔污染产业、发展新型能源等形式才能够达到可持续地提供安全大气环境的目的。国际社会需要合作应对气候变化的逻辑在于克服"集体行动的困境"，即通过集体行动来取代个体行动，达到个体通过参与集体行动的收益大于单方行动的收益，最终实现国际社会福利最大化的目标(李强，2019)。

从时间维度上看，设计气候政策需要兼顾不同代际的成本与收益。气候治理的成本和收益在代际分布不均衡。由于气候变化是一个长期缓慢的过程，温室气体会在大气中存留很长时间，因此，全球气候治理是一个长期的工作，后代需要承受全球变暖的后果；反之，现阶段气候变化的治理措施和成本能在很大程度上避免将来对后代的危害(Hansen et al.，2013)。然而，人们通常倾向于优先考虑经济增长和生活水平的提高，即他们考虑使用能源的出发点是先廉价再清洁的，这意味着保护后代的利益并不是当下最主要的问题，人们更倾向于在当期排放更多的温室气体以获得更多的经济利益(Stoutenborough，2015)。因此，气候经济学的研究也需要将代际公平的考虑纳入分析中。由于代际不公平性的存在，减缓气候变化带来的收益要在远期才能看到，而减排费用却要在当下支付。因此，对于参与气候治理的国家而言，做出理性选择的一个重要前提是能够获得必要的关于气候政策的科学评估、解决方案及潜在影响的信息。

此外，未来的全球气候变化存在不确定性，这进一步增加了空间和时间权衡决策的复杂性。一方面，温室气体在大气中积累的量、未来人为排放温室气体的轨迹、温室气体集中程度的改变等对全球气候的影响，平流层臭氧浓度、全球气候对温室气体浓度的敏感性，地球气候系统的自调节能力和恢复弹性，未来的气候变暖趋势，区域气候变化对海平面、农业、林业、渔业、水资源、疾病和自然系统的影响等一系列科学问题还未得到充分认识(Hawkins and Sutton，2009；Tebaldi et al.，2007)。另一方面，世界人口和经济的增长速度、人类活动的能源强度和土地强度、控制温室气体排放或是鼓励技术发展政策等对温室气体在大气中累积的影响以及政策的成本也存在着较大的不确定性(段红霞，2009)。而这一系列不确定性同时又关乎减缓气候变化的成本和收益问题，以及适应和减缓气候变化的战略方法(Bollen et al.，2009；Deser et al.，2012)。

气候变化问题本身固有的复杂属性对气候政策的机制设计提出了很大挑战。当前的全球气候治理与其他国际环境机制类似，存在"无政府状态下的低效率"问题(戴维·赫尔德，2012)。缔约方可以通过不采取决策或决策后不行动的方式来进行实质上的"否决"。气候协定只能引导缔约方尽可能遵守承诺，但并没有实质上的硬性约束。减排方案执行的速度、方式和范围取决于缔约方的国家利益与发展目标。以上种种因素增大了政策执行效果的不确定性。因此，综合考虑气候变化的复杂性、全球性、不确定性、长期性等特征，权衡时间与空间维度上的成本与收益，进行气候政策的有效设计与评估，对于提高各方参与全球气候治理的积极性而言具有重要的意义。

由上述分析可见，气候治理问题需要权衡考虑经济成本与收益。虽然全球变暖是一个自然科学问题，但其最终来源和解决办法是在社会科学领域中。近年来，经济学家将经济学理论的最新研究成果不断运用到气候变化问题的研究中，已经对理解气候变化的经济影响和通过减排来减缓气候变化的成本做出了重要的努力。

1.3　气候经济学的内涵

经济学家 William D. Nordhaus(威廉·诺德豪斯)早在 1975 年就完成了题为《我们能否控制二氧化碳》的文章(Nordhaus, 2019), 开始应用经济学研究气候变化, 这篇论文奠定了气候经济学作为经济学的一个独立分支学科的基础。从此, 气候经济学就将焦点落在分析气候变化的影响和提供积极的针对面临的气候问题的政策分析。在这篇文章中, Nordhaus 将 CO_2 看作连接经济系统和气候系统的纽带。一方面, 由于 CO_2 排放的主要来源是化石燃料的燃烧, 因此, 他将经济系统直接简化为能源产业部门。能源产业部门的生产会受到能源储量、人口和收入等外部变量的影响, 也会通过能源价格变化引发的供需变化而影响能源消费量, 从而影响整个经济系统的运行。另一方面, 在能源产业部门燃烧大量化石燃料时, 会向大气中排放 CO_2, 造成 CO_2 排放的集聚, 产生温室效应, 使得全球平均气温升高, 进而影响到整个气候系统。此外, 气候系统通过其内在变化影响整个经济系统。因此, 人们试图制定标准或策略来影响能源产业, 进而达到控制气候变化的目的。

与传统的经济学理论相比, 气候经济学的理论基础具有三种截然不同的特征: ①外部性。当我们燃烧化石燃料时, 会无意识地把 CO_2 与其他温室气体排放到大气中, 导致全球变暖, 这个过程就是"外部性"。外部性的产生是由于那些产生排放的人并没有为这样的特权付费, 而那些受到伤害的人也没有得到补偿。此时, 大气相当于一种社会先行资本, 既不属于私人拥有, 也不能在市场上进行买卖交易。②与代际公平相关。当我们这一代人燃烧化石燃料并从中得到生活水平的改善时, 后代却要承受全球变暖及其他问题的后果。相反, 当我们为减排进行投资时, 成本主要在近期支付, 而以减少气候变化损失为形式的收益在未来才能得到。③全球性。气候变暖作为一种外部性物品, 无论从起因还是从后果来看, 都具有全球性特征。空气污染对公众健康的影响基本局限在产生污染的地区附近, 但温室气体对气候变换的影响和造成的边际损害与它的产生地区无关, 由于温室气体会在大气中扩散, 地方性的气候变化也依赖于全球的整个气候体系。由此也会产生国际公平和减排责任分担的问题, 排放量越多的国家从燃烧化石燃料的过程中获益越多, 而受全球变暖影响最大的国家却获益最少。

大多数研究气候经济学的模型是成本-收益分析, 即外部性条件下的最优减排量。很多经济学家致力于研究减排措施的成本和收益, 以及最优减排量的确定。假设所有损失都是由碳排放引起的, 则当社会边际成本等于社会边际收益时可得到最优碳排放。碳排放的社会边际成本是社会产生碳排放的过程中消耗殆尽的那部分资源的成本, 碳排放的社会边际收益是每增加一单位的碳排放所能生产的产品和服务的价值。Nordhaus 提出的动态一体化气候与经济模型[DICE(dynamic integrated climate-economy)模型]就是这样一个最优化模型, 这个模型以一种简化的方式把设计减缓全球变暖经济政策中涉及的主要经济和科学内容联系在一起, 把排放和影响的动态与遏制排放政策的经济成本结合在一起。DICE 模型的基本方法是用经过某些调整的拉姆齐最优经济增长模型, 并计算资本积累和温室气体减排的最优路径，所得出的路径既可以解释为在给定初始赋予情况下减缓气候变化的最有效路径，又可以解释为用温室气体适当的社会影子价格在外部性内在化的市场经济之间的竞争性均衡（威廉·诺德豪斯，2020）。

气候经济学的基本问题主要包括气候变化的损失和减缓的收益、全球气候变化的博弈分析和国际环境合作。第一，气候变化会导致一系列的后果，如平均气温升高、极端天气现象频发、降水模式变化、海平面上升和生态系统的改变等。这些生物物理系统要素的变化将对人类的福利产生不同程度的影响。气候变化对人类福利的影响分为市场损失和非市场损失。市场损失是指生产量受到气候变化要素的约束而产生的变化，源于气候变化导致的市场产品的价格波动和数量的变量给福利带来的影响；非市场的损失是指不能够在市场上直接观察到的损失，主要包括由于不利的气候变化所导致的直接效用损失、生态系统服务损失和由于生物多样性减少导致的福利损失。第二，博弈论是分析各种利害冲突问题的有力工具，借助于博弈论的分析思路，人们对于国际环境问题的产生原因和解决途径的认识已经得到了深化，对于如何抑制"搭便车"行为以确保国际合作也找到了有效的方法。经济学家对于合作问题一般有两类研究思路，一类认为合作仅能在少数的参与者和博弈方中进行，另一类则认为可以将国际合作看作非合作博弈在互惠策略路径上的一个均衡解，并由重复博弈的一个子博弈均衡来支持。第三，在现有世界政治经济的格局下，国际环境问题的解决必须建立在各国自愿合作的基础之上，这一特点就决定了全球环境问题的解决意味着参与合作的国家能够获益。

1.4 综合评估模型是气候经济学的集中体现

Nordhaus 在《气候赌场》一书中指出，由于气候变化及影响所涉及的机制很复杂，所以经济学家和科学家通常依靠综合评估模型来预测趋势、评估政策，并计算成本与收益（威廉·诺德豪斯，2019）。政策评估是考察政策实施效果及其社会经济影响的有效方法，其意义在于对政策效应的科学评估和预判以及对问题政策的调整产生影响（Rochefort et al.，1997）。政策评估模型是评估气候治理方案的主要工具，包含事前、事中和事后评估，既可以对已实施气候治理政策的实现程度进行研判，也可以在未来可能发展路径下模拟政策效果。在模型评估的基础上，决策者可选择调整、完善或者终止相关政策。可见，科学合理、精准有效的政策评估，对于改进现有气候治理体系、提升未来气候治理水平具有重要作用。

气候变化综合评估模型（integrated assessment model，IAM）是将经济系统和气候系统整合在一个框架里的模型，是气候经济学的集中体现，已成为气候政策研究的主流工具（Nordhaus，1991；Wei et al.，2015）。IAM 是研究人类对气候变化的反馈和影响，以及减缓温室气体排放的重要且全面的方法，这种模型的复杂之处在于其提供了一个集成的系统视角，不仅包括了气候因素，还包括了气候变化的科学与经济学方面。IAM 把首尾相接的步骤，从经济增长，通过排放和气候变化，到对经济的影响，以及最后到气候政策的预期影响都结合在一起（威廉·诺德豪斯，2019）。为此，在 IAM 内部，不同的子模型相互耦合，例如气候模型、土地利用模型、能源模型和经济增长模型。

气候变化综合评估模型(IMA)作为评估气候政策的有力工具，越来越多地被用于政府的分析和国际评估。例如，联合国政府间气候变化专门委员会(IPCC)发布的《可再生能源特别报告》(Edenhofer et al.，2011)便是基于气候变化综合评估模型的研究结果，综合评估模型还为国际气候政策谈判提供了背景信息。引起全世界关于气候变化的《斯特恩报告》也是基于剑桥大学 Chris Hope 开发的 PAGE(policy analysis of the greenhouse effect)模型(Stern，2007)。威廉·诺德豪斯教授由于将自然因素纳入长期宏观经济分析并创造性地构建了气候变化综合评估模型 DICE/RICE 而获得了 2018 年诺贝尔经济学奖。

IAM 是在一个模型框架下综合考虑经济系统和气候系统之间的相互作用。自然不仅是人类经济活动的制约因素，而且自然在很大程度上也受到人类活动的影响。为了评估气候变化影响和气候政策效果，IAM 结合了气候变化科学和社会经济各方面的知识。一个完整的 IAM 包含三个基本模块(Nordhaus，2018)：碳循环模块，描述了全球碳排放如何影响大气中的二氧化碳浓度，它反映了基本的化学过程，刻画碳排放在不同碳库之间的循环过程。气候模块，描述了大气中二氧化碳和其他温室气体的浓度如何影响进出地球的能量平衡，它反映了基本的物理过程，输出的是全球温度的时间路径，这是气候变化的关键指标。经济增长模块，描述了经济和社会如何随着时间的推移受到气候变化的影响，以及经济活动如何产生化石能源碳排放。建立 IAM 的目的是在有或无各种气候变化政策情景下模拟未来不同的经济和气候变化趋势，以便让决策者了解是否实施各种政策所涉及的利害关系(Weyant，2017)。

气候变化具有全球和长期的属性。在应对气候变化的过程中需要面临两方面的决策：减排成本和气候损失的权衡、当前减排与未来减排的权衡。实施减排伴随着相应的成本，而不采取减排政策则面临着气候变化带来的损失。同样，当前减排降低了未来减排的幅度，反之亦然。通过综合考虑减排成本与气候损失的权衡、当前减排与未来减排的权衡，IAM 可以给出不同政策目标下的最优减排路径，为决策者实施减排政策提供支撑。目前 IAM 也被越来越多地用于各国政府的分析和国际评估，其中最重要的应用包括：①在不同模块间具有一致的输入和输出的前提下对未来进行预测。②计算针对关键变量(例如产出、碳排放和温度变化)的不同假设所带来的影响，以及经济活动对气候的影响。③以一致的方式跟踪不同政策对所有变量的影响，并估计不同政策的成本和收益。④评估不同变量和政策措施相关的不确定性。

1.5 本章小结

气候变化是当前人类社会面临的重大全球性挑战。以全球气候变暖为主要特征的气候变化问题对社会经济系统和自然系统造成了巨大的负面影响，包括极端天气和极端灾害事件、海平面上升等，已经引起了国际社会的广泛关注。世界各国已经将应对气候变化的行动视为国家战略和任务，并就气候变化问题达成了一系列合作。然而由于种种原因，气候变化的应对进程十分缓慢，引发全球气候治理失灵。制定有效的气候政策是提升气候治理效果的必要途径。设计气候政策既需要兼顾世界各经济主体的成本与收益，又需要兼顾不同代际的成本与收益。气候变化综合评估模型(IAM)将经济系统和气候系统整合在一个框架内，已成为气候政策研究的有力工具。

第 2 章　气候变化综合评估模型发展历程和现状

气候变化综合评估模型(integrated assessment model，IAM)起源于 20 世纪 60 年代对全球环境问题的研究。解决全球环境问题，必须综合从自然科学到人文社会科学等广泛学科的见解，系统地阐明问题的基本结构和解决方法。为此引入了"综合评估"的政策评价过程，并开发了作为核心工具的跨多学科的大规模仿真模型，综合评估模型应运而生。2018 年诺贝尔经济学奖获得者，耶鲁大学环境学院和经济学院双聘教授 Nordhaus 将经济系统与气候系统整合在一个模型框架里来评价气候政策，标志着气候变化综合评估模型的发端。气候变化综合评估模型的主要框架有最优化模型、可计算一般均衡模型和模拟模型三类。本章在总结全球典型气候变化综合评估模型的基础上，围绕模型框架、不确定性、公平性、模型耦合、降尺度等关键科学问题，系统总结并评述了气候变化综合评估模型的新进展。基于此，本章将从以下几个方面展开：

- 综合评估模型基本概念和发展历程如何？
- 国际学界关于综合评估模型的研究进展如何？有哪些研究热点和关键问题？
- 目前主流的综合评估模型有哪些？主要特征是什么？

2.1　概念的形成与发展

1972 年，美苏两国合作主导成立了国际应用系统分析研究所(IIASA)，能源、资源与气候变化是当时该所的重点支持领域。Nordhaus 教授 1974～1975 年在该所访问研究。他在那里发表了《我们能否控制碳排放》的工作论文，开创了 IAM 研究，这是气候经济建模领域的第一篇论文。Nordhaus 教授将最优控制方法应用到气候变化综合评估建模中，形成了 DICE 模型。他在索罗经济增长模型的基础上，引入大气碳存量(碳浓度)状态转移方程，耦合自然系统(气候系统)，并构建反馈函数(气候损失)，形成了一个闭环的气候经济模型系统，实现了经济模块与气候模块的硬链接，给出了权衡长期经济发展和应对气候变化的最优路径，给出了不同时间段、反映"轻重缓急"的应对方案(Nordhaus，1991)，这是源自他早期的政治经济周期建模思路，但更为复杂。之后，他把 DICE 模型拓展到了多区域(国家)，形成了 RICE 模型。RICE 模型的革命性是引入了国家或区域间的博弈机制。在 RICE 模型中，各国有自己的福利函数和约束条件，全球碳排放空间是公共品，各国在制定自己的减排和适应策略时也要考虑别国的策略。Nordhaus 教授 1996 年发表在《美国经济评论》上的 RICE 模型论文，实际上在部分程度上构筑了 2015 年《巴黎协定》中关于自主贡献机制的科学基础。

2006 年，英国政府基于剑桥大学 Chris Hope 开发的 PAGE 模型的结果发布了《斯特恩报告》，引起了全世界对于气候变化的关注(Stern，2007)。对国际气候变化合作与谈判有重要影响力的 IPCC 评估报告也是基于大量的气候政策模型(IPCC，2001，2007)。出现一大批科研机构、组织与学者等开始关注气候变化综合评估模型，此领域的学术论文迅速增加，一些论文发表在世界权威期刊上，如 Murphy 等(2004)、Stocker(2004)关于气候政策建模中不确定性问题的研究发表在 Nature(《自然》)上，Dowlatabadi 和 Morgan(1993)关于气候变化综合评估模型的综述、Kerr(1999)关于美国气候模型发展的评论等文章发表在 Science 上。随着气候变化综合评估模型的增多，一些学者开始对其进行总结。Dowlatabadi (1995)认为气候政策模型需要对气候变化的起因、过程和结果进行综合评估，并总结了气候变化综合评估模型的发展成果，并着重介绍了 IMAGE(integrated model to assess the greenhouse effect)、DICE(dynamic integrated climate-economy)、CETA(carbon emissions trajectory assessment)、PAGE(policy analysis of the greenhouse effect)和 ICAM-0/ICAM-1(ICAM 为 integrated climate assessment model 的简写)等模型。Dowlatabadi(1995)概括了 18 个气候政策模型，将其分为成本-效果模型(cost-effectiveness framing)、成本-影响模型(cost-impact framing)和成本-效益模型(cost-benefit framing)。

2.2　研　究　现　状

气候变化综合评估模型在气候变化研究中发挥了非常重要的作用。气候变化研究学者大都直接或间接使用了此类模型。本部分对气候变化综合评估模型领域研究现状进行分析，捕捉世界范围内此领域的研究热点和方法论。

气候变化综合评估模型通常是建立在成本-效益分析基础上的，通过引入气候变化的减排成本函数和损失函数及最大化贴现后的社会福利函数，从而得到最优的减排成本路径。气候变化综合评估模型对气候政策的评估一般包括六步(图 2-1)：①对未来的温室气体(或 CO_2 当量)排放在基准情景(BAU)以及各种可能的减排情景下进行预测，得出未来的温室气体浓度；②由温室气体浓度变化得出全球或区域的平均温度变化；③评估温升带来的GDP/收入损失；④评估温室气体减排的成本；⑤根据社会效用和时间偏好假设评估减排效益；⑥比较分析减排带来的损失和减排带来的未来的效益增加。Nordhaus 的 DICE 模型、RICE 模型，Peck 和 Teisberg 的 CETA 模型以及 Stern 使用的 PAGE 模型都采用了这种分析框架。

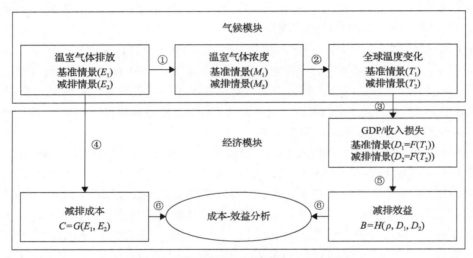

图 2-1　气候变化综合评估模型的分析框架

E、M、T、C、D、B 和 ρ 分别表示温室气体排放、温室气体浓度、全球温度、减排成本、GDP/收入损失、减排效益和时间偏好率；F、G 和 H 分别表示损失函数、减排成本函数和福利函数

气候变化综合评估模型按其区域划分可分为全球模型和区域化模型。全球模型是指把全球当作一个整体的模型，区域化模型指将全球分为若干区域的模型。表 2-1 对目前国际上主流的气候变化综合评估模型进行了总结。

表 2-1　气候变化综合评估模型分类

模型方法	全球模型		区域化模型	
	模型	参考文献	模型	参考文献
最优化模型	DICE	Nordhaus, 1992	RICE	Nordhaus et al., 1996
	ENTICE	Popp, 2004	FUND	Tol, 1997
	DEMETER-ICCS	Gerlagh, 2006	CETA	Peck et al., 1992
	MIND	Edenhofer et al., 2006	MERGE	Manne et al., 1995

续表

模型方法	全球模型		区域化模型	
	模型	参考文献	模型	参考文献
最优化模型	GET-LFL	Hedenus et al.，2006	GRAPE	Kurosawa，2004
			PRICE	Nordhaus and Popp，1997
			FEEM-RICE	Bosetti et al.，2006
			DNE21+	Sano et al.，2005
			MESSAGE-MACRO	Rao et al.，2006
			DIAM	Grubb，1997
CGE 模型	JAM	Gerlagh，2008	GTAP-E	Burniaux et al.，2002
	IGEM	Jorgenson et al.，2004	MIT-EPPA	Jacoby et al.，2006
			CEEPA	Liang et al.，2012
			AIM	Kainuma et al.，1999
			GREEN	Burniaux et al.，1992
			Global2100	Burniaux et al.，1992
			SGM	MacCracken et al.，1999
模拟模型			PAGE	Hope et al.，1993
			ICAM-1	Dowlatabadi and Morgan，1993
			IMAGE	Rotmans et al.，1990
			E3MG	Barker et al.，2006
			GIM	Mendelsohn and Williams，2004
耦合模型	C^3IAM	Wei et al.，2018		
	iESM	Collins et al.，2015		
	MIT-IGSM	Andrei et al.，2005		

DICE（dynamic integrated climate-economy）；RICE（regional integrated climate-economy）；ENTICE（endogenous technological change）；FUND（framework for uncertainty, negotiation and distribution）；DEMETER-ICCS（development of methods and tools for evaluation of research-institute of communications & computer systems）；CETA（carbon emissions trajectory assessment）；MIND（model of investment and technological development）；MERGE（model for evaluating regional and global effects）；GET-LFL（global energy transition limited foresight with learning）；PRICE（probabilistic regional integrated climate-economy）；FEEM-RICE（fondazione eni enrico mattei-regional integrated climate-economy）；IGEM（intertemporal general equilibrium model）；iESM（integrated earth system model）；MIT-IGSM（massachusetts institute of technology-integrated global system model）；DNE21+（dynamic new earth 21+）；MESSAGE-MACRO（model for energy supply strategy alternatives and their general environmental impact with a non-linear macroeconomic model）；DIAM（dynamics of inertia and adaptability）；GTAP-E（energy environmental version of the global trade analysis project model）；MIT-EPPA（massachusetts institute of technology-emissions prediction and policy analysis）；CEEPA（China energy and environmental policy analysis model）；AIM（Asian pacific integrated model）；GREEN（general equilibrium environments）；SGM（sequence generation model）；PAGE（policy analysis of the greenhouse effect）；ICAM-1（integrated climate assessment model of climate chang 1）；E3MG（environment-energy-economy model at the global level）；GIM（global impact model）。

2.3　研究热点及关键问题

通过对气候变化综合评估模型文献关键词的词频分析结果进行归纳，总结出此领域的四个研究热点：不确定性、公平性、技术进步和减排机制。

2.3.1　不确定性

气候变化面临着大量的不确定性，主要来源于以下五个方面：①自然界的固有随机性，即非线性的、混沌的、不可预测的自然过程，比如海洋动力学和碳循环系统等；②价值多元化，即人类的心理、世界观、价值观的差异，比如气候风险厌恶和经济风险厌恶的权衡、贴现率的选择等；③人类行为的差异性，即人类的非理性行为、言行不一致性以及"标准"行为模式的偏差，比如消费模式、能源使用等；④社会-经济-文化差异性，即非线性的、混沌的、不可预测的社会过程，比如政策协议的有效性、能源供应改变的体制条件等；⑤技术进步不确定性，即技术的新发展和突破，以及技术的副作用，比如可再生能源的选择、大量人工林的生态影响等。针对这些不确定性，一些学者尝试着对其进行描述和分类，另外一些学者尝试着对其进行量化。

气候变化不确定性是气候变化综合评估模型的一个巨大挑战，尤其是它导致了气候政策的成本和收益的不确定性，这给基于成本效益分析(cost-benefit analysis)的气候政策模型带来了很多困难。Stern 认为未来的气候路径和气候系统反馈都存在巨大的不确定性，同时传统模型使用较高的市场贴现率低估了气候变化可能带来的损失，因此传统模型使用的边际方法并不适用于分析气候变化问题。Weitzman 提出，气候变化具有高度的结构不确定性，温升分布应服从厚尾分布，而西方主流经济学家模拟气候变化所采用的传统的成本收益方法都是建立在瘦尾分布(如正态分布)的基础上，因而大大低估了气候灾难发生的可能性及其严重程度。针对气候变化的这些不确定性，未来的气候变化综合评估模型需要解决以下几个问题：①气候变化影响的概率分布；②人类对气候变化的风险厌恶程度；③人类对社会福利的时间偏好。

2.3.2　公平性

气候变化和温室气体减排的影响将会跨越几个世纪乃至上千年，因此这涉及当代人和后代人福利的权衡问题，即代际公平性。另一方面，应对气候变化具有很强的外部性，需要全世界所有国家的共同合作，这涉及各个国家之间应对气候变化责任分担的问题，即区域公平性。

贴现率的大小对模型的结果及其政策含义至关重要，贴现率大小稍有不同，模型便会得出大相径庭的结果，由此得到的气候政策行动建议也可能截然相反。对气候政策建模中应该采用怎样的贴现率，各家争论不一(表 2-2)。Arrow 等形象地将持不同意见的经济学家分成两派：伦理派(prescriptionist)和市场派(descriptionist)。伦理派强调公平，从伦理的角度出发考虑贴现率，主张很低甚至为零的纯时间偏好率，以及低的边际效用弹性，从而得出较低的贴现率。低贴现率会导致未来气候变化引起的损失贴现到当今会很大，因此伦理派在气候政策上主张立即大幅减排。例如，《斯特恩报告》中 PAGE 模型采用的贴现率为 1.4%，得出的结论认为如果现在采取行动进行减排，那么只需花费约 1% 的全球 GDP 就可以将温室气体浓度控制在 500～550ppm[①]CO_2 当量；而如果现在不采取行动，那么全球变暖可能导致全球 GDP 损失 20%，甚至更多。市场派强调效率，主张根据市场中消费者行为和资本的真实回报率(采用生产者利率或消费者利率)来决定贴现率，实现社会资源最大化(descriptive approach)。市场派使用的纯时间偏好率以及边际效用弹性都比较高，因此贴现率也相对较高。较高的贴现率使得未来气候变化引起的损失贴现到当今没伦理派的结果那么高，因此市场派在气候政策上主张渐进式采取行动，即先缓慢减排，然后逐步加大力度。例如，Nordhaus 中 DICE 模型采用的贴现率为 5.5%，认为到 2100 年，全球 CO_2 浓度会达到 685ppm(全球气温相对 1990 年升高 3.1℃)只会造成全球总产出 3%的损失；到 2200 年，全球气温相对 1990 年升高 5.3℃也只会造成全球总产出 8%的损失。目前，综合评估模型为了简化起见多把贴现率处理为外生的固定值，而近期的一些研究认为需要采取动态的贴现率，且长期中贴现率会随时间下降至最小值。Stern 指出贴现率是依赖于消费增长的，因此长期的贴现率并非某个固定值。如果未来消费下降，贴现率可以为负；如果不平等随时间扩大或者未来不确定性增加，贴现率都会下降。DICE-2007 模型采用的纯时间偏好率为 1.5%，边际效用弹性为 2，人均消费年增长率开始为 1.6%，在 400 年的时间里逐渐降为 1%。因此，DICE-2007 的贴现率从 2005 年的 4.7 逐渐降为 2405 年的 3.5。目前，一些代表学者的贴现率如表 2-2 所示。

表 2-2 气候变化综合评估模型领域的贴现率

贴现率	代表学者	ρ	η	g	r
静态贴现率	William R. Cline	0	1.5	1.3%[*]	1.95%[**]
	William D. Nordhaus	3%	1	1.3%[*]	4.3%[**]
	Nicholos Stern	0.1%	1	1.3%	1.4%
	Partha Dasgupta	约为 0	[2,3]	1.3%[*]	[2.6%, 3.9%][**]
	Ottmar Edenhofer	1%	3.1[**]	1.3%[*]	5%
动态贴现率	William D. Nordhaus	1.5%	2	1.6%→1%	4.7%→1.6%
	Martin L. Weitzman	0	3	2%	6%→最小值
	Christian Gollier	2%	2	2%	5%→最小值

注：ρ、η、g、r 分别代表纯时间偏好率、边际效用弹性、人均消费增长率、贴现率。* 是对于未来给出 g 取值的，都借鉴《斯特恩报告》的 1.3%；** 是作者根据 $g=1.3$%计算出来的结果；"→"表示随着时间下降；[2,3]表示从 2 到 3 闭区间。

区域公平性是指同一时代区域间福利的权衡问题，一般指国家之间应对气候变化的责任分担问题(如各国的减排目标设定、排放配额分配等)。综合评估模型中，很重要的体现区域公平性的参数是国家社会福利的权重。目前，很多模型将各国(或区域)的社会福利等权重的相加获得全球社会福利，然后在全球社会福利最大化的目标下，确定减排目标。但是这种方法由于各区域对收入的边际效用是相同并且递减的，导致模型会将发

---

① 1ppm=10^{-6}。

达地区的收入转移到欠发达地区来增加全球总效用，比如对某些区域分配特定的损失和减排成本、区域间的技术转让、区域间的资金转移、区域间购买排放配额等区域间的转移机制。为了克服边际效用递减带来的"问题"，一些模型开始使用 Negishi 提出的 Negishi 福利权重。Negishi 权重的计算过程非常复杂，它的核心是：由于欠发达地区的边际资本产出高于发达地区，因此给予发达地区较高的福利权重，使各区域的资本边际产出在形式上是相等的，这样便不会发生收入转移。事实上，Negishi 权重蕴含着这样的假设，即发达地区在全球社会福利分配中更重要。同时使用贴现率和 Negishi 权重的模型在代际间福利分配时，接受消费(或收入)的边际效用递减，而在区域间福利分配时，却拒绝这一原则，这明显是不合理的。Lindahl 权重是在有外部性下经济体实现最优应对的社会福利权重。在该权重下，各区域相比博弈情景，效用都能得到提高，而且全社会效用提高的程度最高。

2.3.3　技术进步

技术进步是决定未来能源需求水平、CO_2 排放和气候变化影响的关键因素，衡量技术进步的方法会对气候政策的评估结果产生很大的影响，因此合理地衡量技术进步是综合评估模型中一个非常重要的问题(表2-3总结了一些气候变化综合评估模型的技术进步的衡量方法)，但是，目前绝大多数综合评估模型的技术进步都是外生的。由于气候政策对技术进步的速度和方向都有很大的影响，因此这些模型缺失了气候政策和技术进步的关联性。

表 2-3　气候变化综合评估模型技术进步的衡量方法

模型	模型种类	技术进步方式
DICE	最优化模型	外生
RICE	最优化模型	外生
GREEN	CGE 模型	外生
ETC-RICE	最优化模型	研发诱导
R&DICE	最优化模型	研发诱导
ENTICE	最优化模型	研发诱导
GET-LFL	最优化模型	学习诱导
FEEM-RICE	最优化模型	学习诱导/研发诱导
ICAM-3	模拟模型	学习诱导/直接价格诱导

注：直接价格诱导、研发诱导、学习诱导为内生技术进步。

技术进步外生主要有两类方法，第一种是通过外生设定一系列具体技术，实现成本-效益的改进。另一种是将技术进步、资本和劳动力(有时会包含能源或电力)作为经济产出的生产要素；技术作为一个单独的系数包含在这些宏观经济模型中，比如全要素生产率作为自主式能源–效率增长(autonomous energy-efficiency improvement，AEEI)随时间提高，比如 MERGE、CETA、DICE 和 RICE 等模型。近些年，一些学者开始尝试内生化技术进步，主要可以分为三种途径，即直接价格诱导（direct price-induced）、研发诱导（R&D-induced）和学习诱导（learning-induced）。直接价格诱导的技术进步是指价格变化可以刺激创新以减少高成本投入（如能源的使用）。在综合评估模型中，如果能源价格上涨，直接价格诱导的技术进步会导致能源效率提高，通常是通过一个与价格相关的生产力参数或者节能技术扩散实现。比如，在 ICAM 中，能源价格如果预期会上涨，便会诱发技术进步。研发诱导的技术进步是指研发投入可以影响技术进步的速度和方向。研发诱导的技术进步是最常用的一种技术进步内生化途径。不同结构的气候政策模型将会选择不同的研发诱导的技术进步。学习诱导的技术进步是指某一特定技术的单位成本是该技术经验的递减函数。这类途径中最常用的方法是干中学（learning by doing，LBD），即假设某种技术的单位成本是它的累计产量的递减函数。

如上所述，综合评估模型领域已经发展了一些技术进步内生化方法，但是每种方法都有缺陷，均没有得到普遍认可。在未来的技术进步内生化建模研究中，需要着重考虑如何衡量递增收益、包含多少技术细节和如何衡量宏观反馈等三个方面的问题。技术进步内生化面临的第一个抉择是如何衡量递增收益。很多模型尤其是一般均衡模型为了保证唯一的均衡解都假设规模收益递减。这一假设在资源型产业中也许是合适的，但是在新型的技术型产业中是明显不适宜的，而气候变化领域涉及的就是这样的技术型产业。考虑递增收益可以更真实地描绘减排和经济增长情景。技术进步内生化面临的第二个抉择是包含多少技术细节，包括模型中包含多少区域、行业、能源、减排技术和终端使用等。技术越详细，模型便越精确，但是详细程度超过一定限制后，便会带来数据可获得性、伪精度、透明度等问题。技术进步内生化面临的第三个抉择是如何衡量经济生产率下降带来的宏观经济影响，一种很常用的方法便是把减排成本当作纯收入损失（比如DICE、RICE 模型），但是这种方法有两个值得商榷的地方。首先，将减排成本作为净损失，而不产生收益。但是，许多减排成本并不是这种模式，比如部分减排投资可以提供工作岗位、提高生产效率等。其次，将减排成本当作经济损失。相对于经济损失，减排成本更像是资本的增加。

2.3.4　减排机制

降低温室气体排放、减缓气候变化已经被普遍接受，但是采取什么样的机制进行减排却有很多争议。温室气体减排机制主要包含三种：行政管制（command-and-control mechanisms）、数量机制（quantity-based mechanisms）和价格机制（price-based mechanisms）。行政管制是指政府采用行政手段进行强制减排。这种方法可以有效地降低温室气体排放，但会导致效率损失，一般不被推荐。因此，综合评估模型研究中主要围绕价格机制和数量机制进行讨论。

数量机制是指为不同的参与者（国家、行业、企业或个体等）设定排放限额，并允许排放配额交易。它的特点是可以直接确定减排水平，但是对于碳价是无法确定的。数量机制要实现减排成本最低，很关键的一个因素是允许配额交易。自行减排成本比购买配额成本高的参与者，会尽量少减排而购买配额；自行减排成本比购买配额低的参与者，会尽量多减排而出售配额。价格机制是指不同参与者(国家、行业、企业或个体等)需要对自己的碳排放支付一定的排放税。它的特点是可以控制碳价，从而间接地控制减排水平。由于只有能够以低于碳税的成本进行减排的参与者才会进行排放，因此价格机制得到的减排水平是最低成本的。

关于数量机制和价格机制的有效性比较一直受到较多关注：虽然从政治、法律和税收等角度分析的学者一般支持数量机制，但是基于气候政策模型，从成本效益角度分析的学者普遍认为价格机制更有效。Weitzman(1974)提供了比较两者有效性的方法：如果边际成本函数的斜率比边际收益函数斜率的绝对值大，那么价格机制更有效；反之，数量机制更有效。Nordhaus 基于 RICE 模型对两者在不确定性条件下的表现，碳价的波动性、透明度、易于操作性等方面的比较，认为价格机制在气候变化领域可能更有效。Pizer 使用随机可计算一般均衡模型，考虑了气候变化潜在的长期损失和温室气体减排成本，最终得出结论，最优的价格机制方案的福利是最优的数量机制方案的 5 倍，因此价格机制更有效。最近，一些学者提出了混合机制(hybrid mechanism)，即综合使用数量机制和价格机制。Pizer 提出的混合机制中，参与者会被设定数量目标，他们即可在交易市场里购买配额，也可以特定的闸门价格向政府购买配额；基于随机可计算一般均衡模型的结果显示，混合机制方案相比单纯的数量机制和价格机制方案有巨大的效率改进。表 2-4 对比了四种减排机制的定义和特点。

表 2-4　四种温室气体减排机制的比较

机制	定义	具体方法	特点	例子
行政管制	政府采用行政手段强制减排	行政命令	见效快，市场效率低	中国强制淘汰落后产能
数量机制	为参与者设定排放额，并允许排放配额交易	限额交易系统	减排量一定，碳价不定	中国碳市场、欧盟碳市场
价格机制	参与者对自身碳排放交税	碳税或排放税	碳价一定，减排量不定	欧盟航空碳税、澳大利亚碳税法案
混合机制	综合数量机制和价格机制	可在交易市场购买配额，也可以特定价格向政府购买	综合考虑数量机制和价格机制的优点，效率大幅提高	Pizer提出的混合机制

2.4　代表性的综合评估模型

随着气候变化综合评估模型的增多，一些学者开始对其进行总结。目前，按照模型规模大小，可以分为四类：第一类是全范围综合评估模型，从社会经济活动到气候变化及其对社会经济影响的全过程进行详细分析的大规模的综合评估模型。第二类是气候变化的核心模型：较详细的模型，是以有关气候变化的自然现象、气候变化影响和损害机制为中心的综合评估模型。这类模型也可看作第一类模型的子模型。第三类是社会经济模型，在考虑气候变化损害时，特别注意分析未来对策的时间表和经济发展最佳途径的综合评估模型。由于结构简单、能在动态最优模型上研究经济发展与气候变化的相互作用。第四类是气候政策核心模型：模型结构更加简单，重视与政策制定者的交流，因而是注重系统发展的综合评估模型。表 2-5 对国际上有较大影响力的气候变化综合评估模型进行了介绍。

表 2-5　代表性气候变化综合评估模型介绍

模型	作者	机构	模型类型
DICE	William D. Nordhaus	耶鲁大学	最优化模型
RICE	William D. Nordhaus, Zili Yang	耶鲁大学	最优化模型
FUND	Richard S. J. Tol	阿姆斯特丹自由大学	最优化模型
MERGE	Alan Manne, Robert Mendelsohn, Richard Richels	斯坦福大学	最优化模型
CETA	Stephen C. Peck, Thomas J. Teiberg	美国电力研究所	最优化模型
MESSAGE	Daniel Huppmann	国际应用系统分析研究所	最优化模型
GTAP-E	Jean-Marc Burniaux, Truong P. Truong	普渡大学	CGE 模型
C^{3}IAM	Yi-Ming Wei, Qiao-Mei Liang	北京理工大学能源与环境政策研究中心	CGE 模型
GCAM	Joe Edmonds, John Reilly	美国西北太平洋国家实验室	CGE 模型
PAGE	Chris Hope, John Anderson, Paul Wenman	剑桥大学	模拟模型
ICAM-1	Hadi Dowlatabadi, M. Granger Morgan	卡耐基梅隆大学	模拟模型
IMAGE	Jan Rotmans	荷兰环境评估署	模拟模型

注：GCAM(global change assessment model)。

气候政策涉及很多最优化问题，如温室气体减排目标、温室气体减排路径、温室气体分配方案、温室气体减排成本、碳税、碳价等，因此，以最优化模型为框架的综合评估模型数量颇丰。最优化模型按其目标函数可以分为福利最大化模型和成本最小化模型。福利最大化模型的原理比较简单，即生产带来消费，同时带来排放；排放引起气候变化，进而产生损失，降低消费。福利最大化模型是通过选择每个时期的减排量，最大化整个时间内贴现的社会福利。这些模型中，消费的边际效用都是正的，但随着社会变得富有而递减。DICE、RICE、FUND 等模型都是福利最大化模型。福利最大化模型很重要的一个问题便是社会福利的选取，大多数模型都定义个人的福利为人均消费(或收入)的对数。

可计算一般均衡(computable general equilibrium, CGE)模型以微观经济主体的优化行为为基础，以宏观与微观变量之间的连接关系为纽带，以经济系统整体为分析对象，能够描述多个市场及其行为主体间的相互作用，可以估计政策变化所带来的各种直接和间接影响，这些特点使 CGE 模型在气候政策分析中迅速发展，得到了广泛的应用与认同。CGE 模型被用于分析气候政策的影响，关注的焦点包括减排的经济成本和为实现某一减排目标所必需的碳税水平，碳税收入不同使用方式对宏观经济增长的影响，减排政策对不同阶层收入分配的影响、对就业的影响、对国际贸易的影响等，减排政策对公众健康和常规污染物控制的协同效益，减排政策灵活性对温室气体减排的效果及相应的社会经济成本等。

　　模拟模型是基于对未来碳排放和气候条件的预测的模型。模拟模型通过外生的排放参数决定了未来每个时期可用于生产的碳排放量，所以气候模块结果不受经济模块的影响。模拟模型不能回答哪个气候政策是最大社会福利的或最小社会成本的，但是可以评估在未来各种可能的排放情景下的社会成本。气候政策评估涉及环境科学、气象与大气科学、生态学等自然科学，需要对物理世界进行模拟。另外，气候政策一般是长期性的，需要对未来发展情景进行模拟，因此模拟模型也是气候政策评估领域的重要模型方法。气候变化综合评估模型按其区域划分可分为全球模型和区域化模型。全球模型是指把全球当作一个整体的模型，区域化模型指将全球分为若干区域的模型。表 2-5 对目前国际上主流的气候变化综合评估模型进行了总结。2.4.1 节～2.4.6 节对国际上有较大影响力的气候变化综合评估模型进行了介绍。

2.4.1　DICE/RICE

　　气候变化的全球性特征主要表现在温室效应形成过程的全球性、气候影响的全球性以及合作减缓气候变化行动的全球性三个方面，因此气候变化问题的模型从地理维度上看应该是一个全球尺度的模型。Nordhaus 教授将最优控制方法应用到气候变化综合评估建模中，形成了 DICE 模型。他在索罗经济增长模型的基础上，引入大气碳存量(碳浓度)状态转移方程，耦合自然系统(气候系统)，并构建反馈函数(气候损失)，形成了一个闭环的气候经济模型系统，实现了经济模块与气候模块的硬链接，给出了权衡长期经济发展和应对气候变化的最优路径，给出了不同时间段、反映"轻重缓急"的应对方案。这源自他早期的政治经济周期建模思路，但更为复杂。DICE 模型通过对投资和减排水平的最优路径进行评估，减少当期产出和消费以降低气候变化对经济的损害，增加未来消费的可能性，从而实现社会福利净现值最大化。Nordhaus 在 1994 年出版了一本专著，细化展示了 DICE 模型的推导和应用，并得出悲观预计，即使出现重大科学突破并采取严厉的气候政策，大范围的气候变化还是无法避免。原因在于大气中已经集聚的温室气体需要上百年的时间才能分解，而各国气候政策的制定和执行却迟迟不见。之后，DICE-2007 对模型各项参数和数据进行了调整和更新。Nordhaus 通过对早期模型的跟踪研究发现，模型的估计结果日渐显得不足信，于是他参考 Tol 的研究成果，在 DICE-2013 中对模型的核心部分即损失方程进行了高度简化，并且引入了后备技术，这种技术可以是一种除去大气中二氧化碳的碳捕获技术或者零排放的新能源，或是某些暂且未知的科技。此外，碳排放量被细化为工业排放和土地利用变化排放。DICE-2016R 是最新版本，它对未来气候变化的不确定性作出了新的估计，更新后的结果再次印证了此前的结论：如果不尽快实施强有力的气候政策，全球气候将在下一个世纪发生剧变。DICE 模型通过 GAMS 软件系统，使用 CONOPT 或 NLP 求解器求解。

　　之后，Nordhaus 与杨自力(北京理工大学特聘教授)合作，把 DICE 模型拓展到了多区域(国家)，形成了 RICE 模型。RICE 模型是由 Nordhaus 和杨自力教授在 DICE 模型基础上开发的多区域动态气候经济综合模型。RICE 将经济系统和气候系统整合在一个框架中，是一个典型的气候变化综合评估模型，它结构简单、代码透明，巧妙地将博弈论引入模型，在气候变化评估中起到重要作用。目前，此类模型在全世界拥有大量用户，被广泛应用于应对气候变化的研究。RICE 模型包括四个组成部分：①目标函数；②区域经济增长模块(经济模块)；③碳排放-浓度-温度模块(气候模块)；④气候-经济关联模块。模型将全球气候策略分为三种情景：市场情景、合作情景和博弈情景(非合作情景)。市场情景下，全球各国都不采取温室气体控制措施。合作情景指全球所有国家作为统一的整体追求全球社会福利最大化，它要求各国按照全球有效的方式降低 CO_2 排放。博弈情景指全球各利益集团追求自身社会福利最大化，进行非合作博弈。图 2-2 和图 2-3 分别

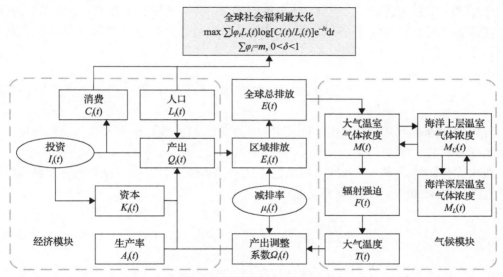

图 2-2　合作情景下的 RICE 模型

椭圆框内为决策变量

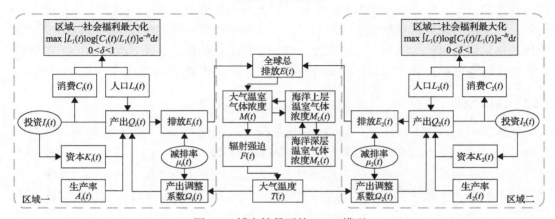

图 2-3　博弈情景下的 RICE 模型

本图以两区域为例，椭圆框内为决策变量

展示了合作情景和博弈情景下的 RICE 模型框架。RICE2010 模型通过 Excel 求解，更新后的 RICE 模型采用 GAMS 软件求解。

在全球合作情景下，目标函数是全球社会福利最大化。全球社会福利是区域间福利折现值的加权和：

$$\max W = \sum_{i=1}^{m} U_i = \sum_{i=1}^{m} \int_0^T \varphi_i L_i(t) \log[C_i(t) / L_i(t)] \mathrm{e}^{-\delta t} \mathrm{d}t \tag{2-1}$$

$$\sum_{i=1}^{m} \varphi_i = m, \quad 0 < \delta < 1$$

式中，W 为全球社会福利；U_i 为区域 i 的福利折现值；φ_i 为域 i 的福利权重；$L_i(t)$ 为区域 i 的人口；$C_i(t)$ 为区域 i 的消费；δ 为纯时间偏好率；m 为区域个数；$i=1, 2, \cdots, m$。

在非合作博弈情景下，各国以本国福利最大为目标进行减排决策，其最优化目标如下：

$$W = \sum_{i=1}^{T} C_i(t)^{1-\alpha} L_i(t)(1+\rho)^{-t} / (1-\alpha) \tag{2-2}$$

各国的国家福利 W 表示为人口 L_i 和人均消费 C_i 的函数，α 表示消费效用弹性，ρ 表示代际福利的贴现率。

在次优合作情景下，以各国加权的世界社会福利最大为目标，权重能够使各国的减排决策满足 Lindahl 均衡。优化目标如下：

$$W = \sum_{n}^{m} \sum_{t=1}^{T} \varphi_n C_{it}^{1-\alpha} L_i(t)(1+\rho)^{-t} / (1-\alpha) \tag{2-3}$$

世界整体福利表示为各国福利的加权和，Lindahl 权重 φ_n 通过搜索确定，搜索过程要求各国福利均大于等于非合作博弈情景下的福利。在次优合作情景下，各国能够在不考虑转移支付的条件下进一步减排，以保持或提高本国福利。这种国家成本收益最优的情景能在不考虑国家转移支付的条件下保证国家减排的成本收益最优，同时进一步降低整体的气候损失风险。但是，这种次优合作要求各国互相信任、履行减排承诺，否则国家能够通过降低减排以获得其他国家的减排收益，存在搭便车的动机。

2.4.2 IMAGE

IMAGE（integrated model to assess the greenhouse effect）模型，全称"温室效应综合评估模型"，由荷兰环境评估署于 20 世纪 80 年代开始开发，为政府间气候变化专门委员会《排放情景特别报告》所采纳的综合模型之一，包括能源工业系统、陆地环境系统、大气海洋系统等 3 个模块。其中，能源相关的温室气体排放情景是基于目标映像地区能源模拟模型（targets image energy regional model，TIMER）计算得到的。IMAGE 模型考虑了技术变化和能源价格变动对能源强度、燃料结构和非矿物燃料渗透率的影响，并通过自发能源效率改进和价格引致的能效提高来描述技术变化。

与其他 IAM 模型相比，IMAGE2.0 版本可以在全球 0.5 度×0.5 度网格尺度上进行计算，高分辨率的网格尺度提高了模型对测量结果的可检测性。IMAGE2.0 耦合了三个子系统，分别是：能源工业系统、陆地环境系统、大气海洋系统。IAMGE2.0 的时间跨度为 1970～2100 年，不同模型的时间步长因计算要求有差异。社会经济模块将全球划分为 13 个区域，气候模块采用网格。

2.4.3　MESSAGE

MESSAGE 模型是一个动态线性规划模型，由国际应用系统分析研究所(IIASA)于 1978 年开发，在过去 20 多年中不断完善。模型采用自下而上的方法，以经济-能源需求的预测结果作为输入参数，根据可获得的能源资源量、适用的能源技术和能源需求等条件，模拟能源系统的供应和排放方式等。MESSAGE 模型可以模拟从能源供应端至能源需求端的各个过程，即所谓的能源链及其各个能源层次。通常能源链可以分为 4 个层次——资源层、一次能源、二次能源和终端能源。该模型主要用于中长期能源规划、能源政策分析以及能源共赢方案的优化，既适用于国家、地区乃至全球范围的能源分析，也可用于具体能源技术开发利用的优化分析。

2.4.4　GCAM

GCAM 由美国西北太平洋国家实验室开发，包括宏观经济、能源、土地、水供应和气候等多个子系统。GCAM 将人口、经济活动、技术、政策等因素作为外生变量，由此驱动模型内人们的用能行为方式，进而描述给定情景下未来能源系统的发展。能源系统模块是 GCAM 的核心，该模块详细刻画了能源从开采、加工、转换、分配到终端消费等，考虑了能源系统中已有的和处于研发和示范的各种技术。GCAM 中一次能源既包括传统化石能源(煤炭、石油和天然气)，又包含风、光、水、生物质能等可再生能源。能源转换部门包含多种不同的能源转换技术，如炼油、制气、制氢、发电和供热等部门。各种技术的市场渗透率取决于成本与市场偏好性，由 Logit 方程模拟而得。GCAM 同时考虑了各种技术的存量特征，如发电设备、炼化设备等，即在模型中某一时期新建电厂和炼油厂可在其后的许多期内运行，但若该技术的可变成本超过市场价格时，已建机组或设备将被淘汰。GCAM 包含工业、建筑与交通等三个终端用能部门，各部门的用能服务需求受人口、经济活动水平、能源服务价格等多个因素共同决定。

2.4.5　AIM

AIM 即"亚太地区气候变暖对策评价模型"，由日本国立环境研究所气候变化影响对策小组，从 1991 年开始，用时 3 年开发而成。模型对人类活动引起的温室气体排放，大气中温室气体增加引起的气候变化，气候变化对自然环境、社会经济影响的全过程，进行综合分析，是用于评价各种气候政策的仿真模型。AIM 结构性强，可以实现 CGE 模型、终端消费模型、能源供应模型的耦合使用，评价低碳技术等的政策效果。AIM 属于自下而上型，反映能源消费和生产的人类活动所使用的技术过程，并对整个过程进行详细描述。此类模型最大的优点是以人们的活动、技术变化的详细信息为基础进行预测，因此预测结果具体，对政策制定者说明政策的具体发展方向及其效果时既具体又有说服力。

2.4.6   C³IAM

中国气候变化综合评估模型(C³IAM)由北京理工大学能源与环境政策研究中心(CEEP-BIT)牵头自主设计研发，实现了地球系统模式与社会经济系统的双向耦合，致力于探求系统之间的关联与反馈，在复杂动态系统的未来可能发展状态下评估气候政策的影响。C³IAM 是一个社会经济系统与地球系统相互交叉、相互作用的综合评估模型框架，考虑了全球多区域、多部门经济发展，温室气体排放，减排成本，气候变化损失模块化等因素，能够动态捕捉大规模的、长期的最优经济增长和气候变化减缓与适应行为。

2.5   本 章 小 结

气候变化综合评估模型是一个多学科交叉的领域。一方面，全球气候系统极其复杂，影响气候的因素非常多，涉及太阳辐射、大气构成、海洋和陆地等诸多方面。目前人类对气候变化的原因、机理以及未来趋势的认识还不足，存在较大不确定性。另一方面，气候变化与社会经济活动密不可分。人类活动(如化石燃料使用、土地利用变化等)会对全球气候系统产生影响，而气候变化也会对社会经济系统产生影响。此外，气候变化从被公开提出时，就与政治结下不解之缘，成为国际谈判、党派之争的重要筹码。气候变化已经从一个有争议的科学问题，转化为一个政治问题、经济问题以及环境问题。因此，为解决气候变化相关问题，必须综合从自然科学到社会人文科学等广泛科学的见解，系统地阐明问题的结构和解决方法。在建模实践方面，世界上具有影响力的气候变化综合评估模型几乎都来自于发达国家。绝大多数发达国家都有自己的综合评估模型。它们在国家制定气候政策以及应对国际气候变化谈判时发挥了巨大作用。

第3章 建模方法

  我国在气候变化自然科学研究领域已经具备了一定的科学积累，但是在社会经济系统影响评估方面相对薄弱，气候变化建模的学术前沿主要被西方国家所占据。发达国家开发的气候政策模型很有可能对发展中国家不利。我国亟须对本国有利并且具有国际影响力的气候政策模型，提高我国在气候变化领域的话语权。北京理工大学能源与环境政策研究中心在长期积累的基础上，自主设计开发中国气候变化综合评估模型（C^3IAM），实现了地球系统模式与社会经济系统的双向耦合，致力于探求系统之间的关联与反馈，在复杂动态系统的未来可能发展状态下评估气候政策的影响，为我国应对气候变化提供理论和数据支撑。基于此，本章将从以下几个方面展开：

- 中国气候变化综合评估模型 C^3IAM 是什么？
- C^3IAM 模型的建模思路如何？各子模块的主要内容和核心要素是什么？

3.1　气候变化综合评估模型体系

气候变化深刻影响着经济、社会、政治、外交等领域，是全球必须共同面对的重大挑战。2015 年通过的《巴黎协定》进一步明确了将全球温升控制在不超过工业化前 2℃这一长期目标，并将 1.5℃温控目标确立为应对气候变化的长期努力方向。要达到这个目标有许多实质性问题需要解决：不同辐射强迫水平下温室气体排放路径如何？气候变化对社会经济各部门的影响及其程度如何？实现 2℃目标的代价有多大？通过怎样的路径可以实现 2℃目标？围绕上述科学问题，北京理工大学能源与环境政策研究中心自主设计开发了中国气候变化综合评估模型 (C^{3}IAM)，实现了"海-陆-气-冰-生多圈层耦合"的地球系统模式与社会经济系统的双向耦合，在复杂动态系统的未来可能发展状态下评估气候政策的影响。研究结果可为国家制定减缓和适应气候变化政策、参与国际气候谈判提供科学支持。

中国气候变化综合评估模型系统平台基于 C^{3}IAM 模型的应用开发，利用 Web 技术与数据库技术相结合，能够模拟不同发展路径下气候变化可能产生的影响，是动态可视化的建模工具，具有广泛的适用性。系统完全基于互联网，是一个动态的、开放的系统。C^{3}IAM 模型平台提供了灵活的数据建模工具、界面组态工具、查询工具和 Web 访问接口，具有查询、分析以及数据导出等功能。通过平台，用户可以建立功能完善、稳定可靠的数据环境；可通过量化未来社会经济发展情景模拟未来全球及 12 区域平均温度变化，评估温升带来的 GDP 和消费损失以及社会减排成本，为国家参与全球气候治理提供决策支撑。

3.1.1　C^{3}IAM 模型框架

C^{3}IAM 的基本框架如图 3-1 所示，主要由七种不同的组合模型或模块组成，包括全球能源与环境政策分析模型 (global energy and environmental policy analysis model，C^{3}IAM/GEEPA)、全球多区域经济最优增长模型 (global multiregional economic optimum growth model，C^{3}IAM/EcOp)、中国多区域能源与环境政策分析模型 (China's multiregional energy and environmental policy analysis model，C^{3}IAM/MR.CEEPA)、国家能源技术模型 (national energy technology model，C^{3}IAM/NET)、气候系统模型 (climate system model，C^{3}IAM/Climate)、生态和土地利用模型 (ecological land use model，C^{3}IAM/EcoLa) 与气候变化损失模型 (climate change loss model，C^{3}IAM/Loss)。这七个模型既相互独立，适用于不同的领域，又互为补充，在一个典型的社会经济路径情景发展周期内相互关联。

3.1.2　宏观经济模块 C^{3}IAM/EcOp

全球多区域经济最优增长模型 (C^{3}IAM/EcOp) 是基于最优经济增长理论建立的，由经济和气候两个模块组成 (图 3-2)。经济模块描述了在一定经济发展水平下应对气候变化的社会成本和气候变化带来的损害。气候模块由 C^{3}IAM/Climate 简化而成，模拟了未来温室气体浓度、辐射强迫和温度变化。减缓、适应和损失模块由 C^{3}IAM/Loss 模型简化而来。模拟结果可为国家制定气候政策和适应措施提供决策参考。

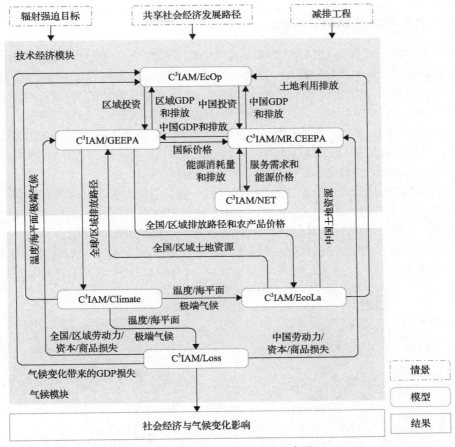

图 3-1　C³IAM 模型结构示意图

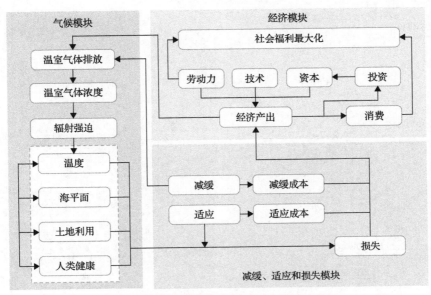

图 3-2　C³IAM/EcOp 模型框架

3.1.3 微观经济模块 C³IAM/GEEPA

经济系统的核心模型是 C³IAM/GEEPA。C³IAM/GEEPA 是一个可计算一般均衡(computable general equilibrium, CGE)模型,描述了地区宏观经济系统中不同主体之间的相互作用关系,可以估计政策变化所带来的直接和间接,以及对经济整体的全局性影响。GEEPA 中默认将世界分为 12 个地区,分别是美国(USA)、中国(CHN)、日本(JPN)、俄罗斯(RUS)、印度(IDN)、其他伞形集团(OBU)、欧盟(EU)、其他西欧发达国家(OWE)、东欧独联体(不包括俄罗斯)(EES)、亚洲(不包括中国、印度和日本)(ASIA)、中东与非洲(MAF)、拉丁美洲(LAM)(附录 1)。

C³IAM/GEEPA 涵盖 27 个部门,包括水稻,小麦,谷物,蔬菜、水果和坚果,油籽,甘蔗和甜菜,植物纤维,作物,牛、羊和山羊,动物产品,乳制品,羊毛和蚕茧,林业,渔业,煤炭,石油,天然气,其他矿物,其他制造业,能源密集型制造业,石油,电力,天然气供应和销售,水,建筑,运输服务业,其他服务业。C³IAM/GEEPA 由五个基本模块组成,即生产、收入、支出、投资和外贸模块。C³IAM/GEEPA 框架如图 3-3 所示。

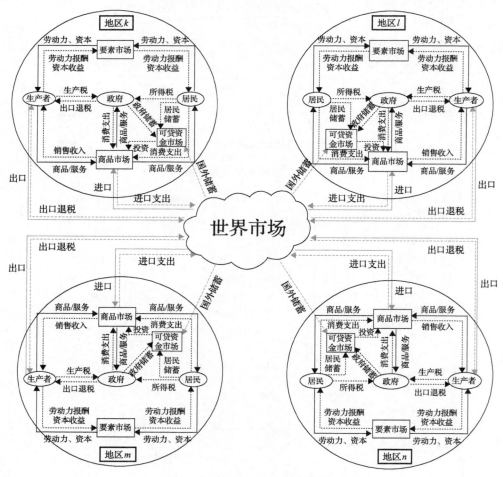

图 3-3　C³IAM/GEEPA 模型框架

中国多区域能源与环境政策分析模型（C³IAM/MR.CEEPA）是一个单国内部多区域的可计算一般均衡模型，涵盖中国 31 个省份（香港、澳门和台湾除外），包括 23 个部门分类。C³IAM/MR.CEEPA 的假设、模型结构和数学公式与 C³IAM/GEEPA 类似。此外，作为侧重于能源和环境分析的模型，C³IAM/GEEPA 和 C³IAM/MR.CEEPA 涵盖了多种环境排放，包括温室气体排放和局地空气污染物排放。基于其对气候变化的重要性和数据的可获性，温室气体包括：CO_2、CH_4 和 N_2O；局地污染物包括 CO、SO_2、NO_x、NH_3、$PM_{2.5}$、BC、OC 和 NMVOCs。对不同的气体类型而言，模型中区分了能源相关的排放和非能源相关的排放，能源相关的排放与相应的能源消耗量连接，非能源相关的排放与各行业的活动水平连接。C³IAM/MR.CEEPA 的模型框架如图 3-4 所示。C³IAM/GEEPA 与 C³IAM/MR.CEEPA 之间的主要区别在于，在 C³IAM/MR.CEEPA 中区分了中央政府（CG）与地方政府（LG），并考虑了各种转移支付。

3.1.4 气候系统模块 C³IAM/Climate

气候变化由大气圈、水圈、岩石圈、冰雪圈和生物圈相互作用而产生。气候模型能够客观描述多圈层相互作用，成为研究气候变化的有效工具。C³IAM/Climate 模型基于北京气候中心气候系统模型（BCC_CSM）改进形成，在获取 C³IAM/GEEPA 产生的排放结果后，实现对全球平均温度变化、辐射强迫等变量的模拟。BCC_CSM 模型参与了 IPCC AR5 的耦合模式比较计划（CMIP5），它由全球大气模块（BCC_AGCM2.1）、地表模块（BCC_AVIM1.0）、全球海洋模块（MOMO4_L40v1）和全球热力学海冰模块（SIS）构成，各模块通过能量、动量和水相互关联和相互作用。在人为 CO_2 排放下，BCC_CSM 模型可以很好地模拟大气中 CO_2 浓度及其时间演变（Wu et al.，2013，2014）（图 3-5）。

3.1.5 土地利用模块 C³IAM/EcoLa

生态和土地利用模型（C³IAM/EcoLa）集成温度、降水等气候变化参数对土地生产活动的影响，并进一步刻画经济发展和气候变化情景下总成本最小化的全球/区域土地利用资源最优配置、土地利用空间分布格局及其土地利用变化所带来的碳排放效应，评价土地利用变化对未来气候变化的响应效果，为国家或区域在应对气候变化方面提供相关政策建议。具体模型框架如图 3-6 所示，囊括了食物需求、土地生产活动生物物理参数、土地利用分配三部分。

食物需求直接决定着地区或国家对不同土地利用的需求。农产品需求主要随着人口和人均收入变化，具体的食物需求确定方式如方程（3-1）所示：

$$\text{demand}_{t,\text{cntr},c}^{\text{food}} = \text{Pop}_{t,\text{cntr}} \times \alpha_c(t) \times I_{t,\text{cntr}}^{\beta_c(t)} \tag{3-1}$$

式中，c 表示产品种类；cntr 表示国家；t 表示年份；$\text{demand}^{\text{food}}$ 表示食物需求量；Pop 表示地区总人口；I 表示人均 GDP；$\alpha_c(t)$ 和 $\beta_c(t)$ 是关于时间 t 的函数，表征影响需求的非收入相关因素。

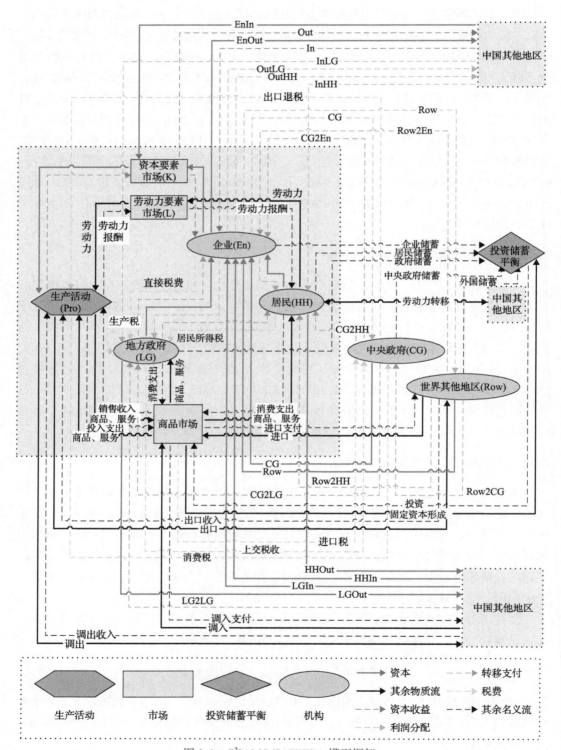

图 3-4　C³IAM/MR.CEEPA 模型框架

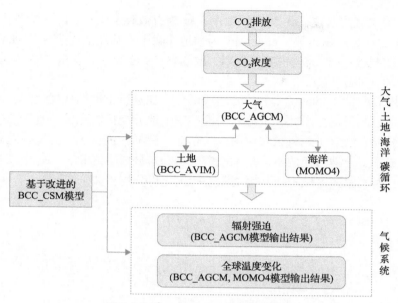

图 3-5 C³IAM/BCC_CSM 模型框架

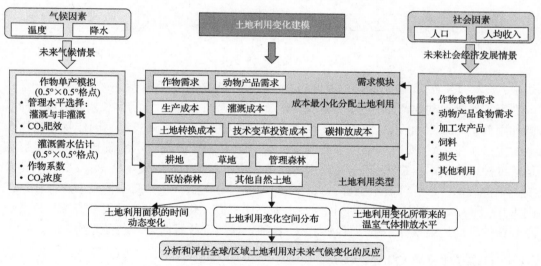

图 3-6 C³IAM/EcoLa 模型框架图

土地生产活动生物物理参数主要针对耕地上不同生产活动的生物物理参数进行估计，主要包括作物灌溉需水量、作物生产力和碳密度。关于不同作物生产力水平估计，这里耦合了前人开发的作物模型。灌溉需水量和作物碳密度具体公式如下：

$$IWR = \frac{K_c \times ET_0 - pr}{IE}$$

$$c\_density_{t,j,c} = \frac{yield_{t,j,c}}{HI_c} \times CC \times (1 - WC_c) \times (1 + RS_c) \times 0.5 \tag{3-2}$$

式中，IWR 为灌溉需水量；IE 为灌溉效率；pr 为有效降水量；ET_0 为参考作物蒸腾量；c 为作物种类；K 为作物系数，c_density 为耕地作物生产活动的碳密度；yield 为作物单产；HI 为收获指数；CC 为碳密度转化率，取 0.45；WC 为水分含量；RS 为根冠比；0.5 为了计算全年平均碳含量。

土地利用分配是 Ecola 模型的核心组成部分。在进行土地结构优化时，成本效益是人类首先要考虑的目标。因此，土地利用模型中土地分配机制主要是基于总生产成本最小原则进行分配，所有土地将在农业用地、草地、森林内进行竞争分配。总成本为生产成本、灌溉成本、土地转换成本、技术投资成本和排放成本之和，以每个模拟期总成本最小为目标，对国家或区域土地利用资源进行优化再分配，如下：

$$
\begin{aligned}
\text{Cost}_t^{\text{total}} &= \sum_i \left(\sum_c C_{i,c}^{\text{prod}} \text{prod}_{t,i,v} + \sum_l C_{i,l}^{\text{prod}} x_{t,i,l}^{\text{prod}} \right) \\
&+ \sum_i C_{t,i}^{ir,iv} \sum_c (x_{t,i,c,ir}^{\text{area}} - x_{t-1,i,c,ir}^{\text{area}}) + \sum_c \left(C_{i,c}^{ir,\text{OM}} \sum_{j_i} x_{t,j,c,ir}^{\text{area}} \right) \\
&+ \sum_i C_i^{lc} \sum_{j_i,c,w} (x_{t,j,c,w}^{\text{area}} - x_{t-1,j,c,w}^{\text{area}}) \\
&+ \sum_i \sum_{j_i,c,w} C_{t,i}^{tc} x_{t-1,j,c,w}^{\text{area}} \\
&+ C_t^{\text{carbon}} \times (\text{c\_stock}_{i,t-1} - \text{c\_stock}_{i,t})
\end{aligned}
\tag{3-3}
$$

式中，i 表示区域；t 表示模拟的时间点；j 表示格点；j_i 表示属于区域 i 的格点；c 和 l 分别表示作物和动物产品分类；v 表示所有产品的集合；w 表示作物生长用水状况，即灌溉和雨养；$\text{Cost}^{\text{total}}$ 表示总成本；x^{area} 表示作物种植面积；prod 表示不同作物和动物产品的生产水平；C^{prod} 表示单位生产成本；$C^{ir,iv}$ 和 $C^{ir,\text{OM}}$ 分别表示灌溉基础设施投资和运营维护单位成本；C^{lc} 表示土地利用转换单位成本，不随时间发生变化；C^{tc} 表示技术投资单位成本；C^{carbon} 表示碳价，只有在国家或区域实施碳减排政策情景下才存在，否则为 0；c_stock 表示碳储存量。同时，土地利用资源优化过程中涉及很多资源和政策的限制条件，即约束条件，包括食物需求、各种土地类型数量约束、水资源约束等。

3.1.6 能源技术模块 C^3IAM/NET

国家能源技术模型（C^3IAM/NET）基于自下而上的建模理论，以行业的生产工艺和技术流程为依托，模拟从原材料、能源投入到最终产品生产的物质流和能量流，从技术视角建立行业自下而上的技术优化模型。模型以整个规划期内系统成本最小化为目标，综合考虑经济发展、产业升级、智能化普及等因素对行业需求的影响，在满足产品需求的前提下对能源技术进行选择。基本框架如图 3-8 所示，模型的目标函数如下所示：

$$
\text{TC}_t = \sum_{i=1}^n \sum_{t=1}^u \text{IC}_{i,t} + \text{OM}_{i,t} + \text{EC}_{i,t}
\tag{3-4}
$$

式中，TC_t 为折算到第 t 年的总成本；$\text{IC}_{i,t}$ 为技术 i 折算到第 t 年的初始投资成本；

$OM_{i,t}$ 为技术 i 第 t 年的运营成本(包括维修管理费用、能源和原材料费用等);$EC_{i,t}$ 为技术 i 第 t 年的能源税和碳税。

NET 模型对不同行业的技术进行了精准的刻画,同时考虑需求约束、能源消费约束、中间生产过程产品间的转换约束、新增设备约束和设备库存约束等(图 3-7)。进一步规划出未来各行业的节能减排发展路径,并得到不同路径组合下的能耗、排放和成本。模型结果为政策落实和减排目标的制定提供了强有力的量化工具,并聚焦在具体技术层面,为未来低碳技术发展布局提供了切实的指导。

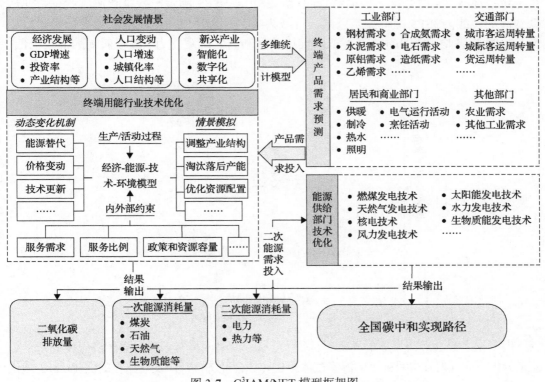

图 3-7　C^{3}IAM/NET 模型框架图

3.2　排　放　情　景

排放情景即对未来不同情景的模拟,通常是根据一系列因子(包括人口增长、经济发展、技术进步、环境条件、全球化、公平原则等)的假设得到的。IPCC 在 2000 年的第三次评估报告中,发布了一系列的排放情景,成为排放情景特别报告(special report on emissions scenarios,SRES)。SRES 的预估覆盖 21 世纪,并预计了主要的温室气体、臭氧前驱体及硫酸盐气溶胶的排放,以及土地利用变化。SRES 将未来世界发展框架归纳为 4 种:A1、A2、B1 和 B2。其中,A1 框架进一步划分了 3 个群组:化石密集(A1F1)、非化石能源(A1T)和各种能源资源均衡(A1B)。

IPCC 在第三次评估报告发布了典型浓度路径(representative concentration pathways,RCPs)来描述温室气体浓度,并在 RCPs 基础上确定了共享社会经济路径(shared socioeconomic pathways,SSPs),分别是 SSP1(可持续发展路径)、SSP2(中等发展路径)、SSP3(区域竞争路径)、SSP4(不均衡发展路径)和 SSP5(常规发展路径)进行研究(图 3-8)。SSPs 旨在描述未来面临的不同程度的减缓和适应挑战。SSPs 给出了经济优化、市场改革、可持续发展、区域竞争、常规商业等不同发展导向下,经济发展速度、人口增长率、技术进步、环境保护、贸易、政策与机构和脆弱性等的方向和趋势,这些要素是使用 IAM 模型进一步定量描述 SSPs 的基础。根据情景假设,SSP1~SSP3 涵盖了减缓和适应的一系列从低到高的挑战。SSP5 的特点是以减缓挑战为主,社会环境适应挑战能力较低。与之相反,SSP4 以适应挑战为主,考虑低基准排放量和高的减缓能力,减缓面临的挑战较低。

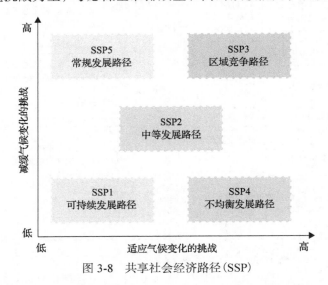

图 3-8 共享社会经济路径(SSP)

由于未来社会经济发展的不确定性很大,IPCC 采用具有不同社会经济假设的情景矩阵来分析不同辐射强迫目标下的温室气体排放和社会经济各部门发展路径的变化。为了量化减排情景,C^3IAM 中同时考虑了共享社会经济路径(SSPs)、典型浓度路径(RCPs)和气候政策(SPA)。

3.3 本章小结

总体来看,与其他 IAM 相比,C^3IAM 模型更加关注气候变化的综合影响,在以下几个方面优势突出:

一是对中国问题的描述更加细致:将 $C^3IAM/MR.CEEPA$ 模型(覆盖 31 个省、自治区和直辖市)与 $C^3IAM/GEEPA$ 模型以及国家能源技术模型(C^3IAM/NET)耦合,从区域和行业角度探究未来中国温室气体排放路径;

二是拓展传统意义上的经济模型:C^3IAM 将 $C^3IAM/GEEPA$ 和 $C^3IAM/EcOp$ 耦合,捕捉长期最优经济增长和气候变化减缓与适应的动态变化;

　　三是实现了地球系统模式与社会经济系统之间的硬链接：将经济模型与地球系统模型相结合，实现系统之间双向反馈。C^3IAM 中的地球系统模型来自北京气候中心开发的 BCC_CSM，是一套能够用于气候预测和气候变化的海-陆-气-冰-生多圈层耦合的气候系统模式。该模型是参与 IPCC AR5 国际耦合模式比较计划（CMIP5）的地球系统模式之一（IPCC，2014）。

第 4 章　宏观经济模块：EcOp

当前，人类经济活动排放的大量 CO_2、CH_4 等温室气体正在一定程度上加剧气候变化，而气候变化也会反过来影响人类经济行为，并对社会经济系统造成巨大的损失。为了降低气候变化的风险，需要进行全球温室气体减排机制设计，建立全球气候治理体系。因此，将气候变化的影响纳入到长期经济增长模型与分析中是增长理论研究的重要方向。中国气候变化综合评估模型（C^3IAM）基于最优经济增长理论建立了全球多区域经济最优增长模型（$C^3IAM/EcOp$）。$C^3IAM/EcOp$ 由经济模块和气候模块共同组成。该模型可以优化实现全球福利最大化的区域投资路径和温室气体排放路径，有助于提供最优的国家气候政策和适应决策。基于以上背景，本章将从以下几个方面展开介绍：

- $C^3IAM/EcOp$ 模型是什么？
- 如何将合作/非合作博弈减排机制引入到 $C^3IAM/EcOp$ 模型中？
- 在非合作减排机制下，全球如何实现巴黎协定提出的 2℃温控目标？
- 在合作减排机制下，全球如何实现巴黎协定提出的 2℃温控目标？

4.1　基 本 概 念

C³IAM/EcOp 模型将气候变化内生到长期宏观经济增长中，因此模型包含经济模块、气候模块、将气候变化引入经济模块等部分。

(1) 经济模块。

经济模块的原型是一个标准的新古典经济增长模型(Ramsey 模型)，通过权衡投资与消费来实现社会福利最大化。C³IAM/EcOp 模型将气候变化引入到 Ramsey 模型，增加气候减排投入与气候损失的权衡。

模型的目标函数是社会福利函数 W，如式(4-1)所示。

$$W = \sum_{i=1}^{n} \varphi_i W_i, \quad \sum_{i=1}^{n} \varphi_i = n \tag{4-1}$$

式中，i 为区域；n 为区域数；φ_i 为第 i 个区域的社会福利权重；W_i 为第 i 个区域的福利函数。

各区域的福利函数是各期人口加权的人均消费效用函数的贴现和，如式(4-2)所示。

$$W_i = \int_0^\infty \left\{ L_i(t) \ln \left[C_i(t) / L_i(t) \right] e^{-\delta t} \right\} dt \tag{4-2}$$

式中，t 为年份；$L_i(t)$ 为第 i 个区域第 t 年的人口；$C_i(t)$ 为第 i 个区域第 t 年的消费；δ 为贴现率。

各区域的经济产出是 Cobb-Douglas 生产函数(如式(4-3)所示)，考虑资本与劳动力两种投入要素。

$$Q_i(t) = A_i(t) K_i(t)^\gamma L_i(t)^{1-\gamma} \tag{4-3}$$

式中，$Q_i(t)$ 为第 i 个区域第 t 年的经济总产出；$A_i(t)$、$K_i(t)$ 分别为第 i 个区域第 t 年的技术进步参数、资本存量；γ 为资本份额参数。

与 Ramsey 模型不同的是，经济产出需要扣除减排投入及气候损失，如式(4-4)所示。

$$Y_i(t) = \Omega_i(t) Q_i(t) \tag{4-4}$$

式中，$Y_i(t)$ 为第 i 个区域第 t 年的净产出；$\Omega_i(t)$ 为第 i 个区域第 t 年的产出调整参数，反映了气候变化对经济损失程度及减排成本的影响力度。

净产出的主要去向就是消费和投资，如式(4-5)所示。

$$C_i(t) = Y_i(t) - I_i(t) \tag{4-5}$$

式中，$I_i(t)$ 为第 i 个区域第 t 年的投资。

投资将带来资本存量的增加，如式(4-6)所示。

$$K_i(t) = I_i(t) - \delta_k K_i(t) \tag{4-6}$$

式中，$K_i(t)$ 为第 i 个区域第 t 年的资本存量变化量；δ_k 为资本存量的折旧率。

（2）气候模块。

气候模块包含了从温室气体排放到温室气体的浓度，再到辐射强迫，最后到地表平均温度的全过程。

温室气体排放到浓度的变化过程即碳循环过程，如式(4-7)所示。$C^3IAM/EcOp$ 模型将 RICE 模型原有的碳循环过程替换为 Bern 碳循环过程（Strassmann and Joos，2018），用于追踪各区域各时期温室气体排放对浓度的贡献。

$$M_i(t) = \sum_{s=0}^{t} \left[E_i(s) \left(\alpha_0 + \sum_k \alpha_k e^{\frac{s-t}{\tau_k}} \right) \right] \tag{4-7}$$

式中，$M_i(t)$ 为第 i 个区域第 t 年的温室气体浓度（相对初始年份）；$E_i(s)$ 为第 i 个区域第 s 年的温室气体排放量（包含 CO_2、CH_4、N_2O 等三种温室气体）；α_0、α_k、τ_k 分别为碳循环过程的参数。

各区域温室气体浓度加总可得全球总体的温室气体浓度，如式(4-8)所示。

$$M(t) = \sum_{i=0}^{n} M_i(t) + \text{NAT} \tag{4-8}$$

式中，$M(t)$ 为第 t 年相对于初始年份的全球温室气体浓度增量；NAT 为温室气体浓度常量（即初始年份大气温室气体浓度）。

温室气体浓度将引起大气辐射强迫的变化，如式(4-9)所示。

$$F(t) = F_{2x} \log_2 \left[M(t) / M_{\text{eq}} \right] \tag{4-9}$$

式中，$F(t)$ 为第 t 年的辐射强迫；M_{eq} 为均衡态（温室气体排放增加一倍时大气达到的均衡状态）的温室气体浓度；F_{2x} 为均衡态的辐射强迫。

辐射强迫到大气平均温度的变化过程如式(4-10)～式(4-11)所示。

$$\dot{T}_{\text{at}}(t) = \text{SAT} \cdot \left\{ F(t+1) - F_{2x} / T_{2x} \cdot T_{\text{AT}}(t) - \text{HLAL} \cdot \left[T_{\text{AT}}(t) - T_{\text{LO}}(t) \right] \right\} \tag{4-10}$$

$$\dot{T}_{\text{LO}}(t) = \text{HGLA} \cdot \left[T_{\text{AT}}(t) - T_{\text{LO}}(t) \right] \tag{4-11}$$

式中，$T_{\text{AT}}(t)$、$T_{\text{LO}}(t)$ 分别为第 t 年的大气和深层海洋的全球平均温度（相对初始年份）；$\dot{T}_{\text{at}}(t)$、$\dot{T}_{\text{LO}}(t)$ 分别为第 t 年的全球平均温度变化量；T_{2x} 为均衡态（温室气体排放提高一倍时达到的均衡状态）的大气平均温度变化；SAT 为大气平均温度调整速度系数；HLAL、HGLA 分别为从大气到深层海洋的热量损失系数和深层海洋的热量吸收系数。

（3）将气候变化引入经济模块。

经济模块到气候模块的联系，即经济活动产生温室气体排放，如式（4-12）～式（4-14）所示。

$$E_i(t) = \left[1 - \mu_i(t)\right]\sigma_i(t)Q_i(t) + E_i^{\text{land}}(t), \quad 0 \leqslant \mu_i(t) \leqslant 1 \tag{4-12}$$

$$\sigma_i(t) = \sum_k \sigma_i^k(t) \cdot \text{GWP}^k, \quad k \in \{\text{CO}_2, \text{CH}_4, \text{N}_2\text{O}\} \tag{4-13}$$

$$E_i^{\text{land}}(t) = E_i^{\text{land}}(1) \cdot (1 - \text{LUGR})^{(t-1)/2} \tag{4-14}$$

式中，$\mu_i(t)$ 为第 i 个区域第 t 年的温室气体减排率；$\sigma_i(t)$ 为第 i 个区域第 t 年的温室气体强度；$E_i^{\text{land}}(t)$ 为第 i 个区域第 t 年的土地利用相关的温室气体排放；$\sigma_i^k(t)$ 为第 i 个区域第 t 年第 k 种温室气体强度；GWP^k 为第 k 种温室气体全球变暖潜力；LUGR 为土地利用排放变化的速度系数。

气候模块到经济模块的作用包含两个部分，即气候损失和减排投入的成本。气候损失函数如式（4-15）所示。

$$D_i(t) = 1 - \frac{1}{1 + a_{1,i}T_{\text{AT}}(t) + a_{2,i}T_{\text{AT}}(t)^2} \tag{4-15}$$

式中，$D_i(t)$ 为第 i 个区域第 t 年的气候损失占经济总产出的比例；$a_{1,i}$、$a_{2,i}$ 为第 i 个区域第 t 年的气候损失函数系数。

减排投入的成本函数如式（4-16）和式（4-17）所示。

$$\text{AC}_i(t) = b_{1,i}(t)\mu_i(t)^{b_{2,i}} \tag{4-16}$$

$$b_{1,i}(t) = P \cdot (1 - g)^{t-1}\sigma_i(t)/b_{2,i} \tag{4-17}$$

式中，$\text{AC}_i(t)$ 为第 i 个区域第 t 年的减排投入成本占经济总产出的比例；P、g、$b_{1,i}(t)$、$b_{2,i}$ 分别为成本函数的系数。

气候损失比例与减排投入比例共同决定了产出调整系数，如式（4-18）所示。

$$\Omega_i(t) = \left[1 - \text{AC}_i(t)\right] \cdot \left[1 - D_i(t)\right] \tag{4-18}$$

4.1.1　合作与非合作动态博弈

（1）引入非合作微分博弈。

非合作微分博弈可以用三元组 $(N, S, \{U^i\})$ 表示，其中 N 为区域组成的集合，$S = S_1 \times S_2 \times \cdots \times S_N$ 为所有区域的纯策略空间，$\{U^i\}$ 为各区域的支付函数。其中，纯策略数量为无限个，而且是在连续时间上的决策。

在减排机制设计中，各区域将减排率 $\mu_i \in S_i$ 作为各区域的纯策略，各区域的福利函

数 $W_i(\mu_i,\{\mu_{-i}\})$ 作为各区域的支付函数。各区域在连续时间上选择 0 到 1 的任意减排率，来实现各区域的福利最大化。

非合作微分博弈与一般的纯策略博弈一样，存在纳什均衡。满足式(4-19)的策略组合称为纳什均衡。

$$W_i(\mu_i^*,\{\mu_{-i}^*\}) \geqslant W_i(\mu_i,\{\mu_{-i}^*\}), \quad \forall \mu_i \in S_i \tag{4-19}$$

式中，$W_i(\mu_i^*,\{\mu_{-i}^*\})$ 与 $W_i(\mu_i,\{\mu_{-i}^*\})$ 分别为第 i 个区域的最优减排策略及其他可行减排策略；$\{\mu_{-i}^*\}$ 为除第 i 个区域外的其他区域的最优减排策略。

非合作微分博弈的求解，可以通过在 C^3IAM/EcOp 模型中，将各区域的社会福利函数分别作为优化目标，进行求解，如式(4-20)所示。

$$\underset{I_i(t),\mu_i(t)}{\mathrm{Max}} \ W_i = \underset{I_i(t),\mu_i(t)}{\mathrm{Max}} \int_0^\infty \left\{ L_i(t)\cdot\ln\left[C_i(t)/L_i(t)\right]\mathrm{e}^{-\delta t} \right\}\mathrm{d}t, \quad i=1,2,\cdots,n \tag{4-20}$$
$$\text{s.t.} \quad \text{式}(4\text{-}3)\sim\text{式}(4\text{-}18)$$

在各区域都优化自己的福利函数后，非合作博弈情景将达到纳什均衡，即任何区域都不能通过改变自身的减排策略获得收益，增加排放的福利收益低于排放导致的气候损失，而减少排放所付出的减排投入超过避免的气候损失。

关于纳什均衡的存在性问题，很难从理论层面展开分析。本节从数值模拟的角度，通过调整纳什均衡求解的初始值、调整纳什均衡求解的区域顺序等方式，验证并比较不同情形下的纳什均衡解，数值证明了纳什均衡解的存在且唯一。

(2)引入合作微分博弈。

合作微分博弈同样可以用三元组 $(N,S,\{U^i\})$ 表示，其中 N 为区域组成的集合，$S=S_1\times S_2\times\cdots\times S_N$ 为所有区域的纯策略空间，$\{U^i\}$ 为各区域的支付函数。其中，纯策略数量为无限个，而且是在连续时间上的决策。

与非合作微分博弈不同，合作微分博弈中，各区域的策略空间除了减排率外，还需要包括区域社会福利权重这一变量，即 $\mu_i,\varphi_i \in S_i$。在合作微分博弈中，各区域首先确定社会福利权重，接着再确定自己的减排率，最后所有区域的温室气体排放量加总得到全社会的排放总量。社会福利权重越大，意味着该区域承担的减排责任越低，从其他区域减排获得的收益越高，反之亦然。所以，在合作微分博弈中，各区域都尽可能地提高自己的社会福利权重，最后就社会福利权重达到一致。接下来，各区域在给定社会福利权重下决定自己的最优减排率，然后得到自己的最优社会福利。

在合作微分博弈中，还需要定义核(core)的概念。在这里，一组减排策略 $\{(\mu_i,\varphi_i)\}$ 如果在相同的社会福利权重下，无法通过部分合作使得某个区域的福利改善，那么这组策略就在合作微分博弈的核里。核的定义保证了全局合作的稳定性，只有满足核的性质的解才是稳定的全局合作方案。

合作微分博弈的求解，可以通过在 C^3IAM/EcOp 模型，将全球社会福利函数作为优化目标，进行求解，如式（4-21）所示。

$$\underset{I_i(t),\mu_i(t)}{\text{Max}} W = \underset{I_i(t),\mu_i(t)}{\text{Max}} \sum_{i=1}^{n} \varphi_i W_i, \quad \sum_{i=1}^{n} \varphi_i = n \tag{4-21}$$
$$\text{s.t.} \quad \text{式}(4.3) \sim \text{式}(4.18)$$

不同社会福利权重 φ_i 将得出不同的各区域最优减排策略，对应了不同的合作微分博弈解。同时，不是所有的社会福利权重都满足核的性质。

本书将考虑等权重、Negishi 权重及 Lindahl 权重下的合作情景。等权重是最常见的社会福利权重形式，它假设每个区域的边际福利相等。Negishi 权重是 Walrasian（瓦尔拉斯）一般均衡对应的社会福利权重，它等于边际效用的倒数。Lindahl 权重是经济体在有外部性下实现最优所对应的社会福利权重，类似于没有外部性下经济体实现 Walrasian 一般均衡所对应的社会福利权重。

已有研究将合作微分博弈的求解，与环境外部性的 Lindahl 均衡建立联系，证明了不考虑转移支付的 Lindahl 均衡可以与式（4-22）定义的合作微分博弈等价，且 Lindahl 均衡解是满足核的性质中的最优解（Yang，2008）。

$$\text{Max } W = \text{Max} \prod_i (W^i - \overline{W}^i)$$
$$\text{s.t.} \quad W^i \geqslant \overline{W}^i \tag{4-22}$$
$$\text{s.t.} \quad \text{式}(4.3) \sim \text{式}(4.18)$$

式中，$\overline{W}^i$ 为非合作微分博弈下各区域的社会福利。同时，Lindahl 均衡对应的 Lindahl 社会福利权重计算如式（4-23）所示（Yang，2008）。

$$\varphi_i = \left[\frac{n}{\sum_{j=1}^{N}\left(\dfrac{1}{W^j - \overline{W}^j} \right)} \right]\left(\frac{1}{W^i - \overline{W}^i} \right), \quad \sum_{k=1}^{N} \varphi_k = n \tag{4-23}$$

4.1.2　数据来源

参考 RICE 模型，C^3IAM/EcOp 模型在区域划分、基年设置、参数设置等方面进行了设置与更新。

（1）区域划分与时间范围。

为了与《巴黎协定》提出的 NDC 保持一致，本书仅考虑提出国家自主贡献的国家，并将这些国家划分为美国、中国、日本、俄罗斯、印度、其他伞形集团、欧盟、其他西欧、东欧及独联体、其他亚洲、中东及非洲、拉丁美洲等十二个国家或区域。同时，结合数据可获性，仅考虑涵盖所有数据源的国家。综上，C^3IAM/EcOp 模型共考虑 161 个国家。

$C^3IAM/EcOp$ 模型的基年为 2015 年，以 5 年为一期，考虑 45 期的规划期，以近似模拟无限期的优化。因此，将各区域的福利函数改写为离散形式，如式(4-24)所示。

$$W_i = \sum_{t=1}^{T}\left\{ L_i(t) \cdot \ln\left[C_i(t)/L_i(t) \right](1+\delta)^{-\text{TSTEP}\cdot(t-1)} \right\}$$
$$+ \frac{1}{(1+\delta)^{-\text{TSTEP}} - 1} \cdot L_i(T) \cdot \ln\left[C_i(T)/L_i(T) \right](1+\delta)^{-\text{TSTEP}\cdot(T-1)}, \quad i=1,2,\cdots,n \tag{4-24}$$

式中，T 为模型的规划期(取 45 期)；TSTEP 为时间步长(取 5 年)；第一项为规划期内的效用，第二项为规划期以后的效用。对于规划期以后的效用，假设与最后一期的效用一致，根据无穷等比递缩数列求和公式可得第二项的形式。

(2)基年数据。

$C^3IAM/EcOp$ 的基年数据如表 4-1 所示，人口、GDP 与资本存量、温室气体排放数据分别来自联合国(UN)、国际货币基金组织(IMF)、CDIAC 数据库、EDGAR 数据库等。其中，CH_4、N_2O 的历史数据只到 2012 年，因此用温室气体强度预测值及排放预测值代替。

表 4-1　2015 年 12 区域及全球社会经济及排放数据

区域	GDP/万亿美元(2011 年不变价)	资本存量/万亿美元(2011 年不变价)	人口/亿人	CO_2 排放量/亿吨碳	CH_4 排放量/亿吨	N_2O 排放量/亿吨
美国	16.94	32.96	3.20	14.78	0.25	95.08
中国	18.33	49.47	13.97	27.70	0.57	160.44
日本	4.57	12.78	1.28	3.34	0.02	7.48
俄罗斯	3.36	5.62	1.44	4.56	0.16	19.92
印度	7.69	14.15	13.09	6.33	0.28	70.36
其他伞形集团	2.77	5.50	0.64	2.74	0.11	31.08
欧盟	18.05	40.77	5.07	9.60	0.22	91.76
其他西欧	2.50	4.77	1.10	1.49	0.05	15.09
东欧及独联体	1.59	1.91	1.38	1.99	0.09	22.78
其他亚洲	9.90	20.46	10.89	6.37	0.39	74.87
中东及非洲	10.63	19.10	13.35	9.18	0.62	109.14
拉丁美洲	8.78	18.13	6.04	5.02	0.40	126.38
全球	105.12	225.62	71.46	93.11	3.14	824.40

注: GDP 与资本存量来自 IMF(IMF，2017)；人口来自 UN(2017)；CO_2 排放量来自 UNFCCC(2017)，CDIAC(Boden et al.，2017)；CH_4 与 N_2O 排放量来自作者预测值。

（3）参数设置。

$C^3IAM/EcOp$ 模型的主要参数来源于 Yang（2008）、RICE2010（Nordhaus，2010）及 DICE2016R（Nordhaus，2017）等。经济模块、气候模块与两个模块交互的参数设置分别如表 4-2～表 4-4 所示，各区域的气候损失函数设置依据如表 4-5 所示。

表 4-2　经济模块参数设置

参数	含义	取值	来源
δ	贴现率	0.03	
γ	资本份额参数	0.3	Yang（2008）
δ_k	资本存量折旧率	0.1	

表 4-3　气候模块参数设置

参数	含义	取值	来源	名称	含义	取值	来源
α_0		0.2173		F_{2x}	均衡态辐射强迫	3.6813	
α_1		0.2240		M_{eq}	均衡态温室气体浓度	588	
α_2		0.2824		$T_{AT}(1)$	初始大气平均温度变化	0.85	
α_3	碳循环参数	0.2763	Joos 等（2013）	$T_{LO}(1)$	初始深层海洋平均温度变化	0.0068	DICE 2016R（Nordhaus，2017）
τ_1		394.4		T_{2x}	均衡态大气平均温度	3.1	
τ_2		36.54		SAT	大气平均温度调整速度系数	0.1005	
τ_3		4.304		HLAL	从大气到深层海洋的热量损失系数	0.088	
NAT	温室气体浓度常量	637.02	Yang（2008）	HGLA	深层海洋的热量吸收系数	0.025	

表 4-4　经济模块与气候模块交互的参数设置

参数	含义	取值	来源
GWP^k	CO_2 全球变暖潜力	1	
	CH_4 全球变暖潜力	28	Joos et al.（2013）
	N_2O 全球变暖潜力	265	
LUGR	土地利用排放变化的速度系数	0.1	Yang（2008）
$b_{2,i}$	成本函数的指数	2.6	DICE2016R（Nordhaus，2017）
P	初始年份后备技术的成本	550	DICE2016R（Nordhaus，2017）
g	后备技术成本下降速度	0.025	DICE2016R（Nordhaus，2017）

表 4-5　气候损失函数设置依据

区域	$a_{1,i}$	$a_{2,i}$	区域	$a_{1,i}$	$a_{2,i}$
美国	0	0.1414	欧盟	0	0.1591
中国	0.0785	0.1259	其他西欧	0.1755	0.1734
日本	0	0.1617	东欧及独联体	0	0.1591
俄罗斯	0	0.1151	拉丁美洲	0.0609	0.1345
印度	0.4385	0.1689	中东及非洲	0.341	0.1983
其他伞形集团	0	0.1564	其他亚洲	0	0.1305

注：气候损失函数系数参考 RICE2010（Nordhaus，2010）设置，函数形式为：

$$D_i(t) = 1 - \frac{1}{1 + a_{1,i} T_{AT}(t) + a_{2,i} T_{AT}(t)^2}$$ 。

（4）初始温室气体浓度设置。

C^3IAM/EcOp 使用的是 Bern 碳循环模块，需要计算各区域历史排放的浓度贡献，即将式（4-7）拆分成式（4-25）。

$$
\begin{aligned}
M_i(t) &= \sum_{s=0}^{t} \left[E_i(s) \cdot \left(\alpha_0 + \sum_k \alpha_k e^{\frac{s-t}{\tau_k}} \right) \right] \\
&= \sum_{s=1900}^{2015} \left[E_i(S) \cdot \left(\alpha_0 + \sum_k \alpha_k e^{\frac{s-t}{\tau_k}} \right) \right] + \sum_{s=2015}^{t} \left[E_i(S) \cdot \left(\alpha_0 + \sum_k \alpha_k e^{\frac{s-t}{\tau_k}} \right) \right] \\
&= M_i^0(t) + MN_i(t)
\end{aligned}
\tag{4-25}
$$

式中，第一项 $M_i^0(t)$ 为各区域历史排放的浓度；第二项 $MN_i(t)$ 为各区域未来排放的浓度。考虑到数据可获性，C^3IAM/EcOp 模型利用 CDIAC 的 1900～2014 年的 CO_2 排放数据以及 EDGAR 的 1970～2012 年的 CH_4 及 N_2O 数据计算各区域的初始温室气体浓度，如表 4-6 所示。

表 4-6　初始温室气体浓度

区域	2015 年	2020 年	2030 年	2040 年	2050 年	2060 年	2070 年	2080 年	2090 年	2100 年
美国	60.3	48.1	40.1	36.5	34.0	32.1	30.5	29.2	28.2	27.4
中国	42.2	33.7	28.1	25.6	23.8	22.5	21.4	20.5	19.8	19.2
日本	9.8	7.8	6.5	5.9	5.5	5.2	5.0	4.8	4.6	4.5
俄罗斯	18.3	14.6	12.2	11.1	10.3	9.3	9.3	8.9	8.6	8.3
印度	12.9	10.3	8.6	7.8	7.3	6.8	6.5	6.2	6.0	5.8
其他伞形集团	9.7	7.8	6.5	5.9	5.5	5.2	4.9	4.7	4.6	4.4
欧盟	52.0	41.5	34.5	31.5	29.3	27.6	26.3	25.2	24.3	23.6

续表

区域	2015 年	2020 年	2030 年	2040 年	2050 年	2060 年	2070 年	2080 年	2090 年	2100 年
其他西欧	3.9	3.1	2.6	2.3	2.2	2.1	2.0	1.9	1.8	1.8
东欧及独联体	9	7.9	6.6	6.0	5.6	5.2	5.0	4.8	4.6	4.5
其他亚洲	16.2	12.9	10.8	9.8	9.1	8.6	8.2	7.8	7.6	7.3
中东及非洲	24.4	19.5	16.2	14.8	13.8	13.0	12.3	11.8	11.4	11.1
拉丁美洲	17.6	14.1	11.7	10.7	9.9	9.4	8.9	8.6	8.3	8.0
全球	277.1	221.3	184.3	167.9	156.4	147.3	140.2	134.4	129.7	125.8

4.1.3　社会经济发展情景设置

未来的人口、技术进步参数变化分别用 UN 的未来人口数据和 SSP2 的 GDP 数据校准，温室气体强度的变化基于作者的预测数据校准。

（1）人口趋势。

原有 RICE 模型的人口趋势函数是逐渐趋于稳定的对数增长形式，但并不符合部分区域未来人口下降的趋势。因此，C³IAM/EcOp 模型将未来人口趋势函数设置为分段的对数变化函数，如式（4-26）所示。

$$L_i(t) = \begin{cases} L_i(1) \cdot (1 + \mathrm{LR}_{1,i})^{\mathrm{TSTEP} \cdot (t-1)}, & t < \mathrm{TMax}_i \\ \mathrm{LMax}_i \cdot (1 + \mathrm{LR}_{2,i})^{\mathrm{TSTEP} \cdot (t - \mathrm{TMax}_i)}, & \mathrm{TMax}_i \leqslant t < 40 \\ L_i(t-1) \cdot (1 + \mathrm{LR}_{3,i})^{\mathrm{TSTEP}}, & t \geqslant 40 \end{cases} \quad (4\text{-}26)$$

式中，$\mathrm{LR}_{1,i}$、$\mathrm{LR}_{2,i}$、$\mathrm{LR}_{3,i}$ 分别为第 i 个区域峰值前、峰值后及远期的人口变化率；TMax_i、LMax_i 分别为第 i 个区域达到人口上限的年份及人口数。

根据 UN 的各国人口预测值（UN，2017），按照区域划分进行加总，再分别找出各区域的人口峰值年份及峰值规模，如表 4-7 所示。大部分区域或国家在 2100 年前人口能达到峰值，但峰值年份及规模相差较大。美国、其他伞形集团、中东及非洲等部分国家或区域在 2100 年前未达到峰值；对于这些国家或区域，假设峰值年份为 2100 年，但 2100 年后人口继续增长，增长率为所有区域 2100 年前人口增长率的最小值。远期各区域仍保持之前的变化趋势，但人口增长率的绝对值为所有区域峰值前人口增长率最小值的一半。

表 4-7　人口趋势设置

区域	基年人口 /亿人	峰值年份	峰值规模 /亿人	峰值前人口 增长率/%	峰值后人口 增长率/%	远期人增长率 /%
美国	3.20	2100	4.47	0.40	0.04	0.02
中国	13.97	2029	14.42	0.22	−0.49	−0.02
日本	1.28	2015	1.29	0.00	−0.49	−0.02

续表

区域	基年人口/亿人	峰值年份	峰值规模/亿人	峰值前人口增长率/%	峰值后人口增长率/%	远期人增长率/%
俄罗斯	1.44	2017	1.44	0.04	−0.18	−0.02
印度	13.09	2061	16.79	0.54	−0.26	−0.02
其他伞形集团	0.64	2100	1.00	0.51	0.04	0.02
欧盟	5.07	2029	5.13	0.07	−0.15	−0.02
其他西欧	1.10	2056	1.29	0.38	−0.24	−0.02
东欧及独联体	1.38	2054	1.52	0.25	−0.13	−0.02
其他亚洲	10.89	2068	14.56	0.55	−0.16	−0.02
中东及非洲	13.35	2100	45.80	1.46	0.04	0.02
拉丁美洲	6.04	2061	7.71	0.53	−0.25	−0.02
全球	71.46	2100	106.76	0.47	0.04	0.02

注：人口趋势系数参考 UN(2017)；对于 2100 年尚未达到峰值的国家或区域(美国、其他伞形集团、中东及非洲)，假设峰值年份为 2100 年，但 2100 年后人口增长率为所有区域达到 2100 年前人口增长率的最小值；各区域远期人口增长保持 2100 年前的趋势，增长率绝对值为达到峰值前所有区域人口增长率最小值的一半。

(2)技术进步趋势。

原有 RICE 模型是假设外生的技术进步趋势，进而确定各区域的经济发展趋势。由于外生的技术进步变化存在很大的不确定性，所以，C³IAM/EcOp 模型利用已有的经济发展趋势预测数据，来校准未来技术进步函数的参数。未来技术进步趋势函数如式(4-27)所示。

$$A_i(t) = A_i(t-1) \cdot \left[\frac{\text{AMax}_i}{A_i(t-1)} \right]^{\text{TSTEP} \cdot \text{TR}_i} \tag{4-27}$$

式中，AMax_i、TR_i 分别为第 i 个区域技术进步参数的峰值及变化速度系数。

根据 SSP2 情景中的各国 GDP 预测值(Riahi et al.，2017)，按照区域划分进行加总，然后来校准各区域未来技术进步函数的系数，如表 4-8 所示。

表 4-8 技术进步趋势设置

区域	基年技术进步参数	技术进步参数峰值	技术进步参数速度系数/%	2015～2050 年	
				全要素生产率增长率/%	经济总产出增长率/%
美国	13.20	20.72	2.4	0.76	1.75
中国	4.51	15.93	4.3	2.94	3.72
日本	8.98	28.92	1	1.01	0.73
俄罗斯	7.79	26.42	1.6	1.54	2.39

续表

区域	基年技术进步参数	技术进步参数峰值	技术进步参数速度系数/%	2015~2050 年	
				全要素生产率增长率/%	经济总产出增长率/%
印度	2.88	30.93	1.6	3.00	4.86
其他伞形集团	11.34	31.86	1.1	0.97	2.09
欧盟	9.56	115.17	0.5	1.15	1.60
其他西欧	7.35	98.53	0.6	1.42	2.58
东欧及独联体	5.25	36.56	0.9	1.53	3.15
其他亚洲	3.79	29.03	1.4	2.32	3.84
中东及非洲	3.59	34.64	0.9	1.78	4.20
拉丁美洲	5.24	67.74	0.7	1.61	2.88

注：技术进步参数趋势调整参考 SSP2(Riahi et al., 2017)；基年的技术进步参数由基年的人口、资本存量、气候损失等校准所得；技术进步参数峰值及速度系数由 SSP2 中各区域的经济增长率校准所得；2015~2050 年全要素生产率由校准后的技术进步参数计算所得。

(3) 温室气体强度趋势。

原有 RICE 模型仅考虑二氧化碳一种温室气体，且假设碳强度的变化外生给定。然而，除了二氧化碳以外，还有甲烷、氧化亚氮等主要温室气体，同时温室气体强度的预测也需要历史经验作为依据。因此，$C^3IAM/EcOp$ 模型考虑了二氧化碳、甲烷和氧化亚氮等三种温室气体，并利用世界各国温室气体强度的历史经验及预测值来校准温室气体强度趋势。

根据温室气体强度不同时期的变化，构建分段的温室气体强度趋势函数如式(4-28)所示。2050 年(模型中为第 8 期)前为固定参数的函数形式，2050~2100 年为变化参数的函数形式，2100 年(模型中为第 18 期)之后为固定参数的函数形式。

$$\sigma_i^k(t) = \begin{cases} \dfrac{\text{SigMax}_i^k}{1+\text{SigI}_i^k \cdot e^{-\text{SigA1}_i^k \cdot (t-1)}}, & t \leqslant 8 \\[3mm] \dfrac{\text{SigMax}_i^k}{1+\text{SigI}_i^k \cdot e^{-\text{SigA1}_i^k \cdot \left(1+\text{SigA2}_i^k\right)^{t-8} \cdot (t-1)}}, & 8 < t \leqslant 18 \quad k \in (\text{CO}_2, \text{CH}_4, \text{N}_2\text{O}) \\[3mm] \dfrac{\text{SigMax}_i^k}{1+\text{SigI}_i^k \cdot e^{-\text{SigA1}_i^k \cdot \left(1+\text{SigA2}_i^k\right)^{18-8} \cdot (t-1)}}, & t > 18 \end{cases} \quad (4\text{-}28)$$

式中，SigMax_i^k 为第 i 个区域第 k 种温室气体强度渐进值；SigI_i^k、SigA1_i^k、SigA2_i^k 分别为第 i 个区域第 k 种温室气体强度变化系数，其中，第一个系数不随时间变化而变化，第二个系数随时间不同而呈现不同的变化程度，第三个系数反映第 8 期之后，即 2050 年之后，温室气体强度的变化参数。

　　首先，本节将预测的各种温室气体排放量加总到区域层面。各区域各种温室气体的实际值与预测值如图 4-1 所示。总体上来说，各区域各种温室气体的预测效果都很好，历史年份的预测趋势几乎一致，个别区域、个别时期预测值与实际值有一定的偏差。从未来趋势来看，各区域碳排放量均会出现峰值，且发达国家或区域的峰值年份早于发展中国家或区域；大部分区域的甲烷与氧化亚氮排放量均已达到峰值或很快达峰，并且快速下降，而中东及非洲的两种气体排放量将快速上升，最快到 2065 年才达到峰值。

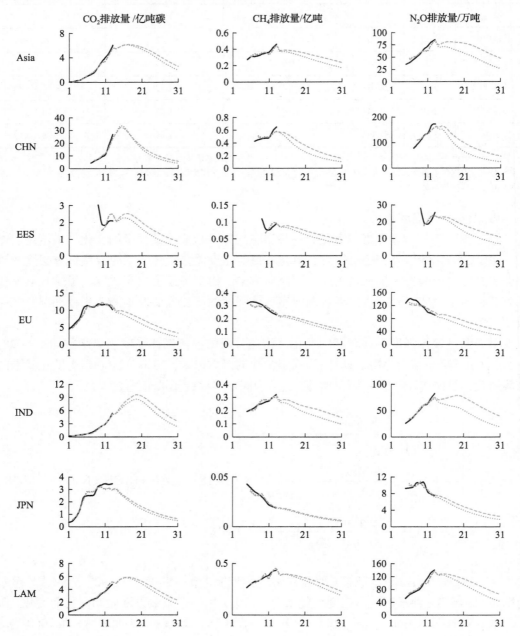

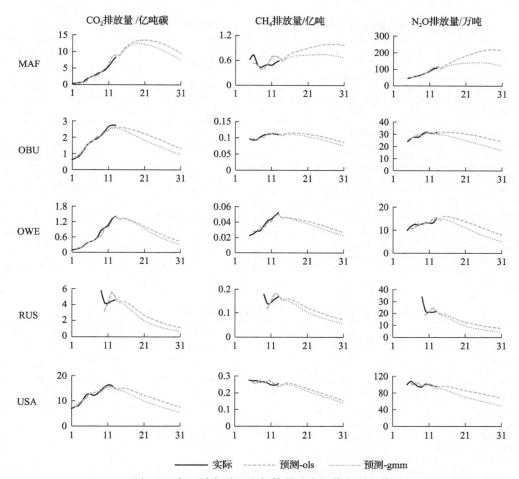

图 4-1　各区域各种温室气体排放实际值与预测值

图中纵向分别是 CO_2、CH_4、N_2O 排放量的预测值及实际值，横向分别为亚洲（Asia）、中国（CHN）、东欧及独联体（EES）、欧盟（EU）、印度（IND）、日本（JPN）、拉丁美洲（LAM）、中东及非洲（MAF）、其他伞形集团（OBU）、其他西欧（OWE）、俄罗斯（RUS）、美国（USA）的各种温室气体排放量；ols 为最小二乘法，gmm 为系统矩估计法；CO_2 历史数据年份为 1950～2012 年，CH_4 和 N_2O 历史数据年份为 1970～2012 年，未来预测数据年份为 2015～2100 年，每 5 年为一期加总

　　其次，利用区域加总后的温室气体强度预测结果，分别校准各区域各种温室气体强度趋势函数的参数，如表 4-9～表 4-11 所示。

表 4-9　二氧化碳强度趋势函数设置

区域	渐进值	系数 1	系数 2 /%	系数 3 /%	前期强度下降率/%	中期强度下降率/%	远期强度下降率/%
美国	0.67	−0.99	0.14	4.13	2.29	1.82	0.78
中国	0.57	−1.00	0.30	4.89	5.10	2.54	0.86
日本	0.63	−0.99	0.19	6.91	2.58	2.35	0.80
俄罗斯	0.58	−1.00	0.19	6.64	3.83	2.68	0.85

区域	渐进值	系数 1	系数 2 /%	系数 3 /%	前期强度下降率/%	中期强度下降率/%	远期强度下降率/%
印度	0.64	−0.99	0.27	16.34	3.34	4.10	0.79
其他伞形集团	0.60	−0.99	0.13	7.23	2.56	2.42	0.81
欧盟	0.67	−0.99	0.27	9.82	2.42	2.80	0.79
其他西欧	0.54	−0.99	0.30	10.55	3.26	3.16	0.81
东欧及独联体	0.61	−1.00	0.18	10.05	3.42	3.19	0.85
其他亚洲	0.65	−0.99	0.45	13.32	3.85	3.65	0.75
中东及非洲	0.61	−0.99	0.23	15.58	3.13	3.99	0.81
拉丁美洲	0.67	−0.99	0.29	12.63	2.70	3.34	0.79

注：二氧化碳强度渐进值单位为克碳/美元(2011PPP)；前期为2015～2050年，中期为2050～2100年，远期为2100～2150年。

表 4-10　甲烷强度趋势函数设置

区域	渐进值	系数 1	系数 2 /%	系数 3 /%	前期强度下降率/%	中期强度下降率/%	远期强度下降率/%
美国	0.02	−0.99	0.24	3.21	2.05	1.58	0.73
中国	0.04	−0.99	0.73	2.39	5.02	1.97	0.80
日本	0.01	−0.98	0.27	5.65	1.84	1.88	0.74
俄罗斯	0.05	−0.99	0.27	4.13	3.13	2.06	0.81
印度	0.05	−1.00	0.82	8.68	5.38	3.07	0.74
其他伞形集团	0.04	−0.99	0.16	5.30	2.05	1.92	0.77
欧盟	0.02	−0.99	0.27	6.74	2.09	2.17	0.77
其他西欧	0.03	−0.99	0.34	6.19	2.89	2.30	0.79
东欧及独联体	0.05	−0.99	0.32	5.62	3.70	2.43	0.82
其他亚洲	0.05	−0.99	0.47	7.86	4.24	2.86	0.80
中东及非洲	0.05	−0.99	0.28	10.45	3.21	3.16	0.81
拉丁美洲	0.05	−0.99	0.28	7.39	3.12	2.58	0.81

注：甲烷强度渐进值单位为克/美元(2011PPP)；前期为2015～2050年，中期为2050～2100年，远期为2100～2150年。

表 4-11　氧化亚氮强度趋势函数设置

区域	渐进值	系数 1	系数 2 /%	系数 3 /%	前期强度下降率/%	中期强度下降率/%	远期强度下降率/%
美国	0.001	−0.99	0.20	7.64	2.04	1.31	0.71
中国	0.001	−0.99	0.72	8.64	5.10	1.78	0.82

区域	渐进值	系数 1	系数 2 /%	系数 3 /%	前期强度 下降率/%	中期强度 下降率/%	远期强度 下降率/%
日本	0.000	−0.98	0.27	13.41	1.94	1.81	0.74
俄罗斯	0.001	−0.99	0.52	12.23	3.71	2.02	0.80
印度	0.001	−0.99	0.55	33.73	4.68	3.45	0.76
其他伞形集团	0.001	−0.99	0.17	13.25	2.17	1.87	0.77
欧盟	0.001	−0.99	0.26	16.74	2.26	2.22	0.78
其他西欧	0.001	−0.99	0.28	18.68	2.82	2.51	0.81
东欧及独联体	0.001	−0.99	0.32	16.68	3.93	2.49	0.83
其他亚洲	0.001	−0.99	0.44	25.27	3.84	3.06	0.79
中东及非洲	0.001	−0.99	0.25	24.69	2.82	2.99	0.81
拉丁美洲	0.001	−0.99	0.23	21.57	3.17	2.82	0.82

注：氧化亚氮强度渐进值单位为克/美元(2011PPP)；前期为 2015～2050 年，中期为 2050～2100 年，远期为 2100～2150 年。

4.2　非合作博弈减排机制设计

气候变化是一个全球性质的环境外部性问题，需要各国共同应对。各国通过国际气候谈判达成气候协定，主要讨论的问题是如何界定各国的减排责任，以及分配未来的排放空间，从而进一步控制温升。《联合国气候变化框架公约》第 21 次缔约方会议通过的《巴黎协定》(UNFCCC，2015)是国际气候谈判中参与度最高、影响最大的一项决定，标志着全球气候协定从"自上而下"的《京都议定书》模式转变为"自下而上"的自主贡献模式。《巴黎协定》通过各参与国自主提出减排目标的形式，对国家 2020 年后的排放水平进行约束。截至 2018 年 10 月，已有 197 个国家加入了协定，180 个国家正式核准了国家自主贡献方案。《巴黎协定》要求各国每 5 年提出一次减排目标，并根据自身减排能力逐期增加减排量，降低目标排放水平。《巴黎协定》还要求协定的履行将体现公平以及共同但有区别的责任和各自能力的原则。

本节拟解决以下问题：在国家自主贡献机制下，如何实现《巴黎协定》的 2℃温升目标。首先，本节提出了温室气体浓度贡献原则，并基于浓度贡献原则设计了自主减排机制；其次，应用 C³IAM/EcOp 模型对自主减排机制进行模拟评估；最后，考虑了初始减排力度调整系数与温室气体强度的不同对自主减排机制的影响。

4.2.1　自主减排机制设计

(1)温室气体浓度贡献原则。

已有的碳减排责任分配方案主要可分为责任、能力、平等、成本效益等四类，在这些方案中主要考虑碳排放量，如人均碳排放、人均累计碳排放等，而忽略了排放量对气候变化的累积效应。因此，本节从温室气体浓度贡献角度出发，将温室气体排放量转化为温室气体浓度贡献，并考虑温室气体排放对气候变化的长期影响，进行减排责任分配。

温室气体浓度贡献考虑了大气中温室气体排放的衰减，将不同时期温室气体排放的影响分别考虑，比累计温室气体排放更能准确地反映各国的减排责任。此外，温室气体浓度贡献随时间变化，可以在考虑各国历史减排责任的基础上，进一步分析未来温室气体排放的新增贡献。

值得注意的是，未来的温室气体浓度贡献依赖于未来各国温室气体排放的预测，而在不同的减排情景下，各国的减排路径不尽相同，由此产生的温室气体浓度贡献也存在差异。

(2) 基于浓度贡献原则的自主减排机制设计。

通过应用 C³IAM/EcOp 模型的碳循环模块，可以计算各年各区域的温室气体浓度贡献，如式(4-29)所示。

$$\omega_i(t) = \frac{M_i(t)}{\sum_{j=1}^{n} M_j(t)}, \quad i = 1, 2, \cdots, n \tag{4-29}$$

式中，$\omega_i(t)$ 为第 i 个区域第 t 年的温室气体浓度贡献率。值得注意的是，温室气体浓度贡献率是随年份变化的参数。由式(4-25)可知，初始温室气体浓度与未来温室气体排放所引起的新增温室气体浓度，共同决定各区域的温室气体浓度贡献。

本节提出的自主减排情景是各区域在已有减排情景的减排力度基础上增加各自的减排力度，如式(4-30)所示。

$$\mu_i^k(t) = \begin{cases} \mathrm{MF}_i^{k-1}(t)\mu_i^0(t), & t \leqslant \mathrm{mt} \\ \mathrm{MF}_i^k(t)\mu_i^0(t), & t > \mathrm{mt} \end{cases} \tag{4-30}$$

式中，k 为当前调整，$k-1$ 为已有调整；mt 为第 k 次调整的时期；$\mu_i^k(t)$ 为第 i 个区域第 t 年第 k 次调整的减排率；$\mathrm{MF}_i^k(t)$ 为第 i 个区域第 t 年第 k 次调整的减排力度调整系数；$\mu_i^0(t)$ 为第 i 个区域第 t 年已有减排情景的减排率。将式(4-30)带入 C³IAM/EcOp 模型，替换式(4-12)的减排率。

由于各区域的温室气体浓度贡献是随时间变化的变量，很难构建一种自主减排机制，让每期的温室气体浓度贡献都与博弈情景中的保持一致。因此，本节用平均温室气体浓度贡献指标作为调整依据，指标定义如式(4-31)所示。

$$\bar{\omega}_i^k = \frac{\sum_{t=1}^{\mathrm{mt}} M_i^{k-1}(t) + \sum_{t=\mathrm{mt}+1}^{T} M_i^k(t)}{\sum_j \left[\sum_{t=1}^{\mathrm{mt}} M_i^{k-1}(t) + \sum_{t=\mathrm{mt}+1}^{T} M_i^k(t) \right]}, \quad i = 1, 2, \cdots, n \tag{4-31}$$

式中，$M_i(t)$ 为各区域的温室气体浓度；T 为规划期。指标的含义是某个区域的浓度上升，则该区域的浓度贡献率就会相对变大，同时其他区域的浓度贡献就会相对变小。自主减排情景每次调整的目标是调整后的平均温室气体浓度贡献与已有减排情景的浓度贡献一致。

4.2.2　减排情景与求解算法

（1）情景设置。

在减排机制设计的非合作博弈模型中考虑 3 种情景，如表 4-12 所示。

情景 1 为基准情景。该情景不考虑气候变化带来的损失，且各区域也不进行减排。因此，该情景的排放水平与温升是所有情景的上限。

情景 2 为非合作博弈情景。在该情景中，每个区域在给定其他区域减排率下，优化自己的减排率。每个区域的减排都实现最优，无法进一步改善。该情景为 C^3IAM/EcOp 模型的非合作纳什均衡解，它反映了各区域面对气候变化的最优反应，各区域的减排受自身减排成本、气候损失及其他区域的减排力度影响。博弈情景也是最接近《巴黎协定》中的国家自主贡献机制的情景，因此本节将博弈情景下各区域的温室气体浓度贡献率作为基准，作为自主减排情景中各区域减排率调整系数的确定依据。

情景 3 为自主减排情景，这也是本节最关注的情景。该情景在《巴黎协定》的国家自主贡献机制下，构建减排力度的调整思路（也就相当于对各区域提出的 INDC 减排目标进一步调整系数）。而在确定各区域的减排力度调整系数时，需要综合考虑各区域的历史、现在、未来的温室气体排放对温室气体浓度的贡献。之前研究认为非合作博弈情景的温室气体浓度贡献是各国相对能接受的贡献（Yang and Sirianni，2010），所以本节提出的自主减排机制为减排力度调整后各区域的温室气体浓度贡献与非合作博弈情景的贡献保持一致。例如，在博弈情景下，某个区域的温室气体浓度贡献为 10%，在自主减排情景中，假如该区域要增大减排力度，在所有区域都确定新的减排力度后，该区域的温室气体浓度贡献仍维持在 10%，且其他区域也满足这一条件。

表 4-12　情景构建说明

序号	情景名称	情景描述
1	基准情景(Base)	无气候损失且不进行减排
2	非合作博弈情景(Nash)	各区域不合作，各自减排
3	自主减排情景(INDC)	在非合作博弈情景上增大减排力度，保证调整后各区域贡献率不变

（2）求解算法。

情景 2 中纳什均衡的求解算法参考 Nordhaus 和 Yang（1996）。情景 1 的求解可以直接调用 GAMS 求解。情景 3 的求解需要设计计算各区域减排力度调整系数的程序，如图 4-2 所示。这组减排力度调整系数需要满足调整后的各区域平均温室气体浓度贡献与博弈情景的保持一致。

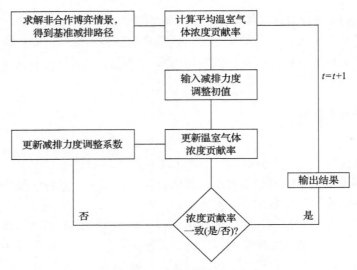

图 4-2　自主减排情景求解思路

4.2.3　自主减排情景结果分析

考虑到减排力度调整的可行性,本节设置各区域初始的减排力度调整系数(相对前一次调整)为 20%。也就是说,第一次初始调整系数为 1.2,第二次为 $1.2^2=1.44$,以此类推。在自主减排情景中,考虑从 2020 年开始连续 10 期的减排力度调整,并对调整后的结果进行分析。在调整过程中,还需要满足每期调整幅度不低于前一期的调整幅度,且各区域调整后的减排率不超过 1。

在各种合作和非合作情景中,温室气体排放量从高到低依次为基准情景(Base)、非合作情景(Nash),自主减排情景(INDC2~10),如图 4-3 所示。Base 情景和 Nash 情景的温室气体排放量均在 2020 年达到峰值,峰值规模分别为 13.72 吉吨碳、13.40 吉吨碳。自主减排情景能进一步控制温室气体排放,温室气体排放水平随着每次减排力度的调整

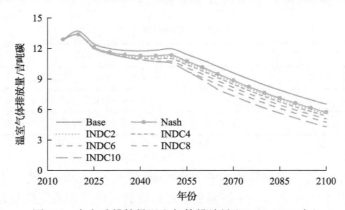

图 4-3　自主减排情景温室气体排放量(2015~2100 年)

INDC2、INDC4、INDC6、INDC8、INDC10 分别为第 2、4、6、8、10 次调整后的温室气体排放量;

各区域每期相对上期的初始减排力度调整系数为 20%

逐渐下降，但调整幅度相对有限。2100 年，Base 情景、Nash 情景的温室气体排放量分别达到 6.54 吉吨碳、5.73 吉吨碳。INDC1～10 情景的温室气体排放量依次为 5.66 吉吨碳、5.57 吉吨碳、5.49 吉吨碳、5.37 吉吨碳、5.24 吉吨碳、5.08 吉吨碳、4.92 吉吨碳、4.75 吉吨碳、4.55 吉吨碳、4.31 吉吨碳。

各种情景均无法实现《巴黎协定》中的 2℃温升目标，如图 4-4 所示。Base 情景中，2100 年大气平均温度(相比工业革命前)将升高 2.76℃，而 Nash 情景为 2.69℃，均高于 2℃。与温室气体排放的结果类似，相对 Nash 情景，自主减排情景的大气平均温度变化随着每次减排力度的提高而逐渐下降，但调整幅度有限。2100 年，自主减排情景的大气平均温度变化最多从 2.69℃调整到 2.60℃，仍高于《巴黎协定》的 2℃温升目标。

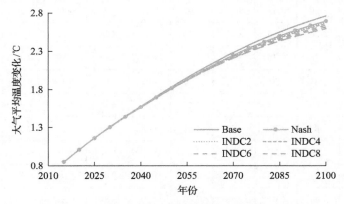

图 4-4　自主减排情景大气平均温度变化(2015～2100 年)

INDC2、INDC4、INDC6、INDC8、INDC10 分别为第 2、4、6、8、10 次调整后的大气平均温度变化；
各区域每期相对上期的初始减排力度调整系数为 20%

相对基准情景而言，非合作情景的减排率最低，自主减排情景可以一定程度提高减排率，如图 4-5 所示。得益于各区域温室气体强度的快速下降，各情景的减排率均随时间逐渐上升。2100 年，Nash 情景的减排率为 12.4%，而自主减排情景的减排率最高可达 34.2%。

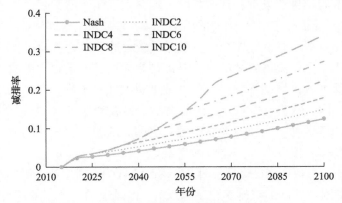

图 4-5　自主减排情景减排率(2015～2100 年)

各情景的减排率均为相对 Base 情景的温室气体相对减排率；INDC2、INDC4、INDC6、INDC8、INDC10 分别为
第 2、4、6、8、10 次调整后的减排率；各区域每期相对上期的初始减排力度调整系数为 20%

　　自主减排情景中各区域的减排力度调整系数不尽相同，如表 4-13 所示。自主减排情景的各期调整中，日本、俄罗斯、其他伞形集团、其他西欧、东欧及独联体的调整系数均高于初始调整系数，其余区域大部分时期的调整系数均低于初始调整系数（除美国和欧盟的第 1 期调整外）。从各区域调整系数的动态变化可以发现，各区域调整后的减排率还未接近 1。

表 4-13　减排力度调整系数

调整次数	1	2	3	4	5	6	7	8	9	10
调整起始年份	2020	2025	2030	2035	2040	2045	2050	2055	2060	2065
初始调整系数	1.20	1.44	1.73	2.07	2.49	2.99	3.58	4.30	5.16	6.19
美国	1.20	1.33	1.47	1.70	2.01	2.39	2.82	3.26	3.82	4.52
中国	1.16	1.30	1.41	1.58	1.81	2.08	2.39	2.70	3.13	3.71
日本	1.81	1.81	1.81	2.20	2.95	4.01	5.31	6.66	8.64	11.36
俄罗斯	1.68	1.86	2.05	2.55	3.33	4.34	5.51	6.69	8.30	10.41
印度	1.07	1.22	1.35	1.51	1.68	1.87	2.06	2.24	2.45	2.69
其他伞形集团	1.56	2.37	3.13	4.10	5.25	6.56	7.95	9.33	10.99	12.96
欧盟	1.21	1.26	1.32	1.49	1.74	2.06	2.44	2.81	3.31	3.95
其他西欧	1.44	2.07	2.65	3.40	4.29	5.30	6.38	7.44	8.72	10.26
东欧及独联体	1.65	2.21	2.75	3.56	4.59	5.82	7.16	8.48	10.15	12.21
其他亚洲	1.13	1.33	1.52	1.75	2.02	2.32	2.63	2.93	3.29	3.70
中东及非洲	1.03	1.10	1.16	1.23	1.32	1.40	1.49	1.58	1.68	1.79
拉丁美洲	1.18	1.45	1.71	2.04	2.42	2.84	3.29	3.73	4.25	4.87

　　基准情景与不同减排情景下，各区域的平均温室气体浓度贡献也有差异，如表 4-14 所示。例如，基准情景下，美国和中国的温室气体浓度贡献分别为 14.5%和 15.5%。Base 情景、Nash 情景下，平均温室气体浓度贡献差异较大的区域为美国、中国、中东及非洲，其他区域差异较小。平均温室气体浓度贡献的结果表明，本节提出的自主减排情景在不同调整期之间能保证各区域的平均温度气体浓度贡献几乎不变，个别区域的浓度贡献率会微小变动，如中国、欧盟、中东及非洲的贡献率各波动 0.01 个百分点。平均温室气体浓度贡献比较大的区域为中东及非洲、中国、美国、欧盟，比较小的区域为其他西欧、日本、东欧及独联体、俄罗斯、其他伞形集团。

　　自主减排情景下，各区域的减排率相对 Nash 情景均有所提高。例如随着每期调整系数的逐渐增加，中国与美国的减排率也逐渐上升，但是这两个国家的调整幅度差异较大，如图 4-6 所示。2100 年，中国和美国的减排率分别从原来的 7.6%和 6.3%调整为 28.3%和 28.7%。

表 4-14　自主减排情景平均温室气体浓度贡献

情景	Base	Nash	INDC									
			1	2	3	4	5	6	7	8	9	10
美国	14.5	15.2	15.2	15.2	15.2	15.2	15.2	15.2	15.2	15.2	15.2	15.2
中国	15.5	16.3	16.2	16.2	16.2	16.2	16.2	16.2	16.2	16.2	16.2	16.2
日本	1.9	2.1	2.0	2.0	2.0	2.0	2.0	2.0	2.0	2.0	2.0	2.1
俄罗斯	3.9	4.2	4.2	4.2	4.2	4.2	4.2	4.2	4.2	4.2	4.2	4.2
印度	9.4	9.2	9.3	9.3	9.3	9.3	9.3	9.3	9.3	9.3	9.3	9.3
其他伞形集团	4.1	4.4	4.4	4.4	4.4	4.4	4.4	4.4	4.4	4.4	4.4	4.4
欧盟	10.4	10.8	10.8	10.8	10.8	10.8	10.8	10.8	10.8	10.8	10.8	10.8
其他西欧	1.7	1.8	1.8	1.8	1.8	1.8	1.8	1.8	1.8	1.8	1.8	1.8
东欧及独联体	2.7	2.9	2.9	2.9	2.9	2.9	2.9	2.9	2.9	2.9	2.9	2.9
其他亚洲	8.3	8.4	8.5	8.5	8.5	8.5	8.5	8.5	8.5	8.5	8.5	8.5
中东及非洲	19.9	16.6	16.7	16.7	16.7	16.7	16.7	16.7	16.7	16.7	16.7	16.7
拉丁美洲	7.8	8.1	8.1	8.1	8.1	8.1	8.1	8.1	8.1	8.1	8.1	8.1

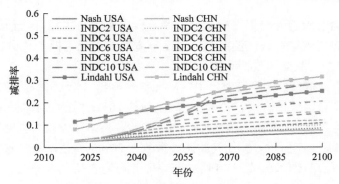

图 4-6　自主减排情景减排率(中国与美国，2015～2100 年)

INDC2、INDC4、INDC6、INDC8、INDC10 分别为第 2、4、6、8、10 次调整后的大气平均温度变化；
各区域每期相对上期的初始减排力度调整系数为 20%

　　Nash 情景中，美国的减排率均低于中国，但差距逐渐缩小，而自主减排情景中，由于美国各期的自主减排调整系数均大于中国(表 4-13)，美国各期调整的减排率逐渐上升，2100 年后减排率将超过中国。此外，不同区域与 Lindahl 情景下的减排率差异也不尽相同。如自主减排情景下，中国各期调整的减排率均低于 Lindahl 情景，而美国在后期自主减排情景(如 INDC10)下的减排率将接近甚至超过 Lindahl 情景，如图 4-7 所示。

　　自主减排情景不仅能降低各区域的温室气体排放量，还能给各区域带来福利的改善。相对 Nash 情景，只有其他伞形集团在 INDC10 情景有福利损失，其他区域其他自主减排情景均有福利改善，如表 4-15 所示。福利改善主要来自减排力度增加带来的气候变化的减缓，进而避免的气候损失。

表 4-15　自主减排情景相对福利的变化

调整次数	1	2	3	4	5	6	7	8	9	10
美国	+	+	+	+	+	+	+	+	+	+
中国	+	+	+	+	+	+	+	+	+	+
日本	+	+	+	+	+	+	+	+	+	+
俄罗斯	+	+	+	+	+	+	+	+	+	+
印度	+	+	+	+	+	+	+	+	+	+
其他伞形集团	+	+	+	+	+	+	+	+	+	−
欧盟	+	+	+	+	+	+	+	+	+	+
其他西欧	+	+	+	+	+	+	+	+	+	+
东欧及独联体	+	+	+	+	+	+	+	+	+	+
其他亚洲	+	+	+	+	+	+	+	+	+	+
中东及非洲	+	+	+	+	+	+	+	+	+	+
拉丁美洲	+	+	+	+	+	+	+	+	+	+

注：相对福利指的是自主减排情景（INDC1～10）相对 Nash 情景各区域福利的变化；+为福利改善，−为福利损失。

4.2.4　敏感性分析

本节进一步通过敏感性分析方法考察不确定性因素对自主减排情景结果的影响，主要考虑初始减排力度调整系数、温室气体强度等方面的不确定性。

（1）初始减排力度调整系数不同的影响。

为了考察初始调整系数的不同对自主减排机制的影响，本节将每期的初始调整系数改为 50%，重新模拟自主减排情景。50%相比较之前的 20%，代表了相对激进的减排行为。

相比初始调整系数为 20%的情景来说，提高初始调整系数可以大幅度降低各区域的温室气体排放量，如图 4-7 所示。相比初始调整系数为 20%的自主减排情景来说，2100 年，温室气体排放量可以从原来的 4.31 吉吨碳进一步下降到 3.38 吉吨碳。

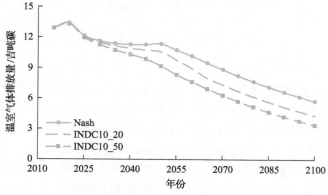

图 4-7　不同初始调整系数下温室气体排放量（2015～2100 年）

INDC10_20、INDC10_50 分别为初始调整系数 20%与 50%的自主减排情景（10 次调整后）；

Nash 情景、INDC10_20 情景结果来自图 4-3

与温室气体排放量的趋势类似，新自主减排情景可以进一步控制大气平均温度的上升，如图 4-8 所示。2100 年 INDC10 情景（经过 10 次调整）的大气平均温度可以控制在 2.50℃，比原来的自主减排情景的 2.60℃有一定幅度的下降，但仍高于《巴黎协定》的 2℃温升目标。

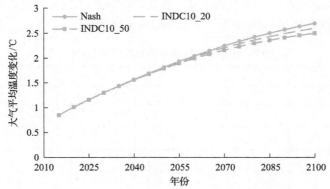

图 4-8　不同初始调整系数下大气平均温度变化（2015～2100 年）

INDC10_20、INDC10_50 分别为初始调整系数 20%与 50%的自主减排情景（10 次调整后）；
Nash 情景、INDC10_20 情景结果来自图 4-4

与初始调整系数为 20%的情景相比，新自主减排情景中减排力度调整系数的区域差异基本不变，如表 4-16 所示。日本、俄罗斯、其他伞形集团、其他西欧、东欧及独联体的调整系数几乎均高于初始调整系数（除后期的调整外），其余区域的调整系数均低于初始调整系数。

表 4-16　减排力度调整系数（50%）

调整次数	1	2	3	4	5	6	7	8	9	10
调整起始年份	2020	2025	2030	2035	2040	2045	2050	2055	2060	2065
初始调整系数	1.50	2.25	3.38	5.06	7.59	11.39	17.09	25.63	38.44	57.67
美国	1.40	1.73	2.30	3.10	3.92	4.89	6.56	7.05	7.19	7.20
中国	1.31	1.61	2.08	2.72	3.38	4.17	5.61	6.00	6.06	6.06
日本	2.58	3.39	5.26	8.13	11.19	14.98	22.16	23.90	23.96	23.96
俄罗斯	2.33	3.18	4.85	7.28	9.80	12.82	18.25	19.65	19.83	19.83
印度	1.15	1.36	1.65	1.99	2.34	2.71	3.30	3.49	3.57	3.59
其他伞形集团	2.10	3.45	5.38	7.85	10.35	13.16	17.73	19.22	19.81	20.02
欧盟	1.42	1.68	2.20	2.95	3.74	4.67	6.31	6.74	6.81	6.81
其他西欧	1.87	2.92	4.44	6.38	8.34	10.56	14.17	15.33	15.75	15.88
东欧及独联体	2.28	3.46	5.37	7.94	10.55	13.55	18.62	20.10	20.50	20.50
其他亚洲	1.25	1.57	2.02	2.58	3.14	3.76	4.75	5.07	5.19	5.23
中东及非洲	1.06	1.16	1.29	1.45	1.60	1.77	2.02	2.11	2.16	2.16
拉丁美洲	1.35	1.80	2.43	3.23	4.03	4.93	6.37	6.85	7.03	7.10

根据自主减排机制的设计原则，初始调整系数的提高不会改变各区域的平均温室气体浓度贡献率，所以不再分析新自主减排情景下各区域的浓度贡献率。

对比自主减排情景各区域的减排率可以发现，在前期调整中，各区域的减排率差异与 Nash 情景的区域差异类似，减排率比较高的区域均集中在中东及非洲、印度、其他亚洲，如表 4-17 所示。随着调整次数的增加，各区域的减排率绝对差距逐渐缩小，INDC10（第 10 次调整）情景各区域的减排率分布在 46.1%～56.3%。

表 4-17　自主减排情景各区域减排率（2100 年）

情景	Nash	INDC									
		1	2	3	4	5	6	7	8	9	10
美国	6.3	8.9	11.0	14.6	19.6	24.9	31.0	41.6	44.7	45.6	45.7
中国	7.6	10.0	12.3	15.8	20.7	25.7	31.7	42.7	45.6	46.1	46.1
日本	1.9	5.0	6.6	10.2	15.8	21.7	29.1	43.0	46.4	46.5	46.5
俄罗斯	2.4	5.5	7.5	11.4	17.1	23.1	30.2	42.9	46.2	46.7	46.7
印度	15.2	17.4	20.6	25.0	30.2	35.5	41.2	50.0	53.0	54.1	54.4
其他伞形集团	2.8	5.9	9.7	15.1	22.1	29.1	37.0	49.9	54.1	55.7	56.3
欧盟	7.4	10.6	12.5	16.3	22.0	27.8	34.7	46.9	50.1	50.7	50.7
其他西欧	3.3	6.1	9.6	14.5	20.9	27.3	34.5	46.3	50.1	51.5	51.9
东欧及独联体	2.5	5.6	8.6	13.3	19.6	26.0	33.5	46.0	49.7	50.6	50.6
其他亚洲	9.4	11.8	14.8	19.1	24.4	29.7	35.5	44.8	47.9	49.1	49.4
中东及非洲	24.5	26.1	28.4	31.6	35.4	39.2	43.3	49.5	51.7	52.7	52.7
拉丁美洲	6.7	9.0	12.0	16.2	21.5	26.9	32.8	42.4	45.6	46.8	47.3

注：各区域每期相对上期的初始减排力度调整系数为 50%。

相比初始调整系数为 20% 的自主减排情景，新的自主减排情景不能保证各期调整后各区域的福利均有改善，如表 4-18 所示。在第 5 次调整之前，各区域的福利均有改善，但个别区域在之后调整中福利会有损失，如美国（第 7 次调整）、中国（第 7 次调整）、日本（第 8 次调整）、俄罗斯（第 7 次调整）、其他伞形集团（第 6 次调整）、东欧及独联体（第 7 次调整），其余区域后期调整也有福利改善。个别区域出现福利损失的原因在于为了进一步加大减排力度所付出的额外减排投入成本大于未来能避免的气候损失。也就是说，减排力度的增加需控制在一定范围内，才能让各区域接受。

表 4-18　自主减排情景相对福利的变化（50%）

调整次数	1	2	3	4	5	6	7	8	9	10
美国	+	+	+	+	+	+	−	−	−	−
中国	+	+	+	+	+	+	−	−	−	−
日本	+	+	+	+	+	+	+	−	+	+

续表

调整次数	1	2	3	4	5	6	7	8	9	10
俄罗斯	+	+	+	+	+	+	−	−	−	−
印度	+	+	+	+	+	+	+	+	+	+
其他伞形集团	+	+	+	+	+	+	−	−	−	−
欧盟	+	+	+	+	+	+	+	+	+	+
其他西欧	+	+	+	+	+	+	+	+	+	+
东欧及独联体	+	+	+	+	+	+	−	−	−	−
其他亚洲	+	+	+	+	+	+	+	+	+	+
中东及非洲	+	+	+	+	+	+	+	+	+	+
拉丁美洲	+	+	+	+	+	+	+	+	+	+

注：相对福利指的是自主减排情景（INDC1～10）相对 Nash 情景各区域福利的变化；+为福利改善，−为福利损失。

（2）温室气体强度不同的影响。

温室气体强度的趋势是根据各国的强度历史趋势预测所得，但是未来温室气体强度的变化还受低碳技术的发展影响。如果可再生能源等低碳技术得到大规模的推广应用或者出现负排放技术等突破性低碳技术，那么未来温室气体强度将在历史趋势的预测基础上进一步下降。因此，本节进一步考虑了温室气体强度的不同对自主减排机制的影响。

通过在原有温室气体强度趋势的基础上引入调整系数，考察温室气体强度进一步下降对自主减排结果的影响。调整系数考虑 0.9、0.8、0.7、0.6，即比原有温室气体强度变化进一步下降 10%～40%。

温室气体强度的不同对 Nash 情景的温室气体排放量影响不大，但对 INDC10 情景的温室气体排放量影响很大，如图 4-9 所示。2100 年，不同温室气体强度调整系数下 Nash 情景的温室气体排放量变化幅度在 0.05～0.1 吉吨碳，而 INDC10 情景的温室气体排放量变化幅度在 0.44～0.55 吉吨碳。温室气体强度下降越快，自主减排情景的温室气体排放量的调整越大。

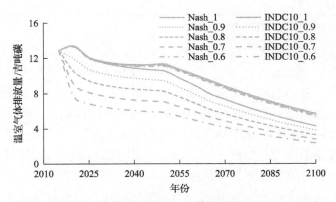

图 4-9　不同温室气体强度下温室气体排放量（2015～2100 年）

Nash_x 分别代表不同温室气体调整系数下的 Nash 情景，INDC10_*x* 则为不同温室气体调整系数下的 INDC10 情景

与温室气体排放量结果类似，温室气体强度的进一步下降可以显著地进一步控制大气平均温度变化，如图 4-10 所示。2100 年，不同温室气体强度下 INDC10 情景的大气平均温度变化分别为 2.60℃、2.48℃、2.35℃、2.22℃、2.08℃。在温室气体强度进一步下降 60%的情景，已经接近《巴黎协定》的 2℃温升目标。

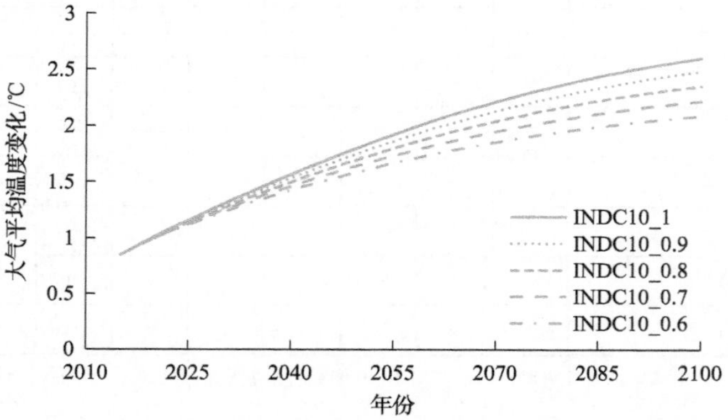

图 4-10 不同温室气体强度下大气平均温度变化(2015～2100 年)

INDC10_*x* 为不同温室气体调整系数下的 INDC10 情景

与初始调整系数的影响不同，温室气体强度的不同会改变区域的平均温室气体浓度贡献，如表 4-19 所示。印度、中东及非洲的浓度贡献将下降，其余区域的浓度贡献将上升。

表 4-19 不同温室气体强度下平均温室气体浓度贡献 (单位：%)

调整系数	美国	中国	日本	俄罗斯	印度	其他伞形集团	欧盟	其他西欧	东欧及独联体	其他亚洲	中东及非洲	拉丁美洲
1	15.16	16.24	2.05	4.15	9.27	4.43	10.77	1.80	2.88	8.47	16.66	8.13
0.9	15.22	16.24	2.06	4.17	9.26	4.45	10.81	1.80	2.89	8.49	16.44	8.15
0.8	15.30	16.26	2.07	4.20	9.25	4.49	10.86	1.82	2.91	8.51	16.16	8.19
0.7	15.38	16.29	2.08	4.23	9.23	4.53	10.92	1.83	2.94	8.53	15.80	8.23
0.6	15.50	16.35	2.10	4.27	9.21	4.60	10.98	1.85	2.97	8.57	15.33	8.28

注：行和为 1；每行代表了不同的温室气体强度情景。

相比原有的自主减排情景，温室气体强度的进一步下降将改变减排力度调整系数的区域分布，如表 4-20 和附录 2 所示。有些区域的减排力度调整系数将进一步上升，如日本、其他伞形集团、其他西欧、东欧及独联体、拉丁美洲；有些区域的减排力度调整系数将下降，如中东及非洲；其余区域在不同时期减排力度的调整系数出现不同的相对变化，如美国和中国的调整系数在早期上升，而在后期下降。

在不同温室气体强度下，虽然个别区域、个别时期的减排力度调整系数会小于原来的自主减排情景，但是随着温室气体强度进一步加快下降，2100 年各区域的减排率均有一定程度的提高，如表 4-21 所示。不过，不同区域减排率的提高程度不尽相同。如美国和中国的减排率从原来的 28.7%和 28.3%分别提高到 41.4%和 35.6%。经检验，不同温室

表 4-20　减排力度调整系数相对变化（调整系数 0.9）

调整次数	1	2	3	4	5	6	7	8	9	10
调整起始年份	2020	2025	2030	2035	2040	2045	2050	2055	2060	2065
美国	1.41	1.27	1.13	1.01	0.91	0.88	0.84	0.80	0.77	0.73
中国	1.16	1.12	1.10	1.01	0.92	0.89	0.86	0.84	0.83	0.80
日本	2.72	3.78	3.48	3.11	2.87	2.95	3.09	3.22	3.40	3.39
俄罗斯	2.28	2.22	2.32	1.98	1.61	1.41	1.27	1.18	1.09	0.97
印度	1.00	0.65	0.66	0.57	0.48	0.41	0.36	0.32	0.28	0.24
其他伞形集团	2.34	3.66	3.85	3.92	4.01	4.24	4.49	4.70	4.95	5.07
欧盟	1.67	0.88	0.68	0.53	0.44	0.39	0.37	0.35	0.34	0.32
其他西欧	1.72	2.47	2.79	2.85	2.80	2.81	2.81	2.79	2.74	2.60
东欧及独联体	2.21	2.03	1.78	1.53	1.37	1.32	1.29	1.28	1.27	1.24
其他亚洲	1.03	0.62	0.56	0.49	0.42	0.38	0.35	0.33	0.31	0.28
中东及非洲	0.98	0.81	0.75	0.68	0.62	0.57	0.54	0.51	0.48	0.45
拉丁美洲	1.09	1.42	1.56	1.66	1.78	1.94	2.11	2.26	2.43	2.56

注：减排力度调整系数的相对变化指的是新的温室气体强度变化相对原有的自主减排情景减排力度调整系数的比值，大于 1 表示减排力度的进一步提升，小于 1 表示减排力度的削弱；温室气体强度调整系数为 0.9。

表 4-21　不同温室气体强度下各区域减排率（2100 年）

调整系数	美国	中国	日本	俄罗斯	印度	其他伞形集团	欧盟	其他西欧	东欧及独联体	其他亚洲	中东及非洲	拉丁美洲
1	28.7	28.3	22.1	24.5	40.8	36.5	29.4	33.5	30.2	35.0	43.8	32.4
0.9	30.5	29.4	26.1	27.6	41.0	41.0	33.4	35.9	33.4	35.0	43.8	32.5
0.8	34.5	32.6	33.5	33.7	42.7	48.8	40.6	40.8	39.7	36.5	44.9	34.2
0.7	38.4	35.0	40.8	39.8	44.0	57.5	48.4	45.9	46.2	37.5	46.0	35.4
0.6	41.4	35.6	47.8	45.2	44.2	65.6	56.6	50.3	52.4	37.2	46.7	35.2

气体强度下自主减排情景均能实现福利的改善，不只是相对新的 Nash 情景，而且相对原有的 Nash 情景。在此不再赘述。

4.3　合作博弈减排机制设计

《巴黎协定》中提出的国家自主贡献减排机制是一种非合作减排机制（UNFCCC，2015）。已有研究表明，非合作减排机制并不能实现全社会的最优排放水平，即存在额外无效的温室气体排放，而这种无效率的减排机制可通过全球合作实现帕累托效率改进，从而达到社会最优（Yang，2008；Mason et al.，2017）。因此，本节将在第 4.2 节自主减排机制设计的基础上，设计一种合作减排机制。

在合作减排机制设计中，既需要考虑机制是否能实现《巴黎协定》的 2℃ 温升目标，又需要保证各缔约方接受减排机制。各缔约方参与合作减排机制的意愿由减排机制涉及的减排成本投入与减排所带来的收益共同决定。已有研究表明气候变化带来的潜在损失有可能远高于之前的估计(Burke et al., 2015)，这说明减排可避免更多的气候损失，从而有更多的收益。此外，低碳技术的快速发展将不断降低减排的成本投入。为了全面考虑由于气候损失及低碳技术发展的不确定性带来的气候治理挑战，本节将从合作减排视角出发寻找实现 2℃ 温升目标的最优温室气体排放路径。

4.3.1　减排情景与求解算法

（1）情景设置。

在合作减排机制中，比较关键的参数为社会福利函数中的各区域社会福利函数权重。在已有的研究中，比较常用的社会福利函数权重有等权重(Utilitaran)、Negishi 权重和 Lindahl 权重。本节将比较和分析各种社会福利函数权重下的减排机制，因此，设置各种权重下的合作情景，并与非合作博弈情景对比，如表 4-22 所示。

表 4-22　合作情景构建说明

序号	情景名称	情景描述
1	非合作博弈情景(Nash)	各区域不合作，各自减排
2	等权重合作情景(Utilitarian)	各区域合作减排
3	Negishi 权重合作情景(Negishi)	各区域合作减排且实现 Walrasian 一般均衡
4	Lindahl 权重合作情景(Lindahl)	各区域合作减排且各区域福利不低于非合作情景的福利，通过合作博弈情景等价求解

情景 1 为非合作博弈情景。情景的描述与 4.2.2 节一致。

情景 2 为等权重合作情景。该情景是相同社会福利权重($\varphi_i = 1, i = 1, 2, \cdots, n$)下的合作微分博弈解。这组社会权重是经济环境建模中常用的权重系数，该情景类似碳配额分配中的人均原则，会有利于人口大国的减排。

情景 3 为 Negishi 权重合作情景。Negishi 权重是实现 Walrasian 一般均衡的社会福利权重，该权重等比例于边际效用的倒数。在气候变化综合评估模型中，Negishi 权重已得到很多应用，如 Nordhaus 和 Yang(1996)、Stanton(2010)。

情景 4 为 Lindahl 权重合作情景。该情景是在 Lindahl 社会福利权重下社会的最优解。根据已有研究表明，Lindahl 权重合作情景是获得最大回报的合作解(Yang, 2008)。在该权重下，各区域效用相比博弈情景都能得到提高，而且全社会效用提高的程度最高。因此，该合作情景应该是让各区域最容易接受的方案。

此外，根据气候损失及低碳技术的相关研究(Nordhaus, 2010; Burke et al., 2015; Nordhaus, 2017; Fu et al., 2017)，得到气候损失与低碳技术成本下降的基准值与上限值。进而，根据基准值与上限值，构建不同气候损失与低碳技术成本下降水平下的组合情景，本节将可能的情景组合分为五组代表性情景，分别是 NDC I～V（图 4-11）。

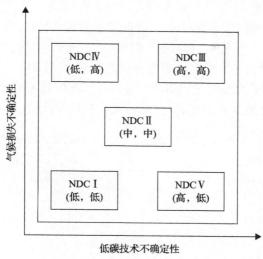

图 4-11　不确定性情景设置

（2）求解算法。

本节采用减排机制设计的合作博弈模型对各种合作情景及不确定性的情景进行模拟分析。Negishi 情景的求解参考 Nordhaus 和 Yang（1996）。Utilitarian 情景的求解在已知社会福利权重的基础上可以直接调用 GAMS 求解。情景 4 中 Lindahl 权重的求解参考 Yang（2008）。

4.3.2　多种合作情景的对比分析

（1）减排效果。

Nash 情景和各合作情景的温室气体排放量，如图 4-12 所示。Nash 情景的温室气体排放量显著高于各合作情景的排放量，证明了非合作博弈情景的无效率。比较各合作情景的温室气体排放量可以发现，各合作情景的温室气体排放量差异较小，其中 Utilitarian 情景的全球温室气体排放量最低，Negishi 情景次之，Lindahl 情景相对最高。

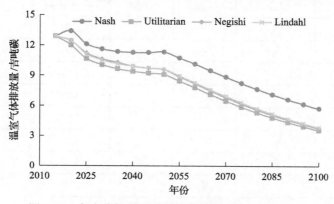

图 4-12　各合作情景温室气体排放量（2015～2100 年）

2100 年，Nash 情景、Lindahl 情景、Negishi 情景、Utilitarian 情景的温室气体排放量分别为 5.73 吉吨碳、3.84 吉吨碳、3.76 吉吨碳、3.57 吉吨碳。

由温室气体排放量的情景差异可知，Nash 情景的大气平均温度变化最高，各合作情景的温度变化差异较小，如图 4-13 所示。2100 年，Nash 情景、Lindahl 情景、Negishi 情景、Utilitarian 情景的大气平均温度变化分别为 2.69℃、2.51℃、2.50℃、2.45℃。综合温室气体排放量和大气平均温度变化的情景分布，从减排效果来看，Utilitarian 情景是最优的减排情景，Lindahl 情景和 Negishi 情景次之，Nash 情景最差。

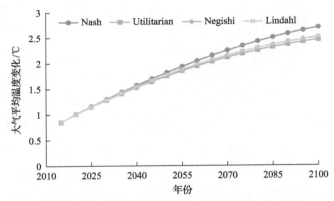

图 4-13　各合作情景大气平均温度变化（2015～2100 年）

（2）社会福利影响。

除各合作情景的减排效果外，还要考虑各情景的社会福利变化。相比 Nash 情景，不是所有的合作情景都能保证各区域有福利改善，如表 4-23 所示。Utilitarian 情景和 Negishi 情景中，美国、中国、日本、俄罗斯等国家的福利均有损失，而只有 Lindahl 权重能保证所有区域均有社会福利改善。从 Lindahl 情景的求解过程可知，Lindahl 情景是保证各区域均无福利损失前提下最优的合作减排情景。

表 4-23　各合作情景各区域相对福利变化及社会福利权重

国家及地区	相对福利变化			社会福利权重		
	Utilitarian	Negishi	Lindahl	Utilitarian	Negishi	Lindahl
美国	−	−	+	1.00	2.32	1.02
中国	−	−	+	1.00	0.58	0.52
日本	−	−	+	1.00	1.69	2.07
俄罗斯	−	−	+	1.00	0.93	2.12
印度	+	−	+	1.00	0.22	0.18
其他伞形集团	−	−	+	1.00	1.90	2.09
欧盟	−	−	+	1.00	1.68	0.69
其他西欧	+	+	+	1.00	0.97	1.19
东欧及独联体	+	−	+	1.00	0.38	1.26

续表

国家及地区	相对福利变化			社会福利权重		
	Utilitarian	Negishi	Lindahl	Utilitarian	Negishi	Lindahl
其他亚洲	+	−	+	1.00	0.38	0.30
中东及非洲	+	−	+	1.00	0.31	0.11
拉丁美洲	+	−	+	1.00	0.64	0.47

注：相对福利指的是各合作情景相对 Nash 情景各区域福利的变化；+ 为福利改善，− 为福利损失；后三列的权重之和为 12。

　　社会福利权重反映了各区域承担的相对减排责任，权重越高，承担的减排责任越少。比较各合作情景的社会福利权重可知，Utilitarian 情景的等权重会得到中国、印度等发展中国家的支持，因为他们承担的减排责任相对较少；而 Negishi 情景下，社会福利权重与收入的边际效用相关，所以越发达的国家，社会福利权重越高，相应承担的减排责任越少，会得到发达国家的支持。而 Lindahl 情景下，社会福利权重与相对福利变化的倒数正相关，也就是参与合作带来的相对福利改善越大，社会福利权重越小，相应承担的减排责任越大。Lindahl 情景的这种性质可以保证无论是发展中国家还是发达国家均能接受该情景的减排路径。

　　结合减排效果和社会福利影响的分析，本节选择 Lindahl 情景作为全球合作减排机制设计的基础。接下来，进一步分析气候损失与低碳技术发展的不确定条件下，实现巴黎协定温升目标的最优减排路径。

4.3.3　合作减排情景的效果分析

　　(1)不确定性情景变化趋势。

　　表 4-24 反映了敏感性分析中各种不确定性情景的大气平均温度变化和全球社会福利。这些情景中，可以实现 2℃温升目标的情景占所有情景的 60%，绝大部分情景需要满足较高的气候损失或较低的低碳技术成本（NDC Ⅱ ～ Ⅴ）。目前考虑的不确定性情景无法实现 1.5℃温升目标。

表 4-24　不确定性情景下大气平均温度变化和全球社会福利

气候损失的调整倍数	低碳技术成本下降率的调整倍数									
	1	4	7	10	13	1	4	7	10	13
	大气平均温度变化/℃					全球社会福利				
1	2.51	2.36	2.17	2.01	1.89	146.14	146.18	146.22	146.25	146.28
2	2.36	2.17	1.99	1.86	1.76	145.63	145.71	145.79	145.85	145.89
3	2.23	2.04	1.88	1.77	1.69	145.16	145.29	145.39	145.47	145.54
4	2.16	1.95	1.81	1.71	1.65	144.72	144.89	145.01	145.11	145.19
5	2.07	1.88	1.75	1.67	1.61	144.31	144.51	144.65	144.77	144.86

注：大气平均温度变化是各不确定性下 Lindahl 情景 2100 年的温度；全球社会福利为相应的全球福利。

各种情景下的温室气体排放轨迹及温度变化存在差异。2100 年，温室气体排放量在 0.29～3.84 吉吨碳，而大气平均温度变化在 1.61～2.51℃。

根据各种不确定性情景实现温升目标的程度及全球社会福利最大的原则，本节选择了 3 个实现 2℃温升目标的代表性合作减排情景用于进一步分析，即 NDC2.0 情景（分别是 NDC2.0-1、NDC2.0-2、NDC2.0-3），如图 4-14 所示。

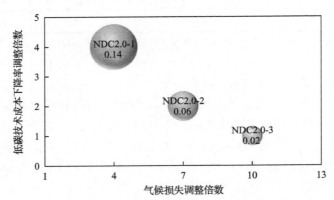

图 4-14　代表性减排情景社会福利改善（2100 年）

气候损失与减排成本占比均是 2100 年 Lindahl 情景下的气候损失与减排成本占经济总产出的比重；
气泡大小表示 Lindahl 情景相对 Nash 情景的社会福利改善比例（%）

NDC2.0 情景的温室气体排放量将从现在就开始快速下降，2075 年之后实现净零排放，如图 4-15（a）所示。不同的 NDC2.0 情景，温室气体排放量的变化趋势不尽相同。面临较高的气候损失及较高的低碳技术成本时（如 NDC2.0-3 情景），各区域会倾向于 2050 年以后进行减排。NDC2.0 情景的大气平均温度变化差异不大，如图 4-15（b）所示。

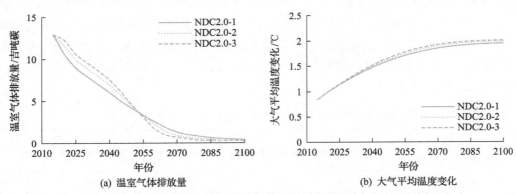

（a）温室气体排放量　　　　　　（b）大气平均温度变化

图 4-15　代表性减排情景温室气体排放量及大气平均温度变化（2015～2100 年）

（2）合作减排情景社会福利影响。

相比 Nash 情景，3 个合作减排情景的全球社会福利均有所改善，最多可达 0.14%（图 4-16），对应于 2100 年 278.01 万亿美元（2011 年购买力平价法）的累计净收益。此外，图 4-17 反映了相比 Nash 情景，累计的收益可以超过额外付出的减排成本，也就是说到 2100 年全球会有正的净收益（平均来说，实现 2℃温升目标会有 156.60 万亿美元的净收益）。不过，在早期，全球的净收益为负，直到 2070 年以后才能获得正的净收益。

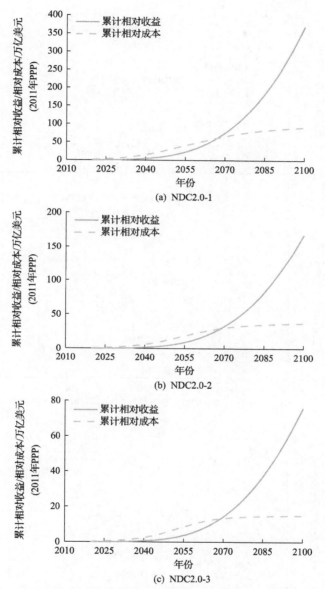

(a) NDC2.0-1

(b) NDC2.0-2

(c) NDC2.0-3

图 4-16 代表性减排情景全球累计相对收益与相对成本(2015~2100 年)

从区域层面来看，各区域均有社会福利的改善，中东及非洲(0.03%~0.19%)、印度(0.03%~0.17%)、其他西欧(0.03%~0.18%)会有比较大的福利改善，而中国(0.01%~0.04%)和美国(0.01%~0.05%)的福利改善相对较小，如图 4-17 所示。不同 NDC2.0 情景下的福利改善与累计相对收益差异较大，这与不同情景面临的气候损失与低碳技术成本的假设有关。然而，不同情景的区域分布相对稳定，中东及非洲、印度的累计相对收益与相对成本均比较高，而中国、其他亚洲、欧盟、拉丁美洲、美国次之，日本、其他伞形集团、东欧及独联体、俄罗斯、其他西欧的相对收益与成本最低。

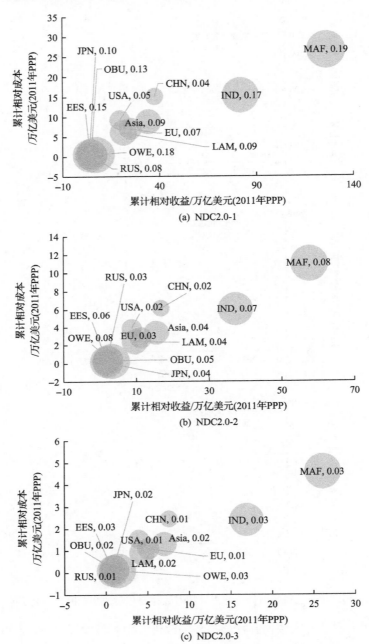

图 4-17　代表性合作减排情景全球累计相对收益与相对成本（2100 年）

累计相对收益及累计相对成本均为各 NDC2.0 情景相对 Nash 情景累计到 2100 年的收益与成本；气泡大小为各 NDC2.0 情景相对 Nash 情景的社会福利改善比例（%）；USA-美国，CHN-中国，JPN-日本，IND-印度，EU-欧盟，Asia-其他亚洲，RUS-俄罗斯，MAF-中东及非洲，EES-东欧及独联体，LAM-拉丁美洲，OBU-其他伞形集团，OWE-其他西欧

（3）合作减排情景额外减排分析。

相比 Nash 情景，合作减排情景的全球温室气体排放量需要进一步下降，2030 年需要额外减少 1.8～3.0 吉吨的温室气体排放量以实现 2℃温升目标，如图 4-18 所示。额外减排量会随着时间先增加后下降，到 2060 年左右达到最高。比较各 NDC2.0 情景可知，额外减排量最高的为 NDC2.0-1 情景，NDC2.0-2 次之，NDC2.0-3 最低。这是因为气候损失与低碳技术成本的不确定性不只影响最优的排放路径，还影响 Nash 情景的排放。

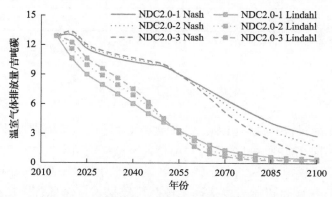

图 4-18　代表性合作减排情景全球额外减排差异（2015～2100 年）

区域层面来看，所有区域均需要付出额外的减排努力来实现 2℃温升目标，如表 4-25 所示。相比 Nash 情景，2030 年，中东及非洲（52.7%，最多的额外减排量）、印度（32.9%）、欧盟（29.3%）、美国（28.3%）等区域需要付出更多的减排努力，东欧及独联体、其他伞形集团、俄罗斯、其他西欧、日本等区域相对较少。相比 2030 年，2050 年各区域需要付出更多的减排努力，以保证实现温升目标。如中东及非洲的额外减排努力均已超过 97%。比较不同的 NDC2.0 情景可知，较高的气候损失与较高的低碳技术成本条件下，合作减排情景带来的额外减排比例最低（NDC2.0-3 情景）。

表 4-25　代表性合作减排情景各区域额外减排（2030 年和 2050 年）　　　　（单位：%）

国家及地区	2030 年			2050 年		
	NDC 2.0-1	NDC 2.0-2	NDC 2.0-3	NDC 2.0-1	NDC 2.0-2	NDC 2.0-3
中东及非洲	52.70	38.36	28.90	97.61	97.70	97.73
印度	32.92	24.09	18.24	87.43	80.81	78.98
欧盟	29.31	21.99	16.85	52.14	49.33	48.65
美国	28.25	21.19	16.25	45.88	43.49	43.00
其他亚洲	24.81	18.70	14.29	54.08	51.26	50.32
中国	23.73	17.77	13.61	54.93	51.98	51.37
拉丁美洲	22.62	16.93	12.91	43.47	40.90	40.03
日本	14.61	10.92	8.33	24.11	22.55	21.95

国家及地区	2030 年			2050 年		
	NDC 2.0-1	NDC 2.0-2	NDC 2.0-3	NDC 2.0-1	NDC 2.0-2	NDC 2.0-3
其他西欧	14.37	10.66	8.11	26.69	24.82	24.12
俄罗斯	12.83	9.57	7.28	23.32	21.78	21.15
其他伞形集团	11.19	8.34	6.35	19.12	17.84	17.33
东欧及独联体	10.56	7.88	5.99	19.74	18.43	17.90

注：数字为各区域在各 NDC2.0 情景的额外减排量占 Nash 情景的比例。

4.4　本　章　小　结

　　本章从非合作减排机制视角出发，引入温室气体浓度贡献原则设计了一种相对公平的自主减排机制，即在减排力度的提升中维持各区域平均温室气体浓度贡献不变，并对自主减排机制进行了模拟评估，讨论了不同初始减排力度调整系数与温室气体强度的影响。研究发现，自主减排机制可以提高全球减排效果，且保证各区域在加大各自减排力度的同时实现福利改善；自主减排机制在 2100 年最多可将大气平均温度变化从 2.69℃ 调整到 2.60℃，仍高于《巴黎协定》的 2℃ 温升目标。通过提高初始减排力度调整系数，可以进一步地控制温度的上升，但个别区域后期会出现福利损失；在温室气体强度进一步下降的情景下，自主减排机制的效果将大幅度提升，若温室气体强度进一步下降 60%，大气平均温度变化为 2.08℃，几乎可以实现《巴黎协定》的 2℃ 温升目标，同时也能让各区域获得福利改善。因此，为了完全实现 2℃ 温升目标，需要加快未来低碳技术的发展。

　　此外，本章还从全球合作减排机制视角出发，设计了一种基于 Lindahl 权重的全球合作减排机制，即在保证各区域满意的前提下，实现巴黎协定温升目标，并对气候损失和低碳技术不确定下的合作减排机制进行了模拟评估。研究发现，基于等权重或 Negishi 权重的合作减排情景会让部分区域福利出现损失，从而导致全球合作减排的不稳定，而基于 Lindahl 权重的合作减排情景，相比非合作减排，可以保证各区域的福利得到改善，从而得到稳定的全球合作减排机制。除非我们对气候损失持比较乐观的态度，同时对低碳技术突破性发展持比较悲观的态度，否则总能找到让各区域满意且实现温升目标的合作减排机制。在气候损失更高且低碳技术发展更快的条件下，各方限制全球变暖所带来的收益也越大。对于 2℃ 温升目标，大部分区域早期只需要适当地调整已有的最优排放路径 (2030 年全球仅需额外减排 18 亿～30 亿吨碳当量)，然后在 2030 年后开始大规模的减排。从区域层面来说，中东及非洲、印度、欧盟和美国需要更早且大规模地付出减排努力。特别的是，为了保障合作减排机制的顺利实施，需要各区域认识到全球变暖问题的严重性，并高度重视低碳技术的突破性发展。

第5章 微观经济模块：GEEPA、MR.CEEPA

考虑到气候变化经济根源的广泛性，减缓策略的布局不仅涉及国家之间的博弈，还关乎行业层面、一国内部区域层面的有效部署。因此，除了通过 C³IAM/EcOp 模型来刻画最优经济增长途径外，C³IAM 的经济模块还包括一个全球多部门可计算一般均衡模型（C³IAM/GEEPA）以及一个中国多区域可计算一般均衡模型（C³IAM/MR.CEEPA）。本章首先重点描述 C³IAM/GEEPA 和 C³IAM/MR.CEEPA 模型的基本原理和主要模块，进而围绕国际贸易与碳减排之间的关系展示两个典型应用，主要拟回答以下问题：

- C³IAM/GEEPA 和 C³IAM/MR.CEEPA 的基本原理和模型结构是怎样的？
- 国际贸易关系的变动对各国社会经济和全球气候变化的影响程度如何？
- 如何利用国际贸易政策提高全球气候减缓合作的参与度？

5.1　基本介绍

5.1.1　基本原理

除了 EcOp 外，C³IAM 框架还包括两个核心的宏观社会经济模块：全球能源与环境政策分析模型 (C³IAM/GEEPA) 和中国多区域能源与环境政策分析模型 (C³IAM/MR.CEEPA)。C³IAM/GEEPA 和 C³IAM/MR.CEEPA 都是递归动态的可计算一般均衡 (CGE) 模型，主要源于瓦尔拉斯的一般均衡理论 (Walras, 2014)。C³IAM/GEEPA 和 C³IAM/MR.CEEPA 的假设、模型结构和数学公式较为相似，都由五个基本模块组成，即生产模块、收入支出模块、外贸模块、投资模块和排放模块[①]。

5.1.2　生产子模块

生产模块"无联合生产"假设，即每个部门只生产一种产品，每种产品只能为一个部门所生产，部门与产品间是一一对应关系。各部门的投入包括劳动力、资本、能源和其他中间投入，各部门的生产遵循多层嵌套的常替代弹性 (constant elasticity of substitute, CES) 函数，基本形式如式 (5-1) 所示。

$$Y_i = \text{CES}(X_j, \rho) = A_i \cdot \left(\sum_j \alpha_j \cdot X_j{}^\rho \right)^{1/\rho} \tag{5-1}$$

式中，Y_i 为部门 i 的产出；X_j 为部门 j 的投入；A_i 为部门 i 的规模参数；α 为份额参数；$\rho = \dfrac{1}{1-\sigma}$ 为替代参数，σ 为替代弹性。

考虑到不同部门的生产特点，并参考已有研究 (Paltsev et al. 2005；Wu and Xuan, 2002)，本书将生产方程划分为四类主要部门：包括一般经济部门、农业部门、一次能源生产部门以及能源加工转换部门。

（1）一般经济部门。

一般经济部门的生产结构如图 5-1 所示，遵循五层嵌套的 CES 函数，方程形式如式 (5-2)～式 (5-6) 所示：

$$Z_i = \text{CES}(\text{RM}_{j,i}, \text{KEL}_i; \rho_{Z,i}) \tag{5-2}$$

$$\text{KEL}_i = \text{CES}(\text{KE}_i, L_i; \rho_{\text{KEL},i}) \tag{5-3}$$

$$\text{KE}_i = \text{CES}(K_i, \text{Energy}_i; \rho_{\text{KE},i}) \tag{5-4}$$

$$\text{Energy}_i = \text{CES}(\text{Fossil}_i, \text{Electricity}_i; \rho_{\text{Energy},i}) \tag{5-5}$$

---

①C³IAM/GEEPA 和 C³IAM/MR.CEEPA 均为多区域尺度模型，不同地区的生产结构均相同，为简化起见，本节以下相关方程的介绍(外贸模块除外)略去表示地区的下标。

$$\text{Fossil}_i = \text{CES}(\text{FoF}_{\text{fe},i}; \rho_{\text{FoF,fe},i}) \tag{5-6}$$

式中，$\rho_{Z,i}$、$\rho_{\text{KEL},i}$、$\rho_{\text{KE},i}$、$\rho_{\text{Energy},i}$ 和 $\rho_{\text{FoF,fe},i}$ 分别代表不同嵌套层的替代参数。

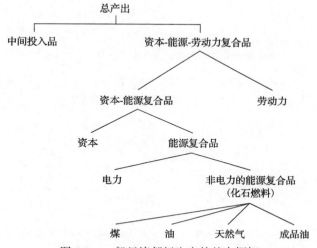

图 5-1　一般经济部门生产的基本框架

在顶层嵌套中，如式 (5-2) 所示，总产出是由不同的中间投入和资本-能源-劳动力复合品组成，Z_i 是部门 i 的总产出，$\text{RM}_{j,i}$ 是部门 i 生产过程中对商品 j 的中间投入，KEL_i 是部门 i 的资本-能源-劳动力复合品投入。

在第二层嵌套中，如式 (5-3) 所示，劳动力和资本-能源复合品 (KE) 构成资本-能源-劳动力复合品，其中，KE_i 为部门 i 的资本-能源复合品投入，L_i 为部门 i 的劳动力投入。

在第三层嵌套中，如式 (5-4) 所示，资本-能源复合品由资本和能源组成，其中，K_i 为部门 i 的资本投入，Energy_i 为部门 i 的能源投入。

在第四层嵌套中，能源由电力投入和化石燃料复合品组成，在最底层，化石燃料复合品被进一步分成单个化石燃料的投入，如式 (5-5)～式 (5-6) 所示。式中，Fossil_i 为部门 i 的化石燃料复合品投入，Electricity_i 为部门 i 的电力投入，$\text{FoF}_{\text{fe},i}$ 为部门 i 的化石燃料 fe 的投入。

(2) 农业部门、一次能源生产部门。

与一般经济部门不同，农业需要土地作为资源投入，一次能源的生产需要矿产资源的投入。因此，这两种类型的生产函数遵循一个六层嵌套的 CES 函数，该函数在顶层添加资源投入。第一层和第二层的生产函数如式 (5-7) 和式 (5-8) 所示：

$$Z_i = \text{CES}(R_{j,i}, \text{KELM}_i; \rho_{Z,i}) \tag{5-7}$$

$$\text{KELM}_i = \text{CES}(\text{KEL}_i, \text{RM}_{j,i}; \rho_{\text{KELM},i}) \tag{5-8}$$

式中，$R_{j,i}$ 为部门 i 的资源投入；KELM_i 为部门 i 的资本-能源-劳动力-中间投入的复合品投入；$\rho_{\text{KELM},i}$ 为部门 i 的资本-能源-劳动力复合品投入与各种原材料投入之间的部门替代参数。

　　农业部门和一次能源生产部门的其他各级生产函数与一般经济部门相同，生产结构分别如图 5-2 和图 5-3 所示。

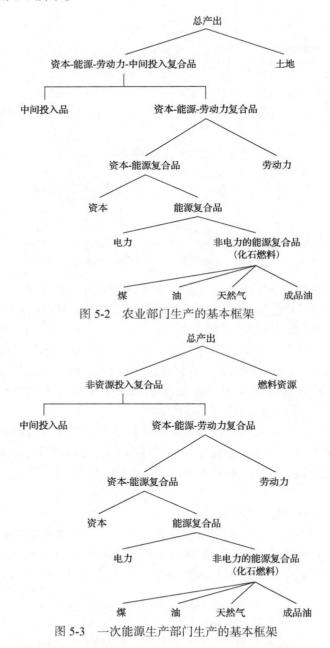

图 5-2　农业部门生产的基本框架

图 5-3　一次能源生产部门生产的基本框架

　　(3)能源加工转换部门。

　　主要的能源加工转换部门包括电力部门、石油冶炼和炼焦部门，以及燃气生产和供应业。对于电力部门而言，假设电力输出是由发电和输配电服务组成的里昂惕夫函数。

发电部分包括稳定供电和间歇供电。稳定的电力供应包括传统的化石燃料发电、核电、水电和先进发电技术（如 CCS 技术）。而间歇性电力供应则包括风能、太阳能等发电技术，依赖于专用资源、固定要素、增加值和中间产品的投入。电力部门的生产结构如图 5-4 所示。

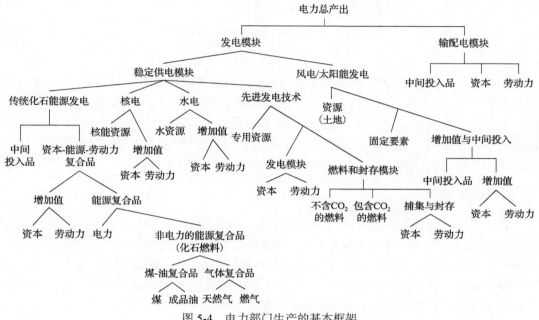

图 5-4　电力部门生产的基本框架

对于石油冶炼和炼焦部门而言，原油是最主要的原料组成，因此，在石油冶炼和炼焦部门的 CES 嵌套生产函数中，原油的投入被设置在嵌套框架的顶层，框架图如图 5-5 所示。同理，天然气是燃气生产和供应业的主要原料，天然气的投入出现在燃气生产和供应业的生产函数顶层。

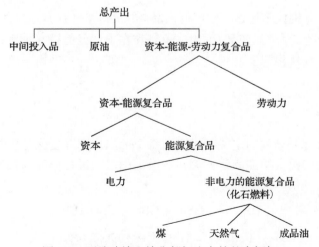

图 5-5　石油冶炼和炼焦部门生产的基本框架

5.1.3　收入支出子模块

居民收入主要来自劳动收入和资本回报。我们假设居民在缴纳居民所得税后，从政府和海外获得各种转移支付作为其可支配收入，并将可支配收入用于储蓄和各种商品的消费。居民储蓄由居民可支配收入乘以储蓄率得到。居民消费行为如式(5-9)：

$$\mathrm{CDh}_{i,h} = \frac{\mathrm{cles}_{i,h} \cdot (1 - \mathrm{mps}_h) \cdot \mathrm{YD}_h}{\mathrm{PQ}_i} \tag{5-9}$$

式中，$\mathrm{CDh}_{i,h}$ 和 $\mathrm{cles}_{i,h}$ 分别代表居民 h 消费商品 i 的消费量和消费份额；PQ_i 为商品 i（进口和国内产品）的价格；YD_h 和 mps_h 分别代表居民 h 的可支配收入和储蓄率。

政府收入由关税、间接税、居民所得税和来自其他国家/地区的转移支付构成。政府将其收入用于政府消费、向居民转移和出口退税。在一定时期内，政府储蓄通过政府收入与支出之差进行计算。

5.1.4　外贸子模块

在不考虑运输成本的情况下，商品 i 从在地区 s 运输到地区 r 或从地区 r 运输到地区 s，其价值都是一致的。外贸模块遵循阿明顿假设，假设进口品与国内产品之间存在不完全替代性。国内供应的商品由国内商品和进口商品组成，遵循 CES 函数。此外，国内生产的商品被用于满足国内需求和出口。国内总产出在出口和国内销售之间的分配采用常弹性变换(CET)函数来表示，如式(5-10)～式(5-11)所示：

$$X_{i,r} = A_{\mathrm{Ex},i,r} \cdot [\alpha_{\mathrm{Ex},i,r} \cdot E_i^{\rho_{\mathrm{Ex},i,r}} + (1 - \alpha_{\mathrm{Ex},i,r}) \cdot D_i^{\rho_{\mathrm{Ex},i,r}}]^{\frac{1}{\rho_{\mathrm{Ex},i,r}}} \tag{5-10}$$

$$\frac{E_{i,t,r}}{D_{i,t,r}} = \left[\frac{1 - \alpha_{\mathrm{Ex},i,r}}{\alpha_{\mathrm{Ex},i,r}} \cdot \frac{\mathrm{PE}_{i,t,r}}{\mathrm{PD}_{i,t,r}} \right]^{\sigma_{\mathrm{Ex},i}} \tag{5-11}$$

式中，$E_{i,t,r}$、$D_{i,t,r}$ 分别代表地区 r 生产的商品 i 的出口量和在本地区的销售量；$\mathrm{PE}_{i,t,r}$ 和 $\mathrm{PD}_{i,t,r}$ 分别代表地区 r 生产的商品 i 的出口价格和在本地区的销售价格；$A_{\mathrm{Ex},i,r}$ 和 $\alpha_{\mathrm{Ex},i,r}$ 分别代表转换函数中的规模参数和份额参数；$\rho_{\mathrm{Ex},i,r}$ 和 $\sigma_{\mathrm{Ex},i}$ 分别表示出口和国内销售的替代参数和替代弹性。

5.1.5　投资子模块

总投资包括存货变动和固定资产投资。每个部门的库存变化分别与该部门的产出成固定比例，固定资产投资按照固定比例在各个部门之间进行分配。描述投资模块的主要方程如下：

$$\mathrm{TotINV} = \mathrm{HSav} + \mathrm{GSav} + \mathrm{FSav} \cdot \mathrm{ER} \tag{5-12}$$

$$\mathrm{FxdINV} = \mathrm{TotINV} - \sum_i \mathrm{DST}_i \cdot P_i \tag{5-13}$$

$$\mathrm{DST}_i = \vartheta_i \cdot Z_i \tag{5-14}$$

$$\mathrm{DK}_i \cdot \mathrm{PK}_i = \mathrm{FxdINV}_r \cdot \mu_i \tag{5-15}$$

式中，TotINV 为投资总额；HSav 和 GSav 分别为居民储蓄和政府储蓄；FSav 为国外储蓄；ER 为汇率；FxdINV 为固定资产投资总额；DST_i 为各部门的库存变化；DK_i 为部门 i 的固定资产投资；PK_i 为部门 i 的资本价格；P_i 为商品（进口和国内产品）的综合价格；ϑ_i 为部门 i 的库存变动占总产出的比例；μ_i 为部门 i 的固定资产投资份额，等于部门 i 的基年资本收益（固定资产折旧与营业盈余的总和）占本地区固定资产总额的比例。

5.1.6　排放子模块

通过引入温室气体和污染物排放模块，$\mathrm{C^3IAM/GEEPA}$ 和 $\mathrm{C^3IAM/MR.CEEPA}$ 可用于测算经济活动对环境的影响，包括环境排放、辐射强迫、温度升高等。其中，环境排放包括温室气体排放［二氧化碳（CO_2）、甲烷（CH_4）、氧化亚氮（N_2O）］和局地污染物排放［二氧化硫（SO_2）、氮氧化物（NO_x）、氨（NH_3）、黑炭（BC）、有机碳（OC）、一氧化碳（CO）、非甲烷挥发性有机物（NMVOCs）］。$\mathrm{C^3IAM/GEEPA}$ 还可用于考察不同社会经济路径（SSPs）下，未来全球经济增长、产业结构、投资消费、能源消耗等社会经济要素的变化。描述排放模块的主要方程如下：

$$\mathrm{EnergyEmis\_}P_{\mathrm{gas},i,j} = \mathrm{psi\_energy}_{\mathrm{gas},i,j} * \mathrm{Q\_Pro}_{i,j} * \mathrm{eta}_i * (1 - \mathrm{chi\_energy}_{\mathrm{gas},i,j}) \tag{5-16}$$

$$\mathrm{EnergyEmis\_}H_{\mathrm{gas},i} = \mathrm{psi\_energy}_{\mathrm{gas},i} * \mathrm{Q\_H}_i * \mathrm{eta}_i * (1 - \mathrm{chi\_energy}_{\mathrm{gas},i}) \tag{5-17}$$

$$\mathrm{ActiviEmis\_}P_{\mathrm{gas},i} = \mathrm{psi\_act}_{\mathrm{gas},i} * X_i * (1 - \mathrm{chi\_act}_{\mathrm{gas},i}) \tag{5-18}$$

$$\mathrm{ActiviEmis\_}H_{\mathrm{gas}} = \mathrm{psi\_act}_{\mathrm{gas}} * \sum_i \mathrm{Q\_H}_i * (1 - \mathrm{chi\_act}_{\mathrm{gas}}) \tag{5-19}$$

式中，$\mathrm{EnergyEmis\_}P_{\mathrm{gas},i,j}$ 表示部门 j 在生产过程中由于消耗能源产品 i 而产生的气体 gas 的总排放量；$\mathrm{EnergyEmis\_}H_{\mathrm{gas},i}$ 表示居民由于消费能源产品 i 而产生的气体 gas 的总排放量；$\mathrm{psi\_energy}_{\mathrm{gas},i,j}$ 表示部门 j 在生产过程中消耗单位能源产品 i 的气体 gas 排放因子；eta_i 表示能源产品 i 的热值转换因子，即能源消耗价值量向实物量的转换；$\mathrm{chi\_energy}_{\mathrm{gas},i,j}$ 表示部门 j 在生产过程中消耗单位能源产品 i 产生的气体 gas 去除率；$\mathrm{ActiviEmis\_}P_{\mathrm{gas},i}$ 表示部门 i 活动相关的气体 gas 排放量；$\mathrm{ActiviEmis\_}H_{\mathrm{gas}}$ 表示居民活动相关的气体 gas 总排放量；$\mathrm{psi\_act}_{\mathrm{gas},i}$ 表示部门 i 的气体 gas 排放因子；$\mathrm{chi\_act}_{\mathrm{gas},i}$ 表示部门 i 的气体 gas 去除率；$\mathrm{Q\_Pro}_{i,j}$ 表示部门 j 生产过程中对部门 i 产品的中间投入需求；$\mathrm{Q\_H}_i$ 表示居民对部门 i 产品的消费；X_i 表示部门 i 的总产出。

5.1.7　宏观闭合

模型的闭合是指划定模型边界，区分外生变量和内生变量。CGE 模型中的宏观闭合选择本质上是对宏观经济理论的选择，主要包括以下 3 类闭合法则：

（1）政府预算平衡：$C^3IAM/GEEPA$ 和 $C^3IAM/MR.CEEPA$ 采用政府消费外生、政府储蓄内生的闭合法则。

（2）国际贸易平衡：$C^3IAM/GEEPA$ 和 $C^3IAM/MR.CEEPA$ 采用国外储蓄外生、汇率内生的闭合法则。国外储蓄为世界其他地区的经常项目收支间的差额。其中，世界其他地区的经常项目收入由对本国的出口和在本国的资本收益构成；世界其他地区的经常项目支出由对本国的进口和转移支付构成。

（3）储蓄-投资平衡：$C^3IAM/GEEPA$ 和 $C^3IAM/MR.CEEPA$ 采用"新古典闭合法则"，假设所有储蓄将转化为投资，总投资内生等于总储蓄，模型通过"储蓄驱动"。

5.1.8　市场出清

市场出清描述 CGE 模型中的均衡条件。本模型假设商品市场、资本市场和劳动力市场出清。

商品市场出清是指在国内市场上各部门商品的总供给等于对该部门商品的总需求。各部门商品的总供给为国内生产的产品与进口产品的阿明顿组合。各部门商品的总需求包括对该商品的中间需求与各类最终需求（居民消费需求、政府消费需求、资本品需求、库存需求）。

本模型假设资本市场在外来冲击下能达到充分调整，资本供给外生给定，通过相对资本回报率调整资本在不同部门间的分配。市场出清要求各部门资本需求总和等于外生给定的资本供给总量。

在劳动力市场方面，市场出清要求劳动力的总供给等于总需求。本模型假定充分就业，劳动力供给外生给定，并通过工资率的调整实现劳动力在各部门之间的流动。

5.1.9　核心数据来源

CGE 模型的核心数据是社会核算矩阵（social accounting matrix，SAM）。目前版本的 $C^3IAM/GEEPA$ 在编制 SAM 表时依据的是全球贸易分析数据库（GTAP 9.0）（Aguiar et al.，2016），基准年份是 2011 年。$C^3IAM/MR.CEEPA$ 的 SAM 表根据国家信息中心编制的 2012 年全国多区域投入产出表，以及其他年鉴（中国财政部 2013；国家税务总局 2013；国家统计局，2013；国家统计局人口和就业统计司和人力资源和社会保障部规划财务司，2013；国家统计局农村社会经济调查司，2013；国家统计局城市社会经济调查司，2013；国家统计局能源统计司，2013）的数据编制而成。基准年的温室气体和空气污染物排放根据温室气体和空气污染相互作用和协同数据库（greenhouse gas-air pollution interactions and synergies，GAINS）进行校准（GAINS，2012），具体的排放类型包括 3 种主要的温室气体（CO_2、CH_4 和 N_2O）和 8 种大气污染物（SO_2、NOx、NH_3、CO、BC、OC、$PM_{2.5}$ 和 NMVOCs）。对不同的气体类型而言，能源相关的排放和非能源相关的排放可以通过 GAINS 中的活动类型加以区分。因此，一个部门的排放系数主要由能源相关排放总量与相应的能源消耗量相除或非能源相关排放总量与相应的总产出相除来确定。

5.2　国际贸易的经济环境影响研究

国际贸易通过多种途径影响着各个国家的环境质量，除最直接的贸易蕴含排放外，贸易政策也能够改变商品比较优势、生产成本和出口成本，引发国际收入转移，进一步影响宏观经济状况，最终改变生产者的投资和生产决策，以及消费者的购买决策，进而产生相应的资源分配和环境排放影响。因此，考虑到贸易在全球化发展和国际关系中的重要作用，以及贸易与环境之间的相互关系，本研究重点关注贸易变化对环境排放造成的影响和对整体经济造成的冲击，从而为国际贸易环境变化时我国协同控制策略的相应调整提供科学依据。

事实上，目前已有很多学者研究了贸易自由化对环境的影响，但在理论和实证上均未得出一致的结论。同时，随着经济全球化的发展，各国之间贸易摩擦的问题也频繁出现，而作为各国之间经济政治往来的主要体现，这一逆全球化的现象势必会影响各国乃至全球的环境质量和环境政策的制定。然而，现有关于贸易壁垒的研究大多都仅关注经济影响，而针对环境影响的相关文献十分缺乏。

本书聚焦 2018 年 7 月起愈演愈烈的中美贸易摩擦这一典型案例。在过去三十年中，中美经济关系有了很大的发展，特别是我国加入世界贸易组织（WTO）以来，两国双边贸易增长迅速。商品贸易总额从 1991 年的 270 亿美元上升到 2017 年的 6560 亿美元，美国对华的进出口份额也分别上升到 21.9% 和 8.4%（图 5-6）。然而，中美贸易关系不稳定，政治敏感、贸易冲突的情况一直存在。自 2017 年，美国对我国进行了 "301 调查"，对许多从我国进口的产品征收附加关税，而我国政府也对美国的出口商品征收关税作为反击。从 2018 年 3 月开始，这一行动最终引发了贸易摩擦（USTR，2018）。

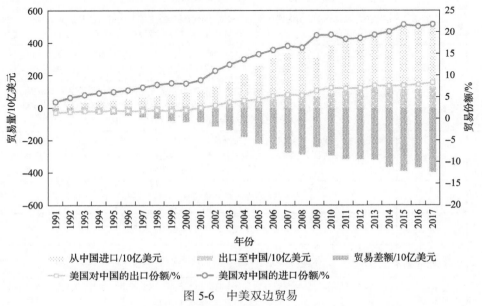

图 5-6　中美双边贸易

数据来源：WITS–UNSD Comtrade（UNSD，2017）

基于上述背景，本书将以中美贸易摩擦为例，采用全球可计算一般均衡模型——C³IAM/GEEPA，模拟 2018～2019 年间中美两大经济体之间发生的六轮贸易摩擦及其未来不同的发展趋势，分析不同关税壁垒政策冲击对我国、世界其他区域及全球所造成的经济发展影响、温室气体和污染物排放的影响，以及长期的气候影响。

5.2.1　情景设置

为了关注贸易摩擦主体及其主要贸易伙伴，本书将原 GEEPA 模型中的国家重新合并，形成八个区域，包括美国(USA)、中国(China)、日本(Japan)、EU(欧盟)、ROA(亚洲其他地区)、MAF(中东和非洲)、LAM(拉丁美洲)和 ROW(世界其他地区)。此外，所有商品被分成 48 个主要行业，尽可能详细地展现了中美贸易的相关产品，特别是详细的制造业和农业分类。总体而言，美国对我国征收的进口关税主要针对制造业，特别是"中国制造 2025"计划中的产品，而我国对美征收的进口关税则分布在农业、汽车和化工等行业领域。附录 3 中提供了详细的部门分类说明。

本书建立了一个基准情景和多个政策情景，并分为两大部分进行讨论(2019 年的事后分析情景和 2019～2100 年间的事前分析情景)(表 5-1)。基准情景根据 SSP2——中度

表 5-1　基准情景和政策情景

	情景	描述
Baseline	BAU（基准情景）	遵循 SSP2 的中度发展路径，没有任何贸易政策的限制
事后评估	R1（第一轮）	美国对我国的钢和铝相关进口商品分别加征 25%和 10%的关税；我国对美国的水果及制品等 120 项进口商品加征 15%的关税，对猪肉及制品等 8 项进口商品加征 25%的关税
	R2（第二轮）	在第一轮的基础上，美国对我国的 818 项、价值约 340 亿美元的进口商品加征 25%的额外关税；我国对美国的农产品、汽车、水产品等 545 项商品约 340 亿美元，加征 25%的进口关税
	R3（第三轮）	在第二轮的基础上，美国对我国的 279 项、价值约 160 亿美元的进口商品加征 25%的进口关税；我国对美国的化工品、医疗设备、能源产品等 114 项商品约 160 亿美元，加征 25%的进口关税
	R4（第四轮）	在第三轮的基础上，美国对我国的 5745 项、价值约 2000 亿美元的进口商品加征 10%的额外关税；我国对美国的 5207 个税目约 600 亿美元的进口商品加征了 10%或 5%的进口关税
	R5（第五轮）	在第四轮的基础上，美国对第四轮中涉及的 2000 亿美元商品的加征关税率由 10%提高到 25%，并对我国额外的约 3000 亿美元的进口商品加征 10%的关税；我国对第四轮公布的 600 亿美元商品的加征关税率分别提高到 25%、20%、10%或 5%
	R6（第六轮）	在第五轮的基础上，美国对 2000 亿美元商品的加征关税率由 25%进一步提高到 30%，并对 3000 亿美元商品的加征关税率由 10%提高到 15%；我国进一步对美国的 4341 项进口商品加征 10%或 5%的进口关税
事前模拟	SE（停止和缓和）	中美两国停止并缓和贸易争端，恢复原有的进口关税
	CK（持续和保持）	中美两国继续保持加征六轮关税后的进口关税率
	UA（升级和加剧）	贸易冲突升级和加剧，中美两国对双方加征 100%的进口关税
	WF（世界分裂）	世界因更激烈的贸易冲突而分裂，中美两国相互征收 100%的进口关税，同时，其他地区对所有的进口商品征收 30%的进口关税

发展路径（具体的基准情景参数包括 GDP、人口和环境排放，见附录 4）进行设置。在 SSP2 路径下，世界的发展跟随着历史模式，即社会、经济和技术的发展趋势都未发生明显的偏离，发展目标逐步实现，资源和能源强度以历史速度下降，并逐渐减少对化石燃料的依赖（O'Neill et al.，2017）。此外，未来的能源消耗情况根据美国能源信息署（U.S. Energy Information Administration，EIA）的预测数据进行校准，环境排放的未来趋势根据气候模型耦合模式比较计划（Climate Modelling Intercomparison Project 6，CMIP6）排放进行校准（Gidden et al.，2019）。

中美贸易摩擦不断升级，2018～2019 年，中美之间进行了六轮全面对抗。因此，本书的政策设置包括两大类：首先，从中美贸易摩擦升级的六个阶段开始，模拟了这六轮相应的政策对抗情景[①]；其次，考虑到长期可能的发展及其造成的影响，建立了四个未来情景，以模拟当贸易摩擦出现不同趋势或方向时的气候变化和环境影响。根据这些结果，本书将讨论由此产生的环境和经济影响。

5.2.2　贸易摩擦的事后影响评估

本节考察了 2018 年和 2019 年已实施的中美贸易政策对世界各地区产生的经济冲击和环境影响。一般而言，随着六轮关税冲击的加剧，贸易摩擦对大多数指标所产生的影响也在不断增大。在经历了六轮摩擦之后，全球贸易格局和环境排放将发生如下变化（若不考虑同期其他政策冲击的影响）。

5.2.2.1　中美贸易的变化

总体而言，美国对我国的贸易赤字减少了 44.40%。如图 5-7 所示，美国对我国施加的关税导致美国从我国的总进口量减少了 44.60%。而且，美国大多数产品的进口均有明显的衰减，特别是，成品油、煤炭和黑色金属部门产品的进口下降比例均超过 75%。同时，由于我国的报复性关税，美国对我国的出口量也有明显的下降，总的下降率大约为 47.49%。出口下降较为明显的产品包括蔬菜水果、煤炭和肉制品，下降率均超过了 80%。尽管如此，此次贸易摩擦使得美国从我国的进口减少量多于出口减少量，最终，美对中的贸易逆差有所下降。

此外，中美之间的贸易冲突增加了双方与其他区域的贸易往来（图 5-7）。美国对其他地区的出口和进口都有所增加，进口增加比例分别为 Japan（10.40%）、EU（8.58%）、ROA（12.79%）、MAF（4.65%）、LAM（4.72%）和 ROW（5.89%），总出口也增加了 0.93%（MAF）～2.42%（LAM）。同样，我国向其他六个地区出口了更多的产品，包括 Japan（7.5%）、EU（8.3%）、ROA（7.0%）、MAF（7.8%）、LAM（8.6%）和 ROW（8.3%）。不过，除从拉丁美洲的进口量增加了 1.4%外，我国自其他地区的进口量仍有所下降。具体而言，除部分农产品（小麦、谷物、油籽、植物纤维、其他作物）、肉制品、植物油、饮料烟草制品和纸制品外，我国从其他地区进口的其余所有产品均有所减少。这是因为，

---

①根据已知的详细贸易产品清单及其相应的加征关税率，这里本书根据全球贸易情报库（WITS，World Integrated Trade Solution）公布的各种产品的贸易价值份额核算出 GEEPA 模型中 48 个行业的实际加征关税率。

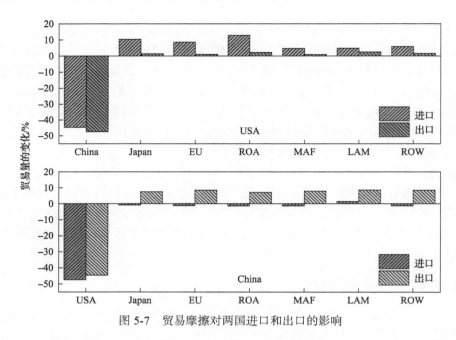

图 5-7　贸易摩擦对两国进口和出口的影响

对我国而言，进口量在国内总消费中所占比重较大的产品较少，主要包括油籽产品（61.69%）、农作物（62.12%）、原油（56.36%）和天然气（90.44%），而其余大部分产品的消费主要依靠国内生产。因此，根据我国对美国加征关税的产品清单，当我国对美加征进口关税时，我国增加了从其他地区进口的农产品。但是，由于国内消费者对大多数其他产品的总需求下降，或者转而更多地消费国产产品，导致其进口量均有所下降。

5.2.2.2　经济增长、就业和社会福利的变化

随着中美贸易摩擦的不断加剧，经历六轮冲击之后，我国受到的经济损失是最大的（0.21%），美国 GDP 也减少了 0.08%，如图 5-8(a) 所示。从 GDP 的组成来看，在政府消费固定的假设下，GDP 的变化主要取决于居民消费、投资和净出口的变化。受进口关税增加的影响，中美出口总量大幅下降，下降比例分别为 3.38%（USA）和 2.45%（China）。同时，关税冲击使两国的居民收入分别下降了 0.01%(USA) 和 0.55%(China)，进而导致居民消费和投资的下降（美国居民的消费和投资分别下降了 0.01% 和 0.99%；我国居民的消费和投资分别下降了 0.55% 和 0.94%）。我国 GDP 损失大于美国的原因主要在于居民收入的减少。在劳动力和资本供给不变的情况下，贸易冲击减少了对劳动力和资本的需求。但由于我国对美国的纺织品、服装和皮革制品等主要出口品是劳动密集型的，而运输设备、机械和其他设备制造业是资本密集型的，因此，我国的劳动力和资本需求下降得更多，造成我国GDP 损失较大。此外，作为世界第一和第二大经济体，中美贸易摩擦对全球贸易发展造成了明显的负面影响，且已波及其他世界经济，如日本的 GDP 损失了 0.01%，类似的还有欧盟（0.01%）、MAF（0.02%）和 ROW（0.01%）。最终，全球 GDP 下降了 0.05%。

中美贸易摩擦对两国相关部门的就业造成了较大的冲击，如图 5-8(c) 所示。对美国而言，在所有的 48 个生产部门中，有 34 个部门的就业量呈下降的趋势，主要涉及农业

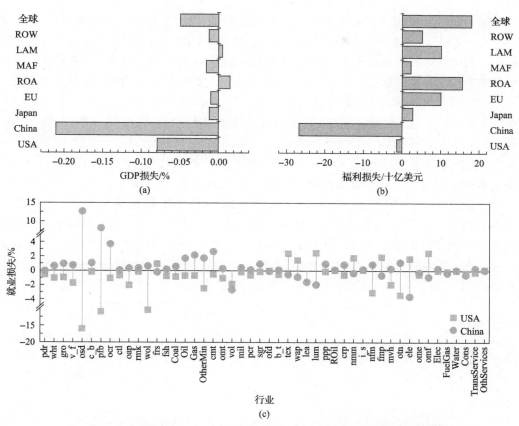

图 5-8　贸易摩擦对各地区 GDP 和社会福利的影响以及对中美就业的影响

和农副产品加工业。就业损失较明显的部门包括油籽大豆部门（16.0%）、植物纤维部门（11.0%）、羊毛蚕茧部门（10.4%）、交通设备制造业（3.4%）和有色金属制造业（3.0%）。对我国而言，15 个部门的就业量有所下降，大多数发生在制造业。就业量下降明显的部门包括羊毛蚕茧部门（2.7%）、电子设备制造业（3.6%）、木材制造业（2.0%）和皮革制品（1.6%）。这与中美之间的重要贸易产品密切相关。例如，就美国油籽大豆产品的出口而言，美国生产的油籽大豆产品有 66.84% 用于出口，而对华的出口量占出口总量的 65.74%，即我国是美国油籽大豆产品的最大进口国。在此次贸易摩擦中，我国对美国的油籽大豆产品征收了高达 35% 的进口关税，导致美国对华出口下降了 49.18%。尽管美国向世界其他国家出口了更多的相关产品，但这不足以弥补对华出口的下滑，最终该部门产品的出口总量下降了17.54%。因此，美国油籽大豆总需求的下降严重影响了该部门甚至下游部门的就业。相反，由于我国的主要出口集中在制造业，而对美国的出口在我国相应产品的出口总量中所占比重较大，因此，我国的就业损失主要体现在制造业。例如，我国电子设备的出口占总产出的 40.66%，而对美国出口的电子设备占我国出口总量的 27.75%，贸易摩擦使得我国电子设备的总产出下降了 3.64%，导致该行业的就业量明显下降。而且，由于制造业产品的后向关联系数普遍较高（我国电子设备制造业的后向关联系数为 1.71），即对其他制造业的影响较大，该行业的产出和就业变化进一步对其他制造业的就业造成了负面影响。

　　贸易摩擦导致我国居民福利水平发生了明显恶化,同时美国居民福利也略有下降(本书采用希克斯等价变量(EV)表征社会福利[①]),如图 5-8(b)所示。从图中可看出,在六轮摩擦后,我国的居民福利损失了约 270 亿美元,而美国的居民福利下降了 14 亿美元。美国福利损失低于我国的原因是:一方面,我国从美国的进口量占我国进口总量的比例要明显小于美国从我国的进口量占美国进口总量的比例(例如,基期这两个比例分别为约 8%和1/5)。因此,双方的关税冲击使得美国关税收入的增加比例(173%)远大于我国(15.7%)。而且,虽然贸易摩擦对两国的生产活动产生了负面影响,但由于本书遵循一般的政府税收中性原则,美国居民收入仅下降了 0.01%,而我国的居民收入下降比例(0.55%)也大于美国。不过,其他六个地区的社会福利分别增加了 28 亿美元(Japan)、100 亿美元(EU)、157 亿美元(ROA)、23 亿美元(MAF)、101 亿美元(LAM)和 52 亿美元(ROW)。最终,全球福利仍然增加了约 180 亿美元。除我国和美国外,全球其他国家的福利水平上升,也是由于税收中性的假设导致了居民收入的增加。如果不遵循税收中性原则,与上述结果相比,贸易争端对各地区 GDP 的影响较小,对各部门的就业影响相差不大,对福利的影响将更明显,甚至全球福利损失超过 500 亿美元(相关结果如图 5-9 所示)。

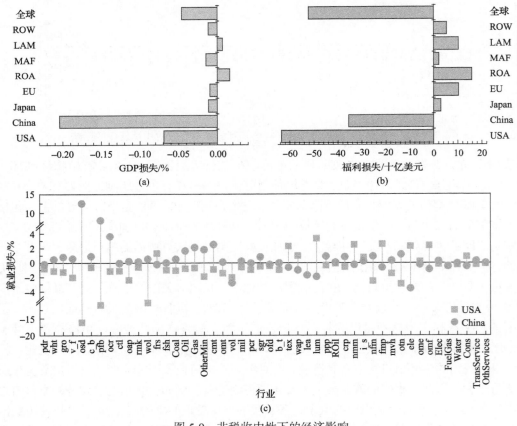

图 5-9　非税收中性下的经济影响

[①]由于 GEEPA 模型还未包括损失函数、健康效应等,因此,本书以希克斯等价变量(EV)表征的福利效应不包括降低排放量的收益。

5.2.2.3　各地区温室气体与污染物排放的变化

中美之间的贸易摩擦改变了环境排放在全球各国之间的分布模式，总体而言，贸易摩擦对中美双方的温室气体和污染物均产生了明显的减排效果，而世界其他国家的大多数环境排放量均有所增加。

对温室气体而言，在六轮贸易摩擦的冲击下，与 BAU（趋势照常情景）相比，全球 CO_2 排放减少了 0.16%，其中，我国和美国的 CO_2 总排放分别减少了 0.68%和 0.02%。然而，除拉美地区（LAM）产生了 0.10%的 CO_2 减排外，其余地区的 CO_2 排放均表现为增加的趋势，变化比例为 0.1%（ROW）～0.17%（ROA）。对于 CH_4 而言，全球总排放减少了 0.03%，这主要源于美国 CH_4 排放的下降（0.32%）。然而，全球 N_2O 排放量反而增加了 0.03%，我国的 N_2O 排放增加最为显著，变化比例为 0.70%。对于污染物而言，中美贸易摩擦减少了美国所有的空气污染物排放，最明显的是 NH_3（1.76%）、N_2O（1.23%）、$PM_{2.5}$（0.98%）和 CO（0.60%），且 SO_2、NOx、BC 和 OC 的减排量也均超过了 0.15%。除 NH_3 排放增加了 0.50%外，我国的其余污染物排放也呈现明显下降的趋势，下降比例为 0.44%（$PM_{2.5}$）～0.74%（NOx）。相反，世界大多数其他地区的污染物排放均有所增加。例如，LAM 地区的各种污染物排放分别增加了 0.18%（BC）、0.19%（SO_2）、0.16%（NO_x）、0.14%（CO）、0.10%（OC）和 0.03%（$PM_{2.5}$）。总体而言，经过六轮冲击后，全球所有污染物的排放量下降了 0.03%（$PM_{2.5}$）～0.17%（BC）。

为了分析环境排放变化的原因，本书将各地区的环境排放变化量分解为规模效应（产出规模变化）、结构效应（产出份额变化）和技术效应（排放变化），结果如表 5-2 所示。同时，结合各区域各部门的排放变化比例、各部门的产出规模变化以及各部门单产排放的变化进行分析。本书采用的分解方法是基于 Copeland 和 Taylor（2004）的进一步改进，推导过程如下：

首先，环境排放的定义如下：

$$E = \sum_i X\theta_i I_i$$

式中，X 为以基期价格计价的所有部门总产出；$\theta_i = \dfrac{x_i}{X}$，为部门 i 在全国经济中的份额；$I_i = \dfrac{e_i}{x_i}$，为部门 i 的排放强度。

对上式进行全微分：

$$E' = \frac{X'}{X}E + \sum_i XI_i\theta_i' + \sum_i X\theta_i I_i'$$

简化结果为

$$\frac{E'}{E} = \frac{X'}{X} + \frac{\sum\limits_i XI_i\theta_i'}{\sum\limits_i XI_i\theta_i} + \frac{\sum\limits_i X\theta_i I_i'}{\sum\limits_i XI_i\theta_i}$$

$$\frac{E'}{E} = \frac{X'}{X} + \frac{\sum_i I_i \theta_i'}{E/X} + \frac{\sum_i \theta_i I_i'}{E/X}$$

式中，$E' = \mathrm{d}E, \theta_i' = \mathrm{d}\theta_i, I_i' = \mathrm{d}I_i$，第一项是全国总产出的变化，表示规模效应，第二项是部门产出份额的变化，表示结构效应，第三项是部门排放强度的变化，表示技术效应。

表 5-2　排放量的变化及其规模、结构和技术效应的分解

项目	USA				China				Japan				EU			
	EC	SE	CE	TE	EC	SE	CE	TE	EC	SE	CE	TE	EC	SE	CE	TE
CO_2	−0.02	−0.04	0.04	−0.02	−0.68	−0.22	−0.27	−0.19	0.06	0.01	0.01	0.04	0.12	0.01	0.07	0.04
CH_4	−0.32	−0.04	−0.27	−0.02	0.09	−0.22	0.34	−0.03	−0.05	0.01	−0.07	0.01	0.03	0.01	0.02	0.00
N_2O	−1.23	−0.04	−1.19	0.00	0.70	−0.22	0.94	−0.02	−0.21	0.01	−0.24	0.02	−0.07	0.01	−0.08	0.00
SO_2	−0.16	−0.04	−0.09	−0.04	−0.64	−0.22	−0.15	−0.27	0.10	0.01	−0.01	0.10	0.15	0.01	0.05	0.09
NO_x	−0.23	−0.04	−0.13	−0.07	−0.74	−0.22	−0.12	−0.40	0.06	0.01	−0.01	0.06	0.10	0.01	0.03	0.06
$PM_{2.5}$	−0.98	−0.04	−0.90	−0.04	−0.44	−0.22	−0.08	−0.13	−0.01	0.01	−0.05	0.03	0.04	0.01	0.01	0.03
BC	−0.45	−0.04	−0.42	0.00	−0.71	−0.22	−0.07	−0.41	0.02	0.01	−0.01	0.03	0.08	0.01	0.04	0.03
OC	−0.36	−0.04	−0.26	−0.07	−0.65	−0.22	−0.22	−0.20	0.00	0.01	−0.03	0.03	0.11	0.01	0.03	0.07
CO	−0.60	−0.04	−0.56	−0.01	−0.49	−0.22	−0.04	−0.30	0.05	0.01	0.00	0.04	0.05	0.01	0.02	0.03
NMVOCs	0.08	−0.04	0.12	0.00	−0.73	−0.22	−0.11	−0.39	0.05	0.01	0.01	0.03	0.12	0.01	0.11	0.00
NH_3	−1.76	−0.04	−1.72	0.00	0.50	−0.22	0.72	0.00	−0.19	0.01	−0.20	0.00	0.01	0.01	0.00	0.00

项目	ROA				MAF				LAM				ROW			
	EC	SE	CE	TE	EC	SE	CE	TE	EC	SE	CE	TE	EC	SE	CE	TE
CO_2	0.17	0.09	−0.01	0.10	0.05	0.00	0.05	0.00	−0.10	0.04	−0.21	0.07	0.01	0.02	−0.02	0.01
CH_4	−0.09	0.09	−0.19	0.00	0.05	0.00	0.06	0.00	−0.04	0.04	−0.08	0.01	−0.02	0.02	−0.05	0.00
N_2O	−0.16	0.09	−0.26	0.00	0.00	0.00	0.00	0.00	0.40	0.04	0.36	0.00	−0.10	0.02	−0.13	0.00
SO_2	0.22	0.09	−0.02	0.15	0.02	0.00	0.02	0.01	0.19	0.04	−0.11	0.26	0.13	0.02	0.05	0.06
NO_x	0.09	0.09	−0.09	0.08	0.02	0.00	0.02	0.00	0.16	0.04	−0.11	0.23	0.10	0.02	0.04	0.04
$PM_{2.5}$	0.20	0.09	−0.03	0.14	0.00	0.00	−0.01	0.00	0.03	0.04	−0.10	0.10	0.05	0.02	−0.02	0.05
BC	0.07	0.09	−0.08	0.07	0.04	0.00	0.04	0.00	0.18	0.04	−0.08	0.22	0.08	0.02	0.04	0.03
OC	0.18	0.09	−0.04	0.14	0.00	0.00	0.00	0.00	0.10	0.04	−0.12	0.18	0.10	0.02	0.02	0.05
CO	0.11	0.09	−0.10	0.12	0.03	0.00	0.03	0.00	0.14	0.04	−0.14	0.23	0.11	0.02	0.05	0.04
NMVOCs	0.07	0.09	−0.06	0.04	0.06	0.00	0.07	0.00	−0.16	0.04	−0.22	0.03	0.07	0.02	0.04	0.01
NH_3	−0.09	0.09	−0.18	0.00	0.05	0.00	0.05	0.00	−0.01	0.04	−0.04	0.00	0.01	0.02	−0.01	0.00

注：EC 表示排放变化比例/%；SE 表示规模效应/%；CE 表示结构效应/%；TE 表示技术效应/%。

从表 5-2 可以看出，美国 CO_2 排放量的减少主要是由于规模效应和技术效应的综合作用，其结构效应对 CO_2 减排有负面影响。剩余气体排放量的下降主要归因于结构效应，而技术效应对其他排放量下降的贡献均较小。受贸易摩擦的冲击，美国 35 个行业的总产出均有所下降，全国总产出规模下降了 0.04%。而且，各部门产出结构的变化也使大多数气体的排放量减少了 0.09%（SO_2）~1.72%（NH_3），但 CO_2 排放量增加了 0.04%，

NMVOCs 排放量增加了 0.12%，这也是全国 NMVOCs 排放量增加的主要原因。对于我国而言，规模、结构和技术因素对一种或多种气体的排放变化均有明显贡献。具体而言，除了 CH_4、N_2O 和 NH_3 主要由结构效应发挥作用，以及 CO 排放主要由规模和技术效应发挥作用外，其余气体排放量的下降主要受三个因素的共同影响。在六轮贸易摩擦中，我国 19 个行业的产出均出现下降，全国总产出下降了 0.22%。结构效应增加了 CH_4（0.34%）、N_2O（0.94%）和 NH_3（0.72%）的排放，减少了 BC（0.07%）、CO_2（0.27%）、NMVOCs（0.11%）、NO_x（0.12%）、OC（0.22%）、$PM_{2.5}$（0.08%）和 SO_2（0.15%）的排放。技术效应也显著促进了 8 种气体的减排，相应的比例分别为 0.41%（BC）、0.30%（CO）、0.19%（CO_2）、NMVOCs（0.39%）、NO_x（0.40%）、OC（0.20%）、$PM_{2.5}$（0.13%）和 SO_2（0.27%）。此外，结合部门排放变化的贡献，可以发现，美国 CO_2 排放量的变化主要来自两个碳密集型部门——电力部门和化工行业的排放量下降。贸易摩擦的冲击导致电力部门产出规模减小了 0.52%（规模效应），而煤炭投入的减少使电力部门单产 CO_2 排放量减少了 0.09%（技术效应）。最终，电力部门的减排量是全国减排总量的 3.4 倍。然而，结构对 CO_2 排放的增加效应主要是由于石油冶炼和焦化部门的产出份额增加（0.003%）和产出规模增加（0.11%），但由于该行业的 CO_2 排放强度最高，导致 CO_2 排放的绝对增加量约为全国 CO_2 减排总量的 2.8 倍。我国 CO_2 排放量的下降主要来自电力行业、石油冶炼和焦化行业以及非金属矿物品业。具体而言，经过六轮贸易摩擦，我国这三个行业的产出份额分别下降了 0.005%、0.01% 和 0.01%（结构效应），而产出规模分别下降了 0.52%、0.49% 和 0.68%（规模效应）。此外，电力和非金属矿物品业的 CO_2 排放强度分别下降了 0.38% 和 0.12%（技术效应）。同时，这三个行业也是我国多种污染物（SO_2、NO_x、$PM_{2.5}$、BC、OC 和 CO）减排的主要贡献者。

油籽大豆种植业贡献了美国多种气体排放的下降，下降比例分别为 BC（57.62%）、CO（38.30%）、N_2O（61.40%）、NH_3（36.94%）、NO_x（36.18%）、OC（47.68%）和 $PM_{2.5}$（53.94%）。如第 3.2.1 节所述，我国是美国最大的油籽进口国，在迄今为止的六轮摩擦中，我国对美国油籽大豆产品的进口关税使美国对华出口减少了近 50%，出口总量减少了近 20%。这对美国的油籽大豆生产造成了显著的抑制作用。具体而言，美国该行业的产出下降了 12.79%，且在所有行业中降幅最大，其在工业结构中所占份额也下降了 0.02%（第三位）。此外，该行业的排放强度相对较高，在所有 48 个行业中排名前 15 位。因此，结构效应大大减少了各种气体的排放。相反，油籽大豆种植业是造成我国 N_2O 和 NH_3 排放量明显增加的主要部门，相应的增长比例分别为 42.73% 和 35.84%。从贸易冲击的角度来看，我国一半以上的油籽大豆消费来自进口（例如，2019 年我国油籽大豆产品的总消费约为 1206 亿美元，其中 744 亿美元产品来自进口）。从美国进口的油籽大豆产品占我国进口总量的近 40%。因此，一方面，由于进口关税的提高，我国油籽大豆产品的进口价格上涨了 11% 左右，居民转向国内消费品，从而刺激了国内产量的增长。另一方面，中美贸易摩擦的影响导致我国油籽大豆产品的世界价格下降了 1.54%，居民的相对收入增加，进一步刺激了国内企业的生产。

对于 CH_4 而言，煤炭开采业和其他畜禽养殖业是贡献美国 CH_4 排放减少的两个重要部门，同时也是造成我国 CH_4 排放量增加的主要部门，变化比例分别为 18.62% 和

27.56%（USA）、60.35%和 23.06%（China）。煤炭开采业的 CH_4 排放量变化的主要原因是其排放强度高,产出份额和产出规模的微小变化就可能导致 CH_4 排放总量发生明显的变化。其他畜禽养殖业对 CH_4 减排的贡献可归因于产出规模和产出份额的明显变化。例如,根据本研究的结果,迄今为止,我国对美国其他畜禽养殖业加征的实际关税率为 34.4%,使我国从美国的进口减少了 67.10%,我国的进口价格提高了 6.44%,并刺激了居民对相应国产产品的消费（0.24%）,因此这一部门的生产规模出现了明显上升。

对于 NMVOCs 排放而言,美国 NMVOCs 排放量的明显增长主要来自石油冶炼和炼焦部门,该部门的排放增加量是美国排放增加总量的约 13 倍。相反,石油冶炼和炼焦行业对我国 NMVOCs 减排的贡献率为 70.54%。成品油是重要的中间投入产品,中美贸易摩擦导致世界成品油价格下降,而我国产量下降的部门大多发生在成品油需求大的制造业。这导致了国内成品油的总需求下降（0.74%）,进而造成了我国石油冶炼和炼焦行业的总产出下降。然而,美国从我国进口的制造业产品明显减少,刺激了美国国内成品油生产的需求,石油冶炼和炼焦行业的产量大幅上升（0.11%）。同时,石油冶炼和炼焦行业的NMVOCs 排放强度在中美两国中都是最大的,产出份额和产出规模的微小变化将明显影响全国 NMVOCs 的总排放。

除 CH_4、N_2O 和 NH_3 外,其余六个区域几乎所有气体的排放量都在增加,如表 5-2所示。Japan 和 LAM 的气体排放量增加主要源于技术效应,MAF 的气体排放量（$PM_{2.5}$除外）增加主要源于结构效应,ROA 和 ROW 的气体排放量增加是由于技术和规模的综合效应,EU 气体排放量的增加是由于技术和结构的综合效应。对于 CH_4、N_2O 和 NH_3排放,排放量的变化主要归因于结构效应。根据部门排放变化的贡献,这六个区域的其他八种气体排放量的增加,主要源于电力部门、石油冶炼和焦化部门、化学工业、非金属矿物制品、其他制造业、建筑业和运输服务业。此外,CH_4 排放量的下降主要是由于畜禽养殖业和煤炭开采业的产出份额的减少。N_2O 和 NH_3 排放量的变化主要与各农业部门产出份额的变化相一致,特别是与种植业有关,NH_3 排放的变化尤其与畜牧业和水产养殖业相关。

5.2.3　贸易摩擦未来发展的影响预测

本节阐述了中美贸易摩擦未来的不同发展趋势对经济和环境可能产生的潜在影响,并进一步对长期气候变化进行了评估。

5.2.3.1　经济增长和社会福利的影响

从整体影响来看,若 2019 年后中美停止加征关税（SE 情景）,则全球经济损失将明显减小,且受损状态仅持续到 2030 年,否则,随着贸易摩擦的升级,全球经济和社会福利都会受到越来越大的负面影响（图 5-10）。特别是,当长期存在全球贸易壁垒时（WF 情景）,2050 年全球 GDP 将下降 2.80%,且 2050 年全球福利将减少 1400 亿美元以上。

从各区域的情况来看,如果中美贸易摩擦在 2019 年后停止,模拟结果显示,中美两国的经济损失仍将继续,而其他大多数地区和世界总体的 GDP 将普遍转向增长,但各地区的损益程度均较小,且从长期来看都有逐渐恢复的趋势。然而,若 2019 年后中美贸易

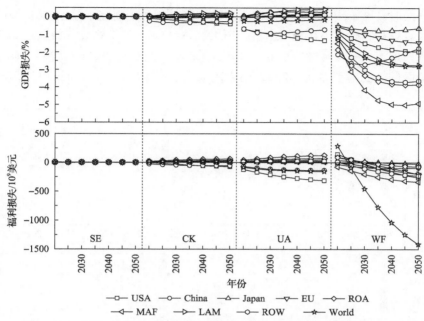

图 5-10　2019 年后不同未来情景下贸易摩擦对经济增长和社会福利的影响

摩擦持续（CK 情景）或升级（UA 情景），中美两国的 GDP 和福利都将不断恶化。例如，在情景 CK 和 UA 下，2050 年美国的 GDP 损失分别为 0.40% 和 1.33%，福利损失分别为 744 亿美元和 313 亿美元；类似地，与 BAU 相比，2050 年我国的 GDP 将分别下降 0.26% 和 0.71%，居民福利也将分别减少 564 亿美元和 1347 亿美元。若贸易摩擦扩大到全球范围（WF 情景），所有地区的经济均将受到严重的冲击，同时社会福利也会受到不同程度的损害。到 2050 年，各个地区的 GDP 损失分别为 0.63%（Japan）～4.92%（MAF），福利损失分别为 242 亿美元（Japan）～3354 亿美元（MAF）。

总体而言，贸易摩擦对冲突方造成的经济损失具有一定的持久性，而非参与方一般能够间接受益。而且，贸易摩擦对全球社会经济造成的负面影响不可忽视，但中美贸易摩擦的停止能够明显避免更大的全球经济损失，以及保障居民的生活福祉。

5.2.3.2　能源消费的影响

若 2019 年后中美贸易摩擦停止（SE 情景），全球及各地区的能源消费总量没有明显的变化（图 5-11）。否则，由于中美贸易争端导致全球经济增长放缓，全球能源消费总量将会有明显的下降，其中，2050 年下降比例分别为 0.08%（CK 情景）、0.14%（UA 情景）和 4.83%（WF 情景）。从区域层面上看，中美之间的贸易摩擦主要减少了双方的能源消费需求，但同时使得大多数其他地区的能源消费量有所增加。原因是，一方面，中美双方的能源行业受到加征关税的直接影响，造成向对方的出口量下降，进而能源产量衰减；另一方面，中美贸易摩擦造成大部分工业行业，尤其是能源密集型行业的产出增速下降，从而对能源需求产生间接的负面影响。同时，中美两国将加大对世界其他地区的能源需求和开拓新的能源供应市场，因此增加了大多数其他地区的能源消费量。例如，当中美贸易摩擦升级时（UA 情景），2050 年美国和我国的总能源消费将下降 0.51% 和 0.83%，而其他地区的总能耗将增加 0.02%（Japan）～0.32%（MAF）。除了 MAF 和 LAM 地区的能源消费量分别增加 1.51% 和略微减少 0.10% 外，全球范围的贸易壁垒（WF 情景）明显减少了其余所有地区的能源消费总量，2050 年减少比例为 ROA（4.17%）～Japan（10.20%）。

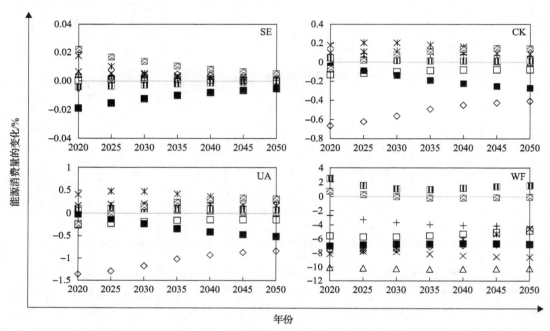

图 5-11　2019 年后不同未来情景下贸易摩擦对能源消费的影响

　　总体而言，各区域非化石能源的市场份额变化不大，大多数地区的变化幅度均不超过一个百分点。若中美取消加征关税的政策（SE 情景），各地区的非化石能源份额几乎维持在基期水平。从变化方向上来看，在中美贸易摩擦持续（CK 情景）或不断升级（UA 情景）的情景下，美国非化石能源的份额呈下降趋势，而我国的份额则继续增长。同时，两国非化石能源比重的变化均随着时间而恶化，即美国非化石能源份额的下降幅度逐渐增大，而我国相应份额的上升幅度逐渐减小。在其余大多数区域，相应的份额将呈相反的改善趋势——通常在 2020～2030 年下降，然后在 2030 年之后增加。例如，在中美贸易摩擦升级的情景（UA 情景）下，美国非化石能源的份额将在 2030 年和 2050 年分别减少 0.01% 和 0.06%，我国非化石能源的份额将在 2030 年和 2050 年分别增加 0.06% 和 0.01%，而欧盟的份额将分别在 2030 年减少 0.02%，2050 年增加 0.02%。这表明，短期内，中美之间的贸易摩擦有利于我国非化石能源的发展，不利于美国和其他大多数地区。然而，从中长期来看，中美贸易摩擦不利于双方的能源发展，但对其他地区有利。此外，LAM 地区是一个例外，其非化石能源的份额将继续增长。受中美贸易摩擦的影响，电价下降和经济增长都将促进消费者的用电。然而，LAM 地区一半以上行业的出口和产出将下降。例如，到 2020 年，石油治炼和炼焦部门的产出将减少 0.55%，从而导致原油的需求和消费的下降。最终，非化石能源在 LAM 的总能源中所占的份额将逐渐增加。当全球贸易体系崩溃（WF 情景）时，除 MAF 和 LAM 外，所有区域的非化石能源份额普遍呈上升趋势，2050 年的增长比例为 0.04%（ROW）～1.63%（EU）。结果表明，非化石能源在全球比重的增加主要是由于大多数地区化石能源成本的增加。化石能源的生产和消费的区域分布与非化石能源的区域分布有很大差别，非化石能源几乎没有贸易转移。因此，贸易摩擦增加了化石能源的消费成本，导致非化石能源的替代效应。具体而言，化石能源的高关税促进各地区发电结构的改善，提高非化石能源的消费比重。例如，在全球贸易壁垒下，到 2050 年，非化石能源发电的比重将分别上升 0.41%（USA）、1.05%（China）、2.35%（Japan）、2.47%（EU）、0.55%（ROA）和 0.82%（ROW），全球非化石能源发电份额将上升 0.83%。从具体能源消费类型来看，Japan、ROA、EU 的核电消费以及我国的水电消费将随时间持续增长，而各地区的风能、太阳能和核能消费的下降比例也明显低于化石能源消费。

综上所述，中美关税冲击的持续或升级会减少双方的能源消费总量，但不利于能源结构的改善和清洁能源的转型发展。值得注意的是，全球发生贸易壁垒时，与大多数地区的能源消费情况相反，MAF 和 LAM 地区的能源消费总量将持续上升，且非化石能源份额将持续下降，贸易格局的变化不利于 MAF 和 LAM 地区的能源清洁化发展。这是因为，作为主要的化石能源生产地区，MAF 和 LAM 的化石能源生产量大于消费量，多用于向外出口，尤其是中东地区由于石油资源丰富，对化石能源的依赖度很高，而清洁能源在能源消费结构中的占比极低。因此，当产生贸易壁垒时，能源出口量下降，且 MAF 的所有化石能源价格以及 LAM 地区的原油价格明显下降，更多的化石能源转向内销，增加了国内的能源消费总量。

5.2.3.3 温室气体与污染物排放的影响

（1）温室气体排放量。

中美贸易争端对行业生产和能源消耗的影响是温室气体排放变化的主要来源。贸易摩擦会带来长期的温室气体减排，且摩擦越剧烈，减排程度越大。根据各政策情景下的长期均衡结果，贸易摩擦对全球主要温室气体排放的影响如图 5-12 所示。在停战情景（SE 情景）下，全球温室气体排放量变化不大，而贸易摩擦的升级会逐渐增大温室气体的减排量。例如，在 CK 情景、UA 情景和 WF 情景下，2050 年全球温室气体的排放将分别减少 0.07%、0.14% 和 4.23%，而且，全球贸易壁垒（WF 情景）下的各种温室气体排放均有明显的减少，2050 年的变化比例分别为 4.95%（CO_2）、0.86%（CH_4）和 2.07%（N_2O）。

在区域层面上，中美之间的贸易争端能够减少双方的温室气体总排放，但不利于其他地区的温室气体减排。例如，当中美摩擦升级（UA 情景）时，2050 年美国的温室气体排放将减少 0.54%，包括 0.32% 的 CO_2 减排、1.38% 的 CH_4 减排和 4.29% 的 N_2O 减排；尽管我国的 N_2O 排放增加了 1.03%，但温室气体总排放仍将减少 0.68%，这主要源于 CO_2 排放（0.81%）和 CH_4 排放（0.34%）的缩减。然而，其他大多数地区的 CO_2、CH_4 和 N_2O 及温室气体总排放均呈增加的趋势。当全球贸易体系崩溃（WF 情景）时，除 MAF 和 LAM 外，大多数地区的温室气体排放均显著下降。例如，与基准水平相比，2050 年全球温室气体排放减少了 4.23%，各地区的减排比例分别为 USA（7.06%）、China（4.73%）、Japan（9.38%）、EU（6.55%）、ROA（0.52%）、LAM（1.41%）和 ROW（5.66%）。

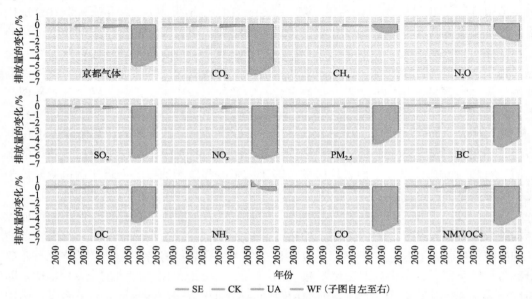

图 5-12 2019 年后不同未来情景下贸易摩擦对全球温室气体和空气污染物排放的影响

（2）空气污染物排放量。

贸易摩擦能够带来空气污染物的减排和环境质量的改善。图 5-12 也展示了各情景下全球大气污染物排放的长期变化情况。当中美贸易关税恢复到先前的水平时（SE 情景），从中长期来看，全球空气污染物排放没有明显的变化。然而，如果中美贸易摩擦持续或升级（情景 CK 和情景 UA），全球的排放量均有较为明显的减少。例如，在 CK 和 UA 情景下，2050 年全球减排量分别为 0.01%（NH_3）～0.09%（CO）和 0.01%（NH_3）～0.15%（CO）。当全球贸易分化时（WF 情景），污染物的减排量最为显著，特别是到 2050 年，与 BAU 相比，各种污染物的降幅处于 0.41%（NH_3）～5.10%（SO_2）。

从区域尺度上看，在仅中美之间发生贸易摩擦时（SE 情景、CK 情景和 UA 情景），美国和我国大多数污染物的排放量都在逐步减少，相反，其他大多数地区的几乎所有污染物排放量都高于 BAU 情景。例如，若中美贸易的冲突升级（UA 情景），到 21 世纪中美国和我国的 SO_2 排放将减少 0.37% 和 0.67%，而大多数其他地区都增加了 SO_2 排放，包括 Japan（0.05%）、EU（0.18%）、ROA（0.21%）、MAF（0.08%）、LAM（0.24%）和 ROW（0.22%）。如果贸易摩擦扩展到整个世界（WF 情景），则几乎所有地区的排放量都有大幅的下降。

5.2.4 对气候变化的影响

若贸易摩擦扩展到整个世界（WF 情景），气候变化指标将略有改善，对减缓气候变化有正面影响。上述环境排放的变化驱动了四种政策情景下的大气温室气体浓度、辐射强迫和温度的变化，如图 5-13 所示。当关税冲击扩散到全球时，气候指标将受到较为明显的影响。从图 5-13 可以看出，到 21 世纪末，WF 情景的升温幅度为 3.4℃左右，与 BAU 相比下降了近 0.1℃。同时，到 2100 年，相应的温室气体浓度将下降 2.54%，辐射强迫将接近 6.4W/m²，下降了 0.1W/m²。然而，仅中美两国之间发生贸易摩擦时（SE 情景、CK 情景和 UA 情景）的相关结果与 BAU 情景相近，这表明中美之间的贸易摩擦虽然有利于减缓气候变化，但影响并不明显。

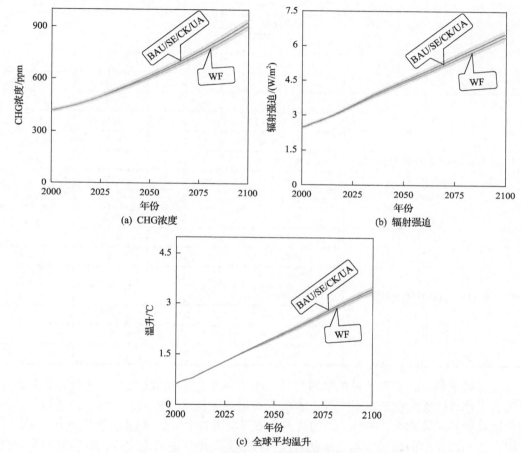

图 5-13　2019 年后不同未来情景下贸易摩擦对气候变化的影响

5.2.5　灵敏度分析

考虑到 CGE 模型在设置不同弹性时的局限性，本书对关键弹性进行了灵敏度分析，以检验结论的鲁棒性，如表 5-3 所示。对于中美贸易摩擦的分析，进口品与国产产品之间的替代弹性（SigmaQ）、出口品与国内销售品之间的转换弹性（SigmaEX）以及不同区域进口品之间的阿明顿贸易弹性（SigmaM）被视为关键弹性。在考虑模型可行性的前提下，这些参数通常设置为比基准情景大或小 50%，并避开特殊弹性（如 1 或 0）。这里只讨论短期敏感性结果，考虑到长期基准情景在显著改变替代弹性时可能与原始基准情景明显不同，因此，政策模拟结果与原始结论没有可比性。

表 5-3　弹性的灵敏度分析

弹性模拟	部门	弹性值		
		GEEPA 当前值	下调值	上调值
进口品和国产产品之间的替代弹性	农业	4	2	6
	能源行业	5	2.5	7.5
	其他采矿业	3	1.5	4.5
	电力行业	0.3	0.3	0.45
	燃气	0.3	0.3	0.45
	水	0.3	0.3	0.45
	其他行业	3	1.5	4.5
出口品和国内销售品之间的转换弹性	农业	2	0.9	3
	能源行业	3	1.5	4.5
	其他采矿业	2	0.9	3
	电力行业	2	0.9	3
	燃气	2	0.9	3
	水	2	0.9	3
	其他行业	2	0.9	3
不同区域进口品之间的阿明顿贸易弹性	农业	5	2.5	7.5
	能源行业	6	3	9
	其他采矿业	5	2.5	7.5
	电力行业	0.3	0.3	0.45
	燃气	0.3	0.3	0.45
	水	0.3	0.3	0.45
	其他行业	5	2.5	7.5

在每种情景下，中美贸易摩擦对贸易、经济和环境的影响方向保持不变，但其影响范围的大小将随弹性值而略有变化。例如，在第六轮贸易摩擦下，不同地区进口品之间的阿明顿贸易弹性越大，中美之间的进出口下降幅度越大，全球 GDP 损失也越大。结果表明，当出口品与国内销售品之间的转换弹性或不同地区进口品之间的阿明顿贸易弹性增加 50%时，2019 年美国社会福利展现了略微的增加。除此之外，总体而言，正文中的结论仍然适用于几乎所有检测值。

5.3　促进参与气候减排的机制比较研究

在历次气候变化合作谈判中，如何保护实施碳减排政策国家的利益以及促使非减排国家参与到减排合作中一直是最关键的议题之一。局部或非全球性的气候政策对于应对气候变化具有重要意义。然而，在缺少辅助措施的情况下，减排成本由实施减排政策的国家承担，而减排收益却由所有国家共享，这使得减排国家的利益难以得到保障。已有研究分析了气候俱乐部作为国际气候政策合作的一种方式的有效性（Nordhaus，2015），其结果表明如果不对非减排国家采取相应的制裁措施，则不存在稳定的合作减排联盟；即使存在一些局部的减排合作联盟，所能实现的减排力度也是有限的。关于保护减排国家的利益以及促进非减排国实施减排政策的措施方面，一般有两种主要方式，其一是边境碳调整（border carbon adjustment，BCA），也称碳关税，即减排区域对于来自非减排区域的进口根据含碳量以国内碳价水平进行征税（Böhringer et al.，2016）；其二是统一的关税机制，即减排区域对于来自非减排区域的所有进口品征收统一比例的额外关税（Nordhaus，2015）。

现有关于这些辅助措施的研究大多聚焦于实施效果评估方面，比如降低碳泄露和保护国内竞争力（Branger and Quirion，2014；Mckibbin et al.，2018；Liang et al.，2016；Winchester et al.，2011）。部分研究探讨关税是否是一种有效的辅助机制来促使非减排区域加入到减排合作中。Böhringer 等（2016）构建一个纳什均衡博弈模型来分析碳关税的战略价值，结果指出当减排联盟（欧盟、美国、其他附件一国家）[①]对非减排区域（中国、俄罗斯等国家）采取关税政策时，会促进非减排区域加入到减排合作中。Nordhaus（2015）探讨了在不同碳价水平下采用统一关税政策促进非减排区域加入到气候俱乐部的效果，结果指出低碳价水平下（25 美元/吨 CO_2），较低的关税水平就可以带来完全的参与，而随着碳价的升高越来越难实现合作均衡。

现有研究都只单方面分析 BCA 和统一关税措施的影响，很少在一个综合框架下比较二者对于非减排区域的影响。因此，本书的贡献在于在一个统一框架下探讨 BCA 和统一关税措施的影响。在既有研究中，Winchester（2018）比较分析了 BCA 和福利最大化的关税措施对于说服非减排国家实施减排措施的效果。然而，本书在统一关税措施的设置上有所不同。具体来说，在统一关税情景下，进一步考虑两种设计方案来确定关税的税率。第一，根据税收相等原则，假设在关税情景下，各减排区域对美国实施统一关税政策时，所获得的税收收入和 BCA 情景下相同。第二，根据碳减排相同原则，假设在关税情景下，全球的碳减排和 BCA 情景下相同。因此，本书不仅对比分析了 BCA 和关税政策对于非减排区域的影响，而且探讨了不同的统一关税措施设置方案的影响。此外，本书考虑了两种碳价政策，分别是 25 美元/吨二氧化碳和 50 美元/吨二氧化碳。前者是本书的基本分析内容，后者为了验证研究结果的稳健性，故而进一步讨论了不同碳价政策的影响。

5.3.1　情景设置

本书目的在于分析实施减排政策的区域如何保护自身的经济利益以及促进非减排区域加入到减排合作联盟当中。考虑到美国退出《巴黎协定》，因此选取美国为非减排区域，而其他 11 个区域则实施减排政策。参考目前较为成熟的 EU-ETS 的碳价水平，选取碳价为 25 美元/吨 CO_2。本书采用的是静态模型，主要设置了 5 种情景（表 5-4），具体如下。

CP-noUSA 情景：减排区域实施碳价政策，美国不参与。

BCA 情景：在 CP-noUSA 情景基础上，减排区域对美国实施 BCA 政策，针对来自

---

① 附件一国家具体是指《联合国气候变化框架公约》附件一（1998 年修订）包括的国家集团，是经济合作发展组织中的所有发达国家和经济转型国家。这里的其他附件一国家，是指除去欧盟、美国附件一所包含的其他国家。

美国的进口商品根据含碳量实施和国内相同的碳价。

Tariff-revenue 情景：在 CP-noUSA 情景基础上，减排区域对美国采取统一的关税提高措施，关税的提高幅度内生确定。此时，各区域对美国的额外关税收入等于 BCA 情景下各区域的收入。

Tariff-carbon-reduction 情景：在 CP-noUSA 情景基础上，减排区域对美国采取统一的关税提高措施，关税的提高幅度内生决定。此时，该情景下全球碳减排量与 BCA 情景相同。

All-CP 情景：全球各区域采取统一的碳价政策。

表 5-4　情景描述

情景	具体描述
CP-noUSA	11 个区域实施碳价(carbon price, CP)，美国不参与
BCA	CP + 对美国实施 BCA
Tariff-revenue	CP + 对美国实施关税措施，税率根据收入确定
Tariff-carbon-reduction	CP + 对美国实施关税措施，税率根据减排量确定
All-CP	12 个区域都实施碳价政策

值得注意的是，在 Tariff-revenue 情景中，各区域的税收收入分别与 BCA 情景下的相同，由此确定的各减排区域对美国出口品增加的关税率是不同的。而对于每个区域来说，假设他们对美国不同出口部门实施的关税税率是相同的。在 Tariff-carbon-reduction 情景中，全球碳减排与 BCA 情景下的相同，假设所有减排地区对美国出口实施了相同幅度的关税提高幅度。此外，对于每个地区来说，假设其对美国不同出口部门增加的关税也是相同的。

5.3.2　对碳排放的影响

图 5-14 表示不同情景下实施碳价政策对于各区域的碳减排影响。在各情景下，碳价对我国(China)的碳排放影响最大。具体来说，各情景下我国的碳减排平均为 40.2%，其次是印度(India)和东欧独联体(EES)，平均的碳减排分别为 25.8%和 20.2%。日本(Japan)的碳减排最低(8.3%)。在美国不参与减排的四种情景下，全球(World)的碳减排平均为 19.4%，如果美国实施碳减排政策，则全球的碳减排可以达到 23.2%。这一结果和 Nordhaus (2015)的研究相似，其结果显示当全球实施 25 美元/吨 CO_2 的碳价时，全球碳排放相比基期降低了 18%。

对于美国而言，在 CP-noUSA 情景下，当美国不实施碳价政策，由于存在碳泄露的影响，美国的碳排放反而增加 3.8%。具体来说，实施碳减排政策的地区由于碳排放的成本增加，这为非减排地区扩大自身生产和出口到减排地区提供了激励。这些非减排地区的碳排放增加将会抵消一部分其他减排区域的降低碳排放的努力。这种现象被称为碳泄露(Corrado and van der Werf, 2008)。相反，如果减排地区对美国采取相应的应对措施，则美国碳排放增长幅度将会下降。例如，在 BCA 情景下，如果减排地区对从美国的进口实施碳关税，则美国的碳排放增加幅度将减少到 1.5%。因此，BCA 措施的实施可以有效减少美国的碳泄漏。此外，如果减排地区对从美国的进口商品实施统一关税措施，美国的碳排放增加幅度将高于 BCA 情景。具体来说，在 Tariff-revenue 情景下，美国的碳排放增加 3.5%，而在 Tariff-carbon-reduction 情景下，美国的碳排放增加 2.7%。这一结果表明，统一关税措施在降低碳泄漏方面的效果低于 BCA 措施。

　　当美国也实施碳价政策时，其碳排放将大幅减少。例如，在 All-CP 情景，美国的碳排放降低 22%。然而值得注意的是，虽然 BCA 措施在减少碳泄漏方面比统一关税措施更有效，但它在实际应用中仍存在一些问题，比如其在世界贸易组织法律条约下的合法性问题，以及如何确定进口商品的蕴含碳排放（Elliott et al.，2010）。如何合理地解决这些问题是 BCA 措施能否顺利实施的关键。

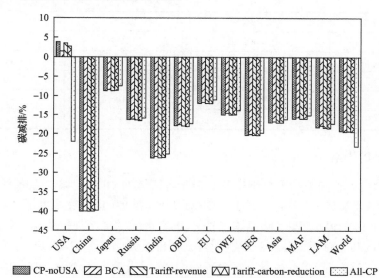

图 5-14　不同情景下各区域的碳减排影响

　　此外，图 5-14 显示当美国加入减排联盟时（All-CP 情景），其他地区的碳排放将会增加。值得注意的是，这并不是由于美国对这些地区的碳泄露造成的，因为美国对这些地区的出口是降低的。这些地区碳排放的增加是由于其国内产出和需求的增加。具体来说，首先本书中核算的能源相关的碳排放包括中间投入和消费产生的碳排放。其次，当美国也实施碳价政策时，美国国内的商品价格会上升，从而增加对其他地区的商品需求，即美国对其他地区的进口将会增加。因此，其他地区将增加对美国的出口，进而增加其他地区的总产出，使得碳排放增加。

　　相比之下，如果美国实施碳价政策，其他地区对美国的进口将减少。然而，由于相对价格的变化，这些其他地区倾向于增加从来自其他不同地区而不是美国的商品进口，导致其总进口增加及总国内需求增加。例如，在表 5-5 中，对于我国来说，当美国实施碳价政策时（All-CP 情景），与 BCA 情景相比，我国出口增长 0.12%。此外，虽然我国从美国的进口有所下降，但由于从其他地区的进口增加，使得我国的进口总额增长 0.14%。我国进口的增加也提高了国内总需求。综上所述，各地区总产出和总需求的增加使得其中间投入和消费的增加，从而带来碳排放增加。因此，图 5-14 结果表明，与 BCA 情景相比，当美国加入减排时（All-CP 情景），其他国家的减排率有所降低。

表 5-5 中国进口和出口的变化（All-CP 情景 vs BCA 情景）

China	中国	进口	出口
USA	美国	−1.48%	1.21%
Asia	亚洲其他国家	0.19%	−0.05%
EES	东欧独联体	−0.13%	−0.46%
EU	欧盟	0.07%	0.00%
India	印度	−0.30%	0.18%
Japan	日本	−0.11%	0.15%
LAM	拉丁美洲	0.54%	−0.54%
MAF	中东和非洲	1.29%	−1.20%
OBU	其他伞形集团	0.64%	−0.31%
OWE	其他西欧国家	0.15%	−0.22%
Russia	俄罗斯	−0.12%	−0.89%
总计		0.14%	0.12%

5.3.3 对 GDP 的影响

图 5-15 给出了不同情景下，碳价政策对于各区域的 GDP 影响。在各种情景下，俄罗斯受到的经济损失最大，各种情景下 GDP 损失平均约为 1.02%。其次是 EES 和 China，平均损失约为 0.92% 和 0.57%。除美国之外，OWE 区域的经济损失最小，各情景下 GDP 平均损失为 0.06%。对于全球经济影响而言，碳价政策对于全球 GDP 的平均损失约为 0.21%。其中，在 CP-noUSA 情景下，全球的 GDP 损失最小（0.2%）。在 All-CP 情景下，全球 GDP 的损失最大，约为 0.23%。

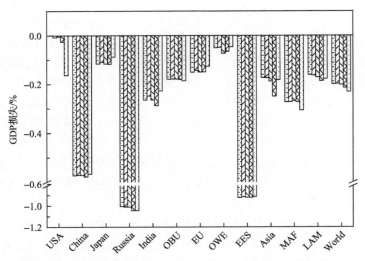

图 5-15 不同情景下各国家及区域 GDP 的变化

对于美国而言，在 CP-noUSA 情景下，当美国不实施减排政策，而其他区域又不采取任何措施时，美国的 GDP 影响不大。而如果其他区域对美国采取制裁措施时，美国的 GDP 会降低。然而，在不同的政策情景下，美国的 GDP 损失有所不同。例如，在 BCA 情景下，如果其他减排区域对于美国的出口实施碳价政策，美国的 GDP 损失会有所增加，但幅度较低，仅为 0.008%。而如果其他减排区域对美国实施统一的关税措施，美国的 GDP 损失则会因为关税的实施原则不同而存在差异。例如，在 Tariff-revenue 情景下，美国的 GDP 损失为 0.005%，略低于 BCA 情景。表 5-6 给出了 Tariff-revenue 情景下各区域对于美国的关税提高幅度。各区域的统一关税提高幅度平均为 5.5%。其次，在 Tariff-reduction 情景下，美国的 GDP 损失会增大到 0.03%。此时各国统一关税提高幅度为 5.2%。最后，在 All-CP 情景下，当所有区域都实施碳价政策时，美国的 GDP 损失为 0.16%。尽管 All-CP 情景下美国的 GDP 损失与其他情景相比有所增加，但仍远远低于全球平均 GDP 损失。

表 5-6　Tariff-revenue 情景下各区域的统一关税提高幅度

国家及地区	统一关税提高幅度/%
China	5.1
Japan	5.1
Russia	5.0
India	5.1
OBU	5.5
EU	6.0
OWE	7.1
EES	5.1
Asia	5.3
MAF	5.3
LAM	5.7

在美国不实施减排政策的情况下，其他减排区域选择何种辅助措施取决于其实施目的。如果减排区域倾向于降低美国的碳泄露，则应该采取 BCA 措施。因为与统一关税情景相比，BCA 情景下美国碳排放的增长幅度更低。如果减排区域倾向于通过提高美国的 GDP 损失来促使美国采取减排政策，则应该采取 Tariff-carbon-reduction 情景。然而，在 Tariff-carbon-reduction 情景下，大多数减排地区的 GDP 损失略高于 BCA 情景。

关于美国加入减排联盟后其他地区 GDP 损失的变化，原因如下。GDP 由消费、投资和净出口决定。对于美国而言，当实施碳价政策时，美国的商品价格会上升，出口降低，从而 GDP 损失增加。对于其他区域而言，当美国实施碳价时，其他区域对美国的出口将会降低，也将影响这些地区的消费和投资。

具体来说，与 Tariff-carbon-reduction 情景相比，在 All-CP 情景下，当美国实施碳价政策时，由于消费和出口的变化，大多数区域的 GDP 损失有所降低，除了 OBU 和 MAF 地区，他们的 GDP 损失增加了。对于这两个地区来说，主要是因为出口的增加无法抵消消费的减少，导致 GDP 损失的增加。例如，与 Tariff-carbon-reduction 情景相比，All-CP 情景下我国出口增加 0.58%，进口减少 0.09%。此外，居民消费增加 0.08%，投资降低 0.44%。综合上述因素的变化，我国的 GDP 损失最终降低 0.01 个百分点。对于 GDP 损失增加的地区而言，如 MAF，其消费的下降幅度超过出口的增加幅度，使其 GDP 损失进一步增加 0.03 个百分点。综上所述，当美国加入减排联盟时，由于不同地区的进口和出口的变化，以及对国内消费和投资的影响，从而使得各区域的 GDP 损失变化有所不同。

此外，本书考虑了三种情景，在统一的模型框架下比较不同措施对于促进美国参与气候减排的影响。如前所述，目前的统一关税情景仍不足以让美国加入碳减排联盟，这是因为美国加入碳减排合作中的 GDP 损失仍高于统一关税情景下的 GDP 损失。因此，为了分析美国加入减排联盟的情景，我们进一步提高关税税率，考虑 Tariff-USA-join 情景。在该情景下，就 GDP 损失而言，如果其他地区对美国的统一关税增加到 7.8%，美国将选择加入减排联盟。图 5-16 表示两种情景下美国的 GDP 损失。从图 5-16 中可以看出，当其他地区对美国进口的统一关税提高到 7.8% 时，在 Tariff-USA-join 情景下，美国的 GDP 损失将会等于 All-CP 情景下美国的 GDP 损失。因此，当其他区域承诺要对美国实施比该情景下更严重的惩罚性关税时，美国将愿意加入到减排联盟中。值得注意的是，在 Tariff-USA join 情景下，其他地区也将面临着较大的 GDP 损失，这意味着关税措施是一把双刃剑，在促使美国参与减排的过程中，各区域也将承担相应的经济损失。

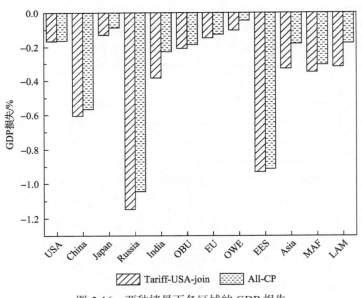

图 5-16　两种情景下各区域的 GDP 损失

最后，当对不合作国家实施关税措施时，有可能导致他们采取惩罚性关税政策来回应，这是利用关税作为武器来鼓励其他国家实施减排政策的潜在危险之一。因此，我们进一步分析当美国对其他区域实施报复性关税时，各区域的 GDP 损失情况。具体而言，在 Tariff-carbon-reduction 情景基础上，假设美国将提高对于其他区域的进口关税，提高幅度等于其他区域对于美国的关税提高幅度，该情景为美国实施报复性关税情景 USApunitive-tariff。

图 5-17 给出了两种情景下各区域的 GDP 损失。如前文分析所述，在 Tariff-carbon-reduction 情景下各区域的 GDP 都会降低。而如果美国进一步对其他区域实施报复性关税时，几乎所有国家的 GDP 损失都将进一步增大。其中，美国的 GDP 损失增加最大，其次是 MAF 和 Asia。然而，该情景下，俄罗斯(Russia)的 GDP 损失将减小。这主要是因为当美国对该区域实施报复性关税时，由于俄罗斯对美国的贸易依存度比较低(仅占俄罗斯出口的 7.2%)，美国对其加征的关税对他的影响相对较小。此外，俄罗斯也增加与其他地区(如欧盟，占俄罗斯出口的 54%)的出口贸易，进而降低其 GDP 损失。

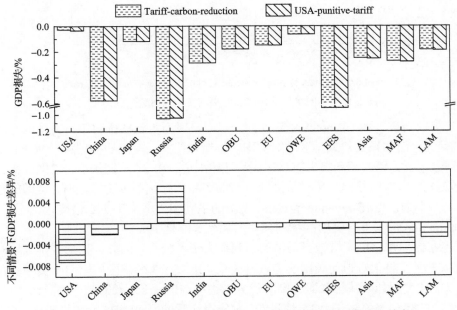

图 5-17   不同情景下各区域的 GDP 损失及其变化差异(后者减去前者)

上述结果表明，当使用关税措施促使非合作区域参与碳减排时，将面临着来自非合作区域的报复性关税，在该情况下，大多数区域的 GDP 损失将进一步增加，这也是使用关税措施面临的潜在风险。正如现实中所发生的中美贸易战一样，决策者在使用关税措施时应该注意到这些潜在的风险。

5.3.4 对福利的影响

图 5-18 表示不同情景下各地区的福利变化。本书的福利为希克斯等值变化。除美国外，碳价的实施对我国、中东和非洲(MAF)以及欧盟的福利影响更大。在所有情景下，我国的福利平均减少 730 亿美元，其次是 MAF(720 亿美元)和欧盟(640 亿美元)。碳价对西欧其他国家(OWE)的福利影响最小，所有情景下平均损失为 110 亿美元。对于全球福利变化而言，各情景下的全球总福利平均减少 2560 亿美元。其中，在 CP-noUSA 情景下，全球福利损失最小，约为 2130 亿美元，而在 All-CP 情景下，全球福利损失增至 3190 亿美元。

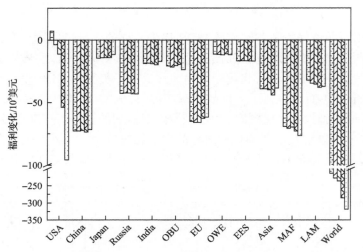

图 5-18　不同情景下各区域的福利变化（2011 年不变价）

　　对于美国而言，在 CP-noUSA 情景下，即当美国不实施减排政策，美国的福利增加了 70 亿美元。而如果其他减排区域对美国实施制裁措施，美国的福利将会减少。但是在不同的情景下，美国的福利损失有所不同。具体来说，在 BCA 情景下，美国的福利损失为 40 亿美元，当其他减排区域对从美国进口的产品实施统一关税措施时，美国的福利损失将更大。例如在 Tariff-revenue 情景下，美国的福利损失增加到 110 亿美元，而在 Tariff-carbon-reduction 情景下，美国的福利损失增加到 540 亿美元。

　　以上结果表明，BCA 措施对美国的福利损失影响较小。因此，如果减排区域对美国采取 BCA 措施，将很难迫使美国实施减排政策。如果其他减排区域倾向于实施统一的关税措施以促使美国加入减排联盟，则应优先考虑 Tariff-carbon-reduction 情景。因为在该情景下美国的福利损失高于 BCA 情景。不过值得注意的是，与 BCA 情景相比，在 Tariff-carbon-reduction 情景下其他减排区域的福利损失也将有所增加。例如 Tariff-carbon-reduction 情景下我国的福利损失比 BCA 情景增加了 9 亿美元。这与 Winchester（2018）的研究结果一致，其结果表明如果减排地区愿意在遭受福利损失的情况下惩罚非减排地区，则可以采取关税措施。

5.3.5　对就业的影响

　　图 5-19 表示当减排区域采取不同的应对措施时美国各部门就业的变化。结果显示，在 BCA 情景下，美国的煤炭（coal）、原油（oil）和天然气（gas）部门的就业将会增加，而成品油（roil）、能源密集型制造业（eintMin）部门的就业会有所降低。其中天然气部门的就业量增加最大（8%），而成品油部门的就业量降低最大（2%）。在 Tariff-revenue 情景下，相比 BCA 情景，美国农业部门的就业会出现较大的增加。而这一现象在 Tariff-carbon-reduction 情景下更为明显。例如，对于小麦（wht）和毛织品（wol）部门，Tariff-revenue 情景下的就业增长率分别为 3.5% 和 1.4%，而在 Tariff-carbon-reduction 情景下，这两个部门的就业增长率分别为 7.4% 和 7.6%。

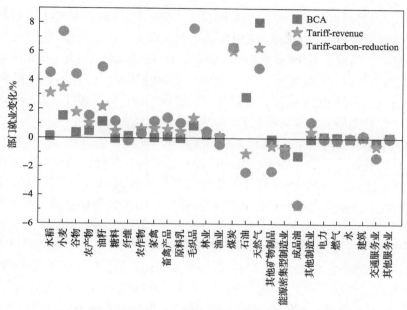

图 5-19　不同情景下美国各部门的就业变化

此外，相比 BCA 情景，统一关税情景下天然气部门的就业增长率有所下降。例如，Tariff-carbon-reduction 情景下，天然气部门的就业增长率仅为 4.8%，比 BCA 情景降低了 40%。对于 Roil 部门，在 Tariff-carbon-reductionn 情景，该部门就业下降了 5.4%。上述结果显示，相比 BCA 情景，Tariff-carbon-reduction 情景对于能源密集型部门的成本影响较大，从而促使就业从能源密集型部门转向低碳部门，例如农业部门。

5.3.6　灵敏性分析

在上述分析中，我们采用 25 美元/吨 CO_2 的碳价政策来探讨不同辅助措施的影响。因为 CGE 模型综合考虑了不同经济主体之间的交互作用，在不同的政策冲击下，各经济主体的响应是非线性的。因此，为了考察模拟结果的稳健性，我们进一步考虑较高的碳价水平(50 美元/吨 CO_2)对于美国的碳减排和 GDP 的影响。

如表 5-7 所示，对于碳排放变化而言，在 CP-noUSA 情景下，美国的碳排放减少 7.55%。此外，相比两种统一关税提高措施，在 BCA 情景下，美国的碳排放增加最少。这说明实施 BCA 政策可以有效的降低美国的碳泄露。

表 5-7　碳价为 50 美元/吨 CO_2 时不同情景下美国碳减排和 GDP 的变化

情景	碳排放	GDP 损失
CP-noUSA	7.55%	−0.016%
BCA	2.94%	−0.027%
Tariff-revenue	6.92%	−0.026%
Tariff-carbon-reduction	5.25%	−0.09%
All-CP	−34.6%	−0.37%

对于 GDP 损失而言，在 CP-noUSA 情景下，美国的 GDP 损失最小。随着其他减排区域对美国实施制裁措施，美国的 GDP 损失增加。此外，相比 BCA 情景，在两种统一关税提高情景下，美国的 GDP 损失较大。例如，在 Tariff-carbon-reduction 情景下，美国的 GDP 损失为 0.1%，而 BCA 情景下，美国的 GDP 损失为 0.03%。这个结果进一步证实前文的分析结果，即 BCA 情景更有利于降低美国的碳泄露，但 Tariff-carbon-reduction 情景更有利于促使美国实施碳减排政策。

CGE 模型的结果对于选取的替代弹性值很敏感，所以我们进一步探讨资本能源与劳动之间的替代弹性(σ_{KE-L})，以及进口品和国内产品的替代弹性，即阿明顿替代弹性(σ_Q)对于模型结果的影响。对于资本能源和劳动的替代弹性，相对于所采用的基准弹性值(σ_{KE-L}=0.6)，我们分别考虑低弹性值(0.3)和高弹性值(0.9)的影响。对于阿明顿弹性，相比于基准弹性(2)，我们也分别考虑低弹性(1.5)和高弹性(3)的影响。表 5-8 给出了不同的弹性值下美国 GDP 的变化。较低的替代弹性意味着资本能源和劳动之间的替代能力较弱，更加难以相互替代。结果表明，与高弹性情景相比，低弹性情景下美国的 GDP 损失较大，但幅度基本相同。此外在特定的替代弹性下，Tariff-carbon-reduction 情景下美国的 GDP 损失最大。例如，在高弹性下，美国在 Tariff-carbon-reduction 情景下的 GDP 损失为 0.03%，而在 BCA 情景下的 GDP 损失仅为 0.007%。

表 5-8　不同替代弹性下美国 GDP 的变化

情景	σ_{KE-L}=0.3	σ_{KE-L}=0.6（基准情景）	σ_{KE-L}=0.9
CP-noUSA	−0.0006%	0.0005%	0.0014%
BCA	−0.0084%	−0.0076%	−0.0071%
Tariff-revenue	−0.006%	−0.005%	−0.004%
Tariff-carbon-reduction	−0.026%	−0.026%	−0.026%
All-CP	−0.15%	−0.16%	−0.17%
情景	σ_Q=1.5	σ_Q=2（基准情景）	σ_Q=3
CP-noUSA	0.001%	0.0005%	−0.0004%
BCA	−0.007%	−0.0076%	−0.0085%
Tariff-revenue	−0.004%	−0.005%	−0.0055%
Tariff-carbon-reduction	−0.020%	−0.026%	−0.032%
All-CP	−0.162%	−0.163%	−0.164%

关于阿明顿弹性，它体现了进口产品与国内产品的异质性。弹性越高，进口产品与国产品的差异就越小。因此，当其他参数保持不变时，高弹性下美国的 GDP 损失将会更大。从表 5-8 可以看出，在高弹性情况下，美国的 GDP 损失大于基准情景，而在低弹性下，美国的 GDP 损失小于基准情景。此外，在相同的弹性下，美国的 GDP 损失在 Tariff-carbon-reduction 情景下比 BCA 情景较大。这些结果进一步证实了之前的结论，即 Tariff-carbon-reduction 情景比 BCA 情景更有可能促使美国实施减排政策。

5.4　本　章　小　结

本章在第 4 章介绍 $C^3IAM/EcOp$ 的基础上，介绍了 C^3IAM 的另外两个重要经济模块：全球能源与环境政策分析模型 $C^3IAM/GEEPA$ 和中国多区域能源与环境政策分析模型 $C^3IAM/MR.CEEPA$。除了 $C^3IAM/GEEPA$ 和 $C^3IAM/MR.CEEPA$ 的核心特征外，还展示了 $C^3IAM/GEEPA$ 在国际贸易与碳减排方面的两个示例：首先，聚焦 2018 年底备受关注的中美贸易摩擦事件，分析了贸易摩擦对我国及全球的环境与经济影响，并对未来不同发展趋势的影响进行了预测；其次，对比分析了边境碳调整措施和统一关税提高措施对于促使美国参与全球减排合作的影响。

从国际贸易对碳排放的影响来看，中美之间已发生的几轮贸易摩擦总体来看明显减少了中美双方的温室气体和污染物排放，但增加了其他国家的大多数碳排放，全球 CO_2 排放和部分污染物排放总体减少。然而，贸易壁垒引起的减排不会避免灾难性的气候变化，而且会破坏应对气候变化所需的国际合作。因此，优先考虑环境友好型商品的自由贸易，并保持我国温室气体和污染物协同控制政策的原有力度，可以成为在改善环境的同时保持居民福利的良好政策选择。

从边境碳调整与统一关税措施的比较分析来看，边境碳调整措施（BCA）比统一关税提高措施更有利于降低美国的碳泄露，但由于 BCA 情景下美国的 GDP 损失较小，因此该机制并不能有效促使美国采取碳减排政策。相比之下，统一关税提高措施尤其是基于碳减排的统一关税提高措施（Tariff-carbon-reduction）更有利于促进美国参与减排，因为在该情景下美国的 GDP 损失和福利损失较大。综上所述，如果实施减排政策的地区强调降低美国的碳泄露，则可以采取 BCA 措施。相反，如果倾向于促使美国实施减排措施以及加入减排联盟，则应该采取基于减排目的设置的统一关税提高措施。同时该措施相比 BCA 也更有利于促进美国的就业从能源密集型部门转移到低碳部门（如农业部门等），从而不仅能够促使美国实施碳减排政策，也能够促进美国的就业结构趋向低碳化。

第6章 能源技术模块：NET、GCOP

减排路径设计是一项复杂的系统工程，涉及自然、社会、经济、行为、技术、能源等多系统耦合，面临跨系统跨部门耦合性、分行业异构性、技术成本动态性、技术和行为演变非线性、社会经济不确定性等诸多挑战，亟须建立能刻画上述挑战内涵的方法和技术。国家能源技术模型(C³IAM/NET)基于自下而上视角，耦合"能源加工转换—运输配送—终端使用—末端回收治理"全过程、行业"原料—燃料—工艺—技术—产品/服务"全链条，实现以需定产、供需联动、技术经济协同的复杂系统建模，为全国—行业—技术多个层面的碳排放精细化管理提供科学方法。全球 CCUS 源汇匹配优化模型(C³IAM/GCOP)围绕满足 CCUS 实施要求的碳源识别、一致可比的封存潜力评估，提出了大规模 CCUS 实施的总体规划和经济最优的布局方案。基于以上背景，本章将从以下几个方面展开介绍：

- C³IAM/NET 模型是什么？
- C³IAM/GCOP 模型是什么？
- 碳中和背景下，中国实现减排的总体路径如何？

6.1　国家能源技术模型（C³IAM/NET）

针对减排路径优化的复杂性对建模的需求，本章应用复杂系统理论，自主设计，构建了自下而上的国家能源技术模型，它是中国气候变化综合评估模型（C³IAM）的重要组成部分，因此，命名为 C³IAM/NET。该模型实现了"用能产品/服务需求预测—终端行业生产规划—终端能源需求集成—能源加工转换技术选择—供需两侧碳排放耦合"的五位一体，涵盖一次能源供应、电力、热力、钢铁、水泥、化工（乙烯/甲醇/合成氨/电石等多种关键产品）、有色、造纸、农业、建筑（居民/商业）、交通（城市/城际，客运/货运）、其他工业等近 20 个细分行业的 800 余类重点技术。

6.1.1　C³IAM/NET 模型介绍

C³IAM/NET 模型的整体架构如图 6-1 所示，由于能源需求主要受全社会终端产品和服务的消费需求，以及技术效率和资源供给的影响，因此，C³IAM/NET 模型首先在综合考虑经济发展、产业升级、城镇化加快、老龄化加速、智能化普及等社会经济行为动态变化的基础上，对各个终端用能行业的产品（如钢铁、水泥、化工、有色等工业产品）和

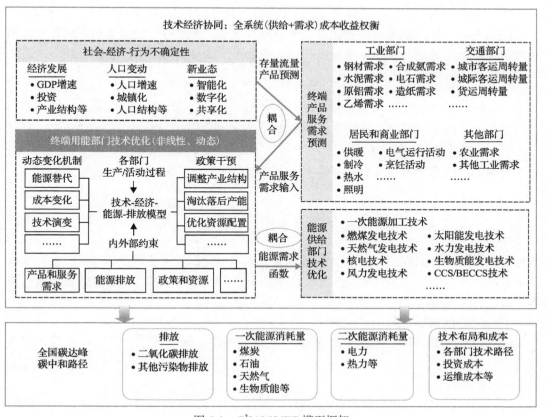

图 6-1　C³IAM/NET 模型框架

服务(如建筑取暖、制冷、货运交通运输、客运交通出行等服务)需求进行预测。进而以需求为约束,引入重点技术成本动态变化趋势,针对 17 个终端用能细分行业,分别开发了涵盖行业"原料—燃料—工艺—技术—产品/服务"全链条上物质流和能量流的技术优化模型,模拟各行业以经济最优方式实现其产品或服务供给目标的技术动态演变路径和分品种能耗、碳排放及成本的变化过程;进一步集成所有终端用能行业对一次能源(煤、油、气)和二次能源(电力、热力)的动态使用需求函数,建立终端行业能源需求函数和能源加工转换行业生产函数的平衡关系,以此为约束,对能源供给和加工转换行业进行技术优化布局;最终将上述过程纳入到统一模型框架,耦合"能源加工转换—运输配送—终端使用—末端回收治理"全过程、行业"原料—燃料—工艺—技术—产品/服务"全链条,实现以需定产、供需联动、技术经济协同的 C³IAM/NET 复杂系统建模。模型输出结果包括:各个细分部门的技术布局和成本,以及能源系统相关的二氧化碳排放(含工业过程排放)、其他污染物排放,煤、油、气等一次能源需求,电、热二次能源需求等多个方面。

6.1.2 C³IAM/NET 模型体系

C³IAM/NET 模型的基本原理是实现能源系统成本最小的技术布局优化,下面将对其数学表达进行系统描述。

6.1.2.1 目标函数

设置为规划期内能源系统年化总成本最小,包含三个部分:设备或技术的年度化初始投资成本、设备或技术的年度化运行和维护成本,以及燃料成本。总成本最小即为

$$\min TC_t = IC_t + OM_t + EC_t \tag{6-1}$$

式中,t 为年份;TC_t 表示折算到第 t 年的总成本;IC_t 为设备折算到第 t 年的年度化初始投资总成本;OM_t 为设备的运行和维护总成本;EC_t 为燃料总成本。

(1)年度化初始投资成本。

计算时需考虑政府可实施的补贴率、内部收益率、设备寿命因素,表达式为

$$IC_t = \sum_i^I \sum_d^D ic_{i,d,t} \cdot (1 - SR_{i,d,t}) \cdot \frac{IR_{i,d,t} \cdot (1 + IR_{i,d,t})^{T_{i,d}}}{(1 + IR_{i,d,t})^{T_{i,d}} - 1} \tag{6-2}$$

式中,i 表示能源系统各行业;I 为行业总量;d 表示能源系统各行业的技术设备和碳捕集利用与封存(CCS)技术设施;D 为设备总量;$ic_{i,d,t}$ 为第 t 年行业 i 设备 d 的初始投资成本;$SR_{i,d,t}$ 为补贴率;$IR_{i,d,t}$ 为内部收益率;$T_{i,d}$ 为生命周期。

(2)运行和维护成本。

运行和维护成本是指设备的维修成本、管理成本、人力成本、政府补贴等,表达式为

$$OM_t = \sum_i^I \sum_d^D om_{i,d,t} \cdot OQ_{i,d,t} \cdot (1 - SR_{i,d,t}) \tag{6-3}$$

其中，$om_{i,d,t}$ 为第 t 年行业 i 设备 d 的单位运行和维护成本；$OQ_{i,d,t}$ 为第 t 年行业 i 设备 d 的运行数量。

（3）能源成本。

能源成本是指所有设备的能源消费量与相应能源品种价格的乘积，考虑到不同能源品种价格随时间变化、设备能源效率提高、政府可实施补贴等情况，表达式为

$$\mathrm{EC}_t = \sum_i^I \sum_d^D \sum_k^K \mathrm{ENE}_{i,d,k,t} \cdot P_{i,d,k,t} \cdot (1 - \mathrm{SR}_{i,d,k,t}) \tag{6-4}$$

$$\mathrm{ENE}_{i,d,k,t} = E_{i,d,k,t} \cdot OQ_{i,d,k,t} \cdot (1 - \mathrm{EFF}_{i,d,k,t}) \tag{6-5}$$

其中，k 表示能源品种；K 表示能源品种数量；$\mathrm{ENE}_{i,d,k,t}$ 为第 t 年行业 i 设备 d 所耗能源品种 k 的总消费量；$P_{i,d,k,t}$ 为第 t 年行业 i 设备 d 所耗能源品种 k 的价格；$E_{i,d,k,t}$ 为第 t 年行业 i 所耗能源品种 k 的设备 d 的单位消费量；$OQ_{i,d,k,t}$ 为第 t 年行业 i 所耗能源品种 k 的设备 d 的运行数量；$\mathrm{EFF}_{i,d,k,t}$ 为第 t 年行业 i 所耗能源品种 k 的设备 d 的技术进步率。

6.1.2.2　约束条件

（1）产品和能源服务需求约束。

产品和能源服务需求约束是指对于给定的某种工业产品或交通、建筑服务，所有设备运行量与单位设备产品或服务产出量的乘积，必须大于或等于该产品或服务的需求量，从而体现以需定产的实际过程。表达式为

$$\sum_d^D \mathrm{OT}_{i,d,j,t} \cdot OQ_{i,d,j,t} \cdot (1 - \mathrm{EFF}_{i,d,j,t}) \geqslant \mathrm{DS}_{i,j,t} \tag{6-6}$$

式中，$\mathrm{OT}_{i,d,j,t}$ 为第 t 年行业 i 生产产品或能源服务 j 的设备 d 的单位产出量；$OQ_{i,d,j,t}$ 为第 t 年行业 i 生产产品或能源服务 j 的设备 d 的运行数量；$\mathrm{EFF}_{i,d,j,t}$ 为第 t 年行业 i 生产产品或能源服务 j 的设备 d 的技术进步率；$\mathrm{DS}_{i,j,t}$ 为第 t 年行业 i 的产品或能源服务 j 的总需求量。

（2）能源消费约束。

能源消费约束是指设备运行量与单位设备能源消费量的乘积，不得超过或低于某个限制值，从而满足国家或行业能源总量控制的政策约束。可以对国家能耗总量、也可对某个行业的能耗量、还可对某个行业的某一种能源品种消耗量进行约束，表达式为

$$\mathrm{ENE}_t^{\min} \leqslant \mathrm{ENE}_t \leqslant \mathrm{ENE}_t^{\max} \tag{6-7}$$

$$\mathrm{ENE}_{i,t}^{\min} \leqslant \mathrm{ENE}_{i,t} \leqslant \mathrm{ENE}_{i,t}^{\max} \tag{6-8}$$

$$\mathrm{ENE}_{i,k,t}^{\min} \leqslant \mathrm{ENE}_{i,k,t} \leqslant \mathrm{ENE}_{i,k,t}^{\max} \tag{6-9}$$

$$\mathrm{ENE}_t = \sum_i^I \mathrm{ENE}_{i,t} \tag{6-10}$$

$$\text{ENE}_{i,t} = \sum_{k}^{K} \text{ENE}_{i,k,t} \tag{6-11}$$

$$\text{ENE}_{i,k,t} = \sum_{d}^{D} \text{ENE}_{i,d,k,t} \tag{6-12}$$

式中，ENE_t、$\text{ENE}_{i,t}$、$\text{ENE}_{i,k,t}$ 分别为第 t 年国家、行业 i、行业 i 能耗品种 k 的能源消费量；$\text{ENE}_t^{\min}$ 为第 t 年国家能耗总量下限约束；$\text{ENE}_t^{\max}$ 为第 t 年国家能耗总量上限约束；$\text{ENE}_{i,t}^{\min}$ 为第 t 年行业 i 能耗总量下限约束；$\text{ENE}_{i,t}^{\max}$ 为第 t 年行业 i 能耗总量上限约束；$\text{ENE}_{i,k,t}^{\min}$ 为第 t 年行业 i 能耗品种 k 消耗量下限约束；$\text{ENE}_{i,k,t}^{\max}$ 为第 t 年行业 i 能耗品种 k 消耗量上限约束。

（3）排放约束。

碳排放约束是指所有设备运行量乘以单位设备排放量的总和，不得超过某个限制值，从而满足国家和行业低碳或绿色发展目标的约束。可以对全社会排放总量、也可对能源系统的排放总量、还可对某个行业的排放量进行约束，表达式为

$$\text{EMS}_{n,g,t} \leqslant \text{EMS}_{n,g,t}^{\max} \tag{6-13}$$

$$\text{EMS}_{s,g,t} \leqslant \text{EMS}_{s,g,t}^{\max} \tag{6-14}$$

$$\text{EMS}_{i,g,t} \leqslant \text{EMS}_{i,g,t}^{\max} \tag{6-15}$$

$$\text{EMS}_{n,g,t} = \text{EMS}_{s,g,t} + \text{EMS}_{\text{sink},t} \tag{6-16}$$

$$\text{EMS}_{s,g,t} = \sum_{i}^{I} \text{EMS}_{i,g,t} \tag{6-17}$$

$$\text{EMS}_{i,g,t} = \sum_{d}^{D} \sum_{k}^{K} \text{ENE}_{i,d,k,t} \cdot \text{GAS}_{i,d,k,g,t} \tag{6-18}$$

式中，g 表示能源利用所产生的气体；$\text{EMS}_{n,g,t}$、$\text{EMS}_{s,g,t}$、$\text{EMS}_{i,g,t}$ 分别为第 t 年全社会、能源系统、行业 i 所产生的气体 g 的排放量；$\text{EMS}_{n,g,t}^{\max}$、$\text{EMS}_{s,g,t}^{\max}$、$\text{EMS}_{i,g,t}^{\max}$ 分别为第 t 年全社会、能源系统、行业 i 所产生的气体 g 的最大排放约束；$\text{EMS}_{\text{sink},t}$ 为第 t 年生态系统的碳汇量（负值），碳汇量可根据土地类型、土地面积、植被类型和固碳潜力等特征测算；$\text{GAS}_{i,d,k,g,t}$ 为第 t 年行业 i 设备 d 所耗能源品种 k 产生的气体 g 的排放因子。

（4）设备运行数量约束。

设配运行数量约束是指设备运行量不得大于开机的设备库存量，表达式为

$$\text{SQ}_{i,d,t} = \text{SQ}_{i,d,t-1} + \text{NQ}_{i,d,t} - \text{RQ}_{i,d,t} \tag{6-19}$$

$$OQ_{i,d,t} \leqslant SQ_{i,d,t} \cdot RATE_{i,d,t} \tag{6-20}$$

式中，$SQ_{i,d,t}$ 为第 t 年行业 i 设备 d 的库存量；$SQ_{i,d,t-1}$ 为第 $t-1$ 年设备 d 的库存量；$NQ_{i,d,t}$ 为第 t 年设备 d 的新增数量；$RQ_{i,d,t}$ 为第 t 年设备 d 的退役数量；$OQ_{i,d,t}$ 为第 t 年行业 i 设备 d 的运行数量；$RATE_{i,d,t}$ 为设备 d 的开机率，不大于 1。

（5）技术渗透率约束。

技术渗透约束是指对于给定的某种服务，由某种设备供给的比例，不得超过或低于某个约束值，从而满足淘汰落后产能，或达到鼓励先进技术发展的政策需求。表达式为

$$SHARE_{i,d,j,t} = \frac{OT_{i,d,j,t} \cdot OQ_{i,d,j,t} \cdot (1 - EFF_{i,d,j,t})}{DS_{i,j,t}} \tag{6-21}$$

$$SHARE_{i,d,j,t}^{min} \leqslant SHARE_{i,d,j,t} \leqslant SHARE_{i,d,j,t}^{max} \tag{6-22}$$

式中，$SHARE_{i,d,j,t}$ 为第 t 年行业 i 设备 d 生产的产品或能源服务 j 在产品或能源服务 j 总产出量中的比例（渗透率）；$OT_{i,d,j,t}$ 为第 t 年行业 i 生产产品或能源服务 j 的设备 d 的单位产出量；$OQ_{i,d,j,t}$ 为第 t 年行业 i 生产产品或能源服务 j 的设备 d 的运行数量；$EFF_{i,d,j,t}$ 为第 t 年行业 i 生产产品或能源服务 j 的设备 d 的技术进步率；$DS_{i,j,t}$ 为第 t 年行业 i 的产品或能源服务 j 的总需求量；$SHARE_{i,d,j,t}^{min}$ 为渗透率下限约束；$SHARE_{i,d,j,t}^{max}$ 为渗透率上限约束。上限和下限约束视技术发展与政策规划而定。

6.1.2.3　供需平衡过程

C^3IAM/NET 刻画的能源系统以各类能源为载体，将供应侧、加工转换环节和消费侧连接起来，模型中各行业之间通过硬连接的方式进行系统集成。

（1）一次能源供应总量。

一次能源供应总量等于各类一次能源品种供应量之和，表达式为

$$ENE_t^{pri\_supply} = \sum_k^K ENE_{k,t}^{pri\_supply} = ENE_{col,t}^{pri\_supply} + ENE_{oil,t}^{pri\_supply} + ENE_{ngs,t}^{pri\_supply} + ENE_{pri\_ele,t}^{pri\_supply} + ENE_{bms,t}^{pri\_supply} \tag{6-23}$$

式中，k 表示所有一次能源品种，共 K 种，包括煤炭（col）、石油（oil）、天然气（ngs）、一次电力（pri_ele）、其他可再生能源（bms）等；$ENE_t^{pri\_supply}$ 为第 t 年一次能源供应总量；$ENE_{k,t}^{pri\_supply}$ 为第 t 年一次能源品种 k 的供应量；$ENE_{col,t}^{pri\_supply}$ 为第 t 年煤炭供应量；$ENE_{oil,t}^{pri\_supply}$ 为第 t 年石油供应量；$ENE_{ngs,t}^{pri\_supply}$ 为第 t 年天燃气供应量；$ENE_{pri\_ele,t}^{pri\_supply}$ 为第 t 年一次电力供应量；$ENE_{bms,t}^{pri\_supply}$ 为第 t 年可再生能源供应量。

（2）一次能源供需平衡（除一次电力外）。

除一次电力外的其他一次能源品种，包括煤炭、石油、天然气、其他可再生能源，

这些能源种类的供应量等于二次能源加工转换环节消费的一次能源数量、终端行业的一次能源直接消费量、净出口量、损失量和库存量之和，表达式为

$$\text{ENE}_{k,t}^{\text{pri\_supply}}=\sum_{s}^{S}\sum_{d}^{D}\text{ENE}_{k,s,d,t}^{\text{pri\_sec\_consume}}+\sum_{f}^{F}\sum_{d}^{D}\text{ENE}_{k,f,d,t}^{\text{pri\_fin\_consume}}$$
$$-\text{IMPORT}_{k,t}+\text{EXPORT}_{k,t}+\text{LOSS}_{k,t}+\text{ENE}_{k,t}^{\text{stock}} \tag{6-24}$$

式中，s 表示生产二次能源的各类能源加工转换环节，共 S 个环节；f 表示不同的终端能源消费行业（$f\in i$），共 F 个终端行业；d 表示设备，D 为设备总量；$\text{ENE}_{k,s,d,t}^{\text{pri\_sec\_consume}}$ 为第 t 年一次能源 k 在加工转换环节 s 设备 d 的消费量；$\text{ENE}_{k,f,d,t}^{\text{pri\_fin\_consume}}$ 为第 t 年一次能源 k 在终端行业 f 设备 d 的消费量；$\text{IMPORT}_{k,t}$ 为第 t 年一次能源 k 的进口量；$\text{EXPORT}_{k,t}$ 为第 t 年一次能源 k 的出口量；$\text{LOSS}_{k,t}$ 为第 t 年一次能源 k 在运输、分配、储存等过程中的损失量；$\text{ENE}_{k,t}^{\text{stock}}$ 为第 t 年一次能源 k 的库存量。

（3）从一次能源到除电力、热力外的二次能源。

一次能源进入到加工转换环节，将加工生产成为二次能源，各环节的一次能源消费量等于产出的二次能源与效率之比，表达式为

$$\text{ENE}_{k,s,d,t}^{\text{pri\_sec\_consume}}=\text{ENE}_{m,s,d,t}^{\text{sec\_produce}}\cdot\eta_{k\to m,s,d,t}\cdot(1-\text{EFF}_{k\to m,s,d,t}) \tag{6-25}$$

$$\text{ENE}_{m,s,d,t}^{\text{sec\_produce}}=\text{ENE}_{m,t}^{\text{sec\_produce}}\cdot\text{SHARE}_{m,s,d,t} \tag{6-26}$$

式中，m 表示各类二次能源品种，共 M 种二次能源，包括焦炭、焦炉煤气、高炉煤气等煤炭制品，汽油、柴油、燃料油等石油制品；$\text{ENE}_{k,s,d,t}^{\text{pri\_sec\_consume}}$ 为第 t 年一次能源 k 在加工转换环节 s 设备 d 的消费量；$\text{ENE}_{m,s,d,t}^{\text{sec\_produce}}$ 为第 t 年二次能源 m 在加工转换环节 s 设备 d 的生产量；$\eta_{k\to m,s,d,t}$ 为第 t 年加工转换环节 s 设备 d 由一次能源 k 转换成二次能源 m 的能源效率；$\text{EFF}_{k\to m,s,d,t}$ 为第 t 年加工转换环节 s 生产二次能源 m 的设备 d 的技术进步率；$\text{ENE}_{m,t}^{\text{sec\_produce}}$ 为第 t 年二次能源 m 的总生产量；$\text{SHARE}_{m,s,d,t}$ 为第 t 年加工转换环节 s 设备 d 在二次能源 m 总产量中的渗透率。

（4）从一次能源到除电力、热力外的终端能源。

一次能源进入到终端用能部门，在各部门的一次能源消费量等于该行业产品或能源服务的需求量与单位产品耗能量的乘积，表达式为

$$\text{ENE}_{k,f,d,t}^{\text{pri\_fin\_consume}}=E_{k,f,d,t}\cdot\text{OQ}_{k,f,d,t}\cdot(1-\text{EFF}_{k,f,d,t}) \tag{6-27}$$

式中，$E_{k,f,d,t}$ 为第 t 年终端行业 f 所耗能源品种 k 的设备 d 的单位消费量；$\text{OQ}_{k,f,d,t}$ 为第 t 年终端行业 f 所耗能源品种 k 的设备 d 的运行数量；$\text{EFF}_{k,f,d,t}$ 为第 t 年终端行业 f 所耗能源品种 k 的设备 d 的技术进步率。

(5)除电力、热力外的二次能源平衡。

二次能源生产量等于在其他加工转换环节的二次能源消费量与终端行业的二次能源消费量及过程损失量之和，表达式为

$$\mathrm{ENE}_{m,t}^{\mathrm{sec\_produce}}=\sum_{s}^{S}\sum_{d}^{D}\mathrm{ENE}_{m,s,d,t}^{\mathrm{sec\_sec\_consume}}+\sum_{f}^{F}\sum_{d}^{D}\mathrm{ENE}_{m,\bar{f},d,t}^{\mathrm{sec\_fin\_consume}}+\mathrm{LOSS}_{m,t} \tag{6-28}$$

式中，$\mathrm{ENE}_{m,s,d,t}^{\mathrm{sec\_sec\_consume}}$ 为第 t 年二次能源 m 在加工转换环节 s 设备 d 的消费量；$\mathrm{ENE}_{m,\bar{f},d,t}^{\mathrm{sec\_fin\_consume}}$ 为第 t 年二次能源 m 在终端行业 f 设备 d 的消费量；$\mathrm{LOSS}_{m,t}$ 为第 t 年二次能源 m 在运输、分配、储存等过程中的损失量。

(6)从二次能源到二次能源(除电力、热力外)。

二次能源进入其他加工转换环节后，将产出其他种类的二次能源(例如二次能源供热、油品再投入生产石油制品、焦炭再投入生产天然气等)，其消费量等于在其他加工转换环节产出的二次能源与能源转换效率的乘积，表达式为

$$\mathrm{ENE}_{m,s,d,t}^{\mathrm{sec\_sec\_consume}}=\mathrm{ENE}_{n,s,d,t}^{\mathrm{sec\_produce}}\cdot\eta_{m\rightarrow n,s,d,t}\cdot(1-\mathrm{EFF}_{m\rightarrow n,s,d,t}) \tag{6-29}$$

式中，n 表示除二次能源 m 外的其他二次能源种类；$\mathrm{ENE}_{n,s,d,t}^{\mathrm{sec\_produce}}$ 为第 t 年二次能源 n 在加工转换环节 s 设备 d 的生产量；$\eta_{m\rightarrow n,s,d,t}$ 为第 t 年加工转换环节 s 设备 d 由二次能源 m 转换成二次能源 n 的能源效率；$\mathrm{EFF}_{m\rightarrow n,s,d,t}$ 为第 t 年加工转换环节 s 生产二次能源 n 的设备 d 的技术进步率。

(7)从二次能源到终端能源(除电力、热力外)。

二次能源进入到终端用能部门，在各部门的二次能源消费量等于该部门为满足其产品和服务生产需求所使用的相应设备在运行过程中的二次能源消费量，表达式为

$$\mathrm{ENE}_{m,\bar{f},d,t}^{\mathrm{sec\_fin\_consume}}=E_{m,f,d,t}\cdot\mathrm{OQ}_{m,f,d,t}\cdot(1-\mathrm{EFF}_{m,f,d,t}) \tag{6-30}$$

式中，$E_{m,f,d,t}$ 为第 t 年终端行业 f 消耗二次能源 m 的设备 d 的单位消费量；$\mathrm{OQ}_{m,f,d,t}$ 为第 t 年终端行业 f 消耗二次能源 m 的设备 d 的运行数量；$\mathrm{EFF}_{m,f,d,t}$ 为第 t 年终端行业 f 消耗二次能源 m 的设备 d 的技术进步率。

(8)总发电量。

总发电量等于可再生能源发电量和火电发电量之和，表达式为

$$\mathrm{ENE}_{\mathrm{ele},t}^{\mathrm{supply}}=\mathrm{ENE}_{\mathrm{pri\_ele},t}^{\mathrm{pri\_supply}}+\mathrm{ENE}_{\mathrm{the\_ele},t}^{\mathrm{sec\_supply}} \tag{6-31}$$

式中，ele 表示电力；$\mathrm{ENE}_{t}^{\mathrm{supply}}$ 为第 t 年电力总发电量；$\mathrm{ENE}_{\mathrm{pri\_ele},t}^{\mathrm{pri\_supply}}$ 为第 t 年可再生能源发电量；$\mathrm{ENE}_{\mathrm{the\_ele},t}^{\mathrm{sec\_supply}}$ 为第 t 年火力发电量。

(9)可再生能源发电量。

可再生能源发电量等于各类可再生发电技术的装机容量与该设备年发电小时数、发电效率、技术进步率的乘积汇总，表达式为

$$\text{ENE}_{\text{pri\_ele},t}^{\text{pri\_supply}} = \sum_{r}^{R} \sum_{d}^{D} \text{OT}_{r,d,t} \cdot \text{Hour}_{r,d,t} \cdot \eta_{r,d,t} \cdot (1 - \text{EFF}_{r,d,t}) \tag{6-32}$$

式中，r 表示可再生电力，共 R 种可再生发电技术；$\text{OT}_{r,d,t}$ 为第 t 年可再生发电技术 r 设备 d 的装机容量；$\text{Hour}_{r,d,t}$ 为第 t 年可再生发电技术 r 设备 d 的发电小时数；$\eta_{r,d,t}$ 为第 t 年可再生发电技术 r 设备 d 的发电效率；$\text{EFF}_{r,d,t}$ 为第 t 年可再生发电技术 r 设备 d 的技术进步率。

（10）火力发电量。

火力发电量等于各类火电技术的装机容量与该设备年发电小时数、发电效率、技术进步率的乘积汇总，表达式为

$$\text{ENE}_{\text{the\_ele},t}^{\text{sec\_supply}} = \sum_{h}^{H} \sum_{d}^{D} \text{OT}_{h,d,t} \cdot \text{Hour}_{h,d,t} \cdot \eta_{h,d,t} \cdot (1 - \text{EFF}_{h,d,t}) \tag{6-33}$$

式中，h 表示火电，共 H 种火电技术；$\text{ENE}_{\text{the\_ele},t}^{\text{sec\_supply}}$ 为第 t 年火力发电量；$\text{OT}_{h,d,t}$ 为第 t 年火电技术 h 设备 d 的装机容量；$\text{Hour}_{h,d,t}$ 为第 t 年火电技术 h 设备 d 的发电小时数；$\eta_{h,d,t}$ 为第 t 年火电技术 h 设备 d 的发电效率；$\text{EFF}_{h,d,t}$ 为第 t 年火电技术 h 设备 d 的技术进步率。

（11）电力供需平衡。

电力的总发电量等于终端行业电力消费量、电力储能、损失量和净出口量之和，表达式为

$$\text{ENE}_{\text{ele},t}^{\text{supply}} = \text{ENE}_{\text{ele},t}^{\text{consume}} + \text{ENE}_{\text{ele},t}^{\text{storage}} + \text{ENE}_{\text{ele},t}^{\text{loss}} + \text{ENE}_{\text{ele},t}^{\text{export}} - \text{ENE}_{\text{ele},t}^{\text{import}} \tag{6-34}$$

式中，$\text{ENE}_{\text{ele},t}^{\text{consume}}$ 为第 t 年终端电力消费量；$\text{ENE}_{\text{ele},t}^{\text{storage}}$ 为第 t 年电力储能；$\text{ENE}_{\text{ele},t}^{\text{loss}}$ 为第 t 年在传输、分配、储存等过程中的电力损失量；$\text{ENE}_{\text{ele},t}^{\text{import}}$ 为第 t 年电力进口量；$\text{ENE}_{\text{ele},t}^{\text{export}}$ 为第 t 年电力出口量。

（12）从电力消费到用电服务。

电力进入到终端用能部门，在各部门的电力消费量等于该部门为满足其产品和服务生产需求所使用的所有用电设备在运行过程中的电力消费量，表达式为：

$$\text{ENE}_{\text{ele},t}^{\text{consume}} = \sum_{f}^{F} \sum_{d}^{D} E_{\text{ele},f,d,t} \cdot \text{OQ}_{\text{ele},f,d,t} \cdot (1 - \text{EFF}_{\text{ele},f,d,t}) \tag{6-35}$$

式中，$E_{\text{ele},f,d,t}$ 为第 t 年终端行业 f 耗电设备 d 的单位耗电量；$\text{OQ}_{\text{ele},f,d,t}$ 为第 t 年终端行业 f 耗电设备 d 的运行数量；$\text{EFF}_{\text{ele},f,d,t}$ 为第 t 年终端行业 f 耗电设备 d 的技术进步率。

模型中关于热力和氢能等的供需平衡过程，依照上述电力供需平衡过程进行建模。

6.1.3 电力行业（NET-Power）模型

NET-Power 模型包括电力需求预测、发电技术路径优化和结果输出三大部分（图 6-2）。作为重要的能源供给行业，电力需求的预测可通过其与终端用电行业耦合获得。首先，

在考虑经济发展、产业升级、城镇化加快、智能化、电气化等社会经济形态变化的基础上，对各终端用电行业部门(包括钢铁、水泥、有色、化工、造纸、建筑、交通、其他等)分别进行产品和服务需求预测。其次，使用 NET 模型的各行业子模型进行产品生产建模。纳入技术进步、原料替代、燃料替代、工艺调整、结构调整等优化因素，以最优生产方式模拟各终端行业的生产过程，得到相应的能源流和物质流。最终，分离出各终端行业部门能源流中的电力消费量，并进一步汇总得到全国及区域用电需求。将电力需求输入 NET-Power 模型，在满足用电需求的基础上，可从生产端优化发电技术组合。

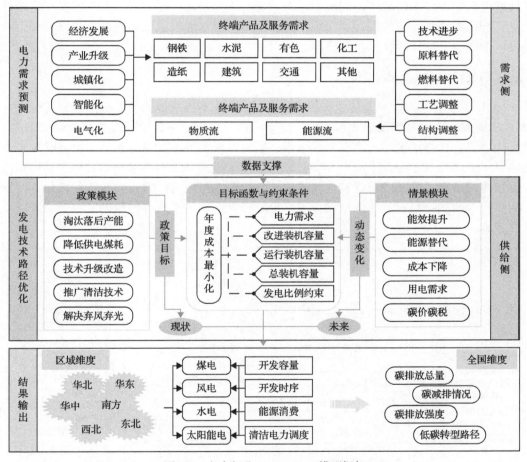

图 6-2　电力行业 NET-Power 模型框架

　　NET-Power 模型的发电技术路径优化部分基于技术视角，考虑 18 种发电技术，通过设定电源投资成本、能源转换效率、能源排放因子等一系列技术、能源和排放参数，对发电过程进行建模。模型以年度总成本最小为目标，在电力需求、环境资源容量、政策目标、技术装机潜力等多个约束条件下，为各区域或全国电力行业选择最优技术发展路径。同时，为了使模拟结果切合实际状况和政策导向，模型还考虑了含燃煤技术节能升级改造、解决弃风弃光、促进可再生能源发展等多种政策措施，建立政策模块，以保证电力行业低碳转型的进程满足全国和区域发展目标。在长期规划中，NET-Power 模型还考虑了成本下降、技术效率提升、能源价格波动等动态变化因素，使各项技术依靠成本优势和环境优势产生替代和互补。

在多项约束和竞争下，NET-Power 模型可以选择出电力行业的最优发电技术布局方案，从时间、空间、开发容量三个维度上给出不同发电技术在规划期内的发展路径、电力调度方向及传输电量、碳排放和污染物排放情况，以及所需的能源消耗。

因此，NET-Power 模型集电源、电网、环境、政策为一体，可以动态模拟多能源共存的复杂电力系统运行路径，其最大的优势在于自底向上地从发电技术角度出发，对各区域发电技术布局、区域间不同电力品种调度及不同技术所需要的能源资源和产生的排放进行准确的预测，使模拟过程和结果具有实际可操作性。因此，它可以为政府和企业提供一个详细、可行的技术投资指导。

6.1.4　钢铁行业（NET-IS）模型

NET-IS 模型以钢铁行业的生产技术为基础，评估不同政策的节能减排潜力（图 6-3）。NET-IS 模型结合原材料及能源市场价格变动、技术进步、能源结构调整等因素，以成本最小化为目标，寻求满足未来钢铁需求量、能源供应及排放约束等条件下的最优技术发展路径。NET-IS 模型从工艺系统的角度出发，用来模拟从原料到最终钢材生产的物质流与能量流，进而计算能源消耗和气体排放，评价钢铁行业可持续发展政策的效果，并回答为实现节能减排目标所需采取的技术路径，以及不同技术选择将带来的节能、减排空间和成本。

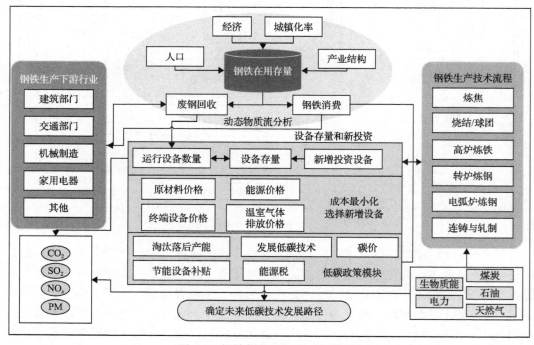

图 6-3　钢铁行业 NET-IS 模型框架

6.1.5　水泥行业（NET-Cement）模型

NET-Cement 模型是在水泥产品需求的基础上，从水泥的工艺流程出发，分析能源流动和二氧化碳排放路径，通过物质流和能量流衔接各个工艺过程，模拟企业的生产工艺技术选择方式，并在此基础上计算能源消耗、二氧化碳排放量。NET-Cement 模型首先由外部预测得到水泥产品未来需求量，确定水泥行业未来的生产规模。之后在满足未来水泥产品需求的基础上，以生产过程中的总经济成本最小化为目标函数，在水泥行业特殊的行业政策和特点的约束下，进行最优的技术选择，以计算能源消耗量、二氧化碳排放量，并规划中长期水泥行业低碳发展的技术路径（图 6-4）。

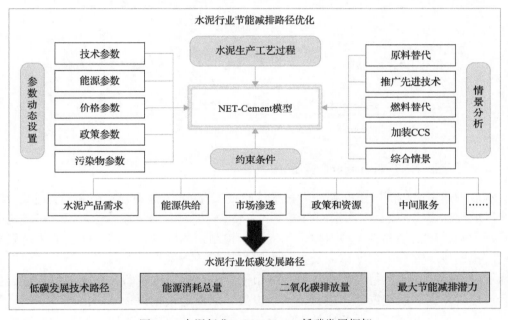

图 6-4　水泥行业 NET-Cement 低碳发展框架

6.1.6　化工行业（NET-Chemical）模型

NET-Chemical 模型的主要原理和框架如图 6-5 所示。该模型基于预构建的基础数据库，如社会经济发展和消费、化工生产技术及其能源流和物质流参数，以及政策要求和未来规划等，分别开展需求预测、能源-环境-经济-技术优化以及综合影响评估。其中，考虑到化工品用途广泛且与社会经济发展有着密切联系，需求预测主要基于弹性系数法，同时辅以增速假设和情景分析等方法，从而对不同产品在不同社会经济发展情形下的需求进行合理预测。基于需求预测和化工生产技术参数库，能源-环境-经济-技术优化模块采用自下而上的模式，以生产成本最小化为目标，综合考虑设备存量变化、技术发展潜力等约束以及政策规划等，对化工行业的技术布局进行优化。综合评估模块则基于技术优化模块的结果开展进一步评估，计算技术发展路径、碳排放与能源消耗、成本等。

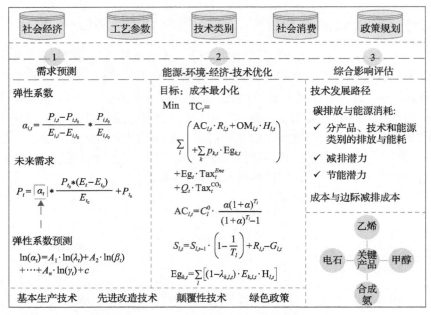

图 6-5　化工行业 NET-Chemical 模型框架

6.1.7　交通行业（NET-Transport）模型

　　本节构建了城市间客运交通能源技术优化模型（NET-Transport）（图 6-6）。在城市间交通需求预测模块，构建多因素回归模型和 Logit 模型对交通运输总量以及客运结构分别进行预测，以描绘高铁发展对城市间交通运输结构的影响。在城市间交通绿色发展路径模拟模块，充分考虑城市间交通的主要交通能源技术类型、成本、单位能耗、排放因子等特征。在政策情景模块，针对城市间低碳交通三种策略：提高能源效率、优化运输结构和促进新能源使用进行了情景设置，从而定量化评估不同措施下车辆燃料技术的竞争替代过程，以及相应的能耗与排放情况，从而规划出城市间客运车辆能源技术发展路线。

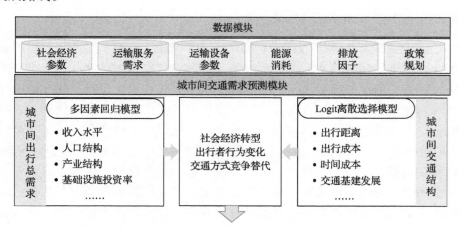

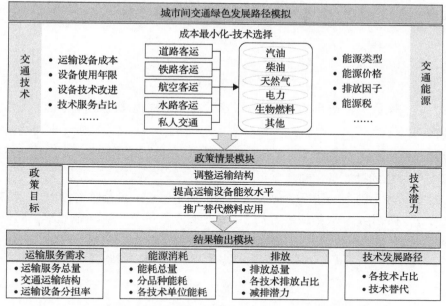

图 6-6 城市间客运交通能源技术优化模型框架图

6.2 全球 CCUS 源汇匹配优化模型（C³IAM/GCOP）

全球 CCUS 源汇匹配优化模型（C³IAM/NET）旨在提出符合不同温控目标的低成本 CCUS 部署方案。模型以包括 CO_2 捕集、运输和封存（利用）在内的总成本最小化为优化目标。模型假设 CCUS 碳簇与碳汇直接相连，单个碳簇可以同时与多个碳汇匹配，一个碳汇也可以同时与多个碳簇匹配。模型的具体原理和数学表达如下所述。

6.2.1 目标函数

本研究建立了优化运输网络的全球 CCUS 源汇匹配的线性规划模型。目标函数为最小化规划期间内（2020～2050 年）全球 CCUS 源汇匹配的总成本，如式（6-36）所示。其中 f 为 CO_2 捕集、运输和封存（利用）的总成本。

$$
\begin{aligned}
\min f = &\sum_{p=1}^{l}\sum_{i=1}^{n}\sum_{j=1}^{m}\left[(\mathrm{CC}_{pi}+\mathrm{TRC}_{pi,pj}\times D_{pi,pj}+\mathrm{SC}_{pj})\times X_{pi,pj}\right] \\
&+\sum_{p=1}^{l}\sum_{i=1}^{n}\sum_{q=1}^{z}\left[(\mathrm{CC}_{pi}+\mathrm{TRC}_{pi,pq}\times D_{pi,pq}+\mathrm{SC}_{pq}-\mathrm{Rev}_{pq})\times X_{pi,pq}\right]
\end{aligned}
\tag{6-36}
$$

式中，$p(p=1,2,\cdots,l)$ 表示国家。需要注意的是，模型采用国别原则匹配全球碳簇和碳汇，即不允许 CO_2 跨国运输。碳簇：表示为 $i(i=1,2,\cdots,n)$，其中电力碳排放簇属于集合 $\{i=1,2,\cdots,k\}$，非电力碳排放簇属于集合 $\{i=k+1,k+2,\cdots,n\}(k\leqslant n)$；碳汇：深部咸水层表示为 $j(j=1,2,\cdots,m)$，可开展 CO_2-EOR 的油藏表示为 $q(q=1,2,\cdots,z)$。

CC_{pi} 表示国家 p 的第 i 个碳簇的单位 CO_2 捕集成本，可通过式(6-37)计算得到：

$$CC_{pi} = (E_{pi-elec} \times CC_{pi-elec} + E_{pi-nelec} \times CC_{pi-nelec}) / E_{pi} \tag{6-37}$$

$$E_{pi} = E_{pi-elec} + E_{pi-nelec} \tag{6-38}$$

式中，$E_{pi-elec}$ 和 $CC_{pi-elec}$ 分别表示国家 p 的第 i 个碳簇中电力排放源的 CO_2 排放量和单位 CO_2 捕集成本；$E_{pi-nelec}$ 和 $CC_{pi-nelec}$ 分别表示国家 p 的第 i 个碳簇中非电力排放源的 CO_2 排放量和单位 CO_2 捕集成本。式(6-38)中的 E_{pi} 表示国家 p 的第 i 个碳簇的总碳排放量，是两类排放源的排放量之和。

SC_{pj} 或 SC_{pq} 表示国家 p 的第 j 个或第 q 个碳汇的单位 CO_2 封存成本，$TRC_{pi,pj}$ 和 $TRC_{pi,pq}$ 表示在国家 p 内从第 i 个碳簇到第 j 个或第 q 个碳汇的单位 CO_2 运输成本，同理，$D_{pi,pj}$ 和 $D_{pi,pq}$ 表示在国家 p 内从第 i 个碳簇到第 j 个或第 q 个碳汇的距离。

Rev_{pq} 表示国家 p 的第 q 个碳汇实施 CO_2-EOR 的收益，由式(6-39)计算得到：

$$Rev_{pq} = P_{oil} / dpr_{co_2} \tag{6-39}$$

式中，P_{oil} 表示油价，单位为美元/桶；dpr_{co_2} 为原油置换系数，一般取值为 4。

$X_{pi,pj}$ 或 $X_{pi,pq}$ 表示在国家 p 内从第 i 个碳簇到第 j 个或第 q 个碳汇的 CO_2 运输量，也是模型的决策变量。

6.2.2 模型约束

由于容量限制，每个碳簇的 CO_2 捕集量不应超过碳源可捕集量的理论最大值，如式(6-40)和式(6-41)所示：

对于属于集合 $\{i=1,2,\cdots,k\}$ 的电力碳排放簇 i

$$\sum_{j=1}^{m} X_{pi,pj} + \sum_{q=1}^{z} X_{pi,pq} \leqslant \eta_1 \times E_{pi} \tag{6-40}$$

对于属于集合 $\{i=k+1,k+2,\cdots,n\}$ 的非电力碳排放簇 i

$$\sum_{j=1}^{m} X_{pi,pj} + \sum_{q=1}^{z} X_{pi,pq} \leqslant \eta_2 \times E_{pi} \tag{6-41}$$

式中，η_1 和 η_2 表示电力排放源和非电力排放源的最大捕集率；E_{pi} 表示国家 p 的第 i 个碳簇的总 CO_2 排放量。

电力碳排放源的捕集总量应大于或等于电力部门为实现 2℃温控目标需通过 CCUS 实现的 CO_2 减排总量，如式(6-42)所示。

$$\sum_{p=1}^{l}\sum_{i=1}^{k}\sum_{j=1}^{m} X_{pi,pj} + \sum_{p=1}^{l}\sum_{i=1}^{k}\sum_{q=1}^{z} X_{pi,pq} \geqslant RRC\_power_A \tag{6-42}$$

式中，RRC_power_A 表示电力部门为实现 2℃温控目标需通过 CCUS 所必须捕集的 CO_2 量，根据 IEA 预测，该捕集下限为 520 亿吨(IEA，2016)。

非电厂排放源的总捕集量不应小于 2℃温控目标所要求的非电力部门需通过 CCUS 实现的 CO_2 减排总量[式(6-17)]。

$$\sum_{p=1}^{l}\sum_{i=k+1}^{n}\sum_{j=1}^{m}X_{pi,pj} + \sum_{p=1}^{l}\sum_{i=k+1}^{n}\sum_{q=1}^{z}X_{pi,pq} \geqslant \text{RRC\_nonpower}_A \qquad (6-43)$$

式中，RRC_nonpower_A 表示非电力部门为实现 2℃温控目标需通过 CCUS 所必须捕集的 CO_2 量，根据 IEA 预测，该捕集下限为 400 亿吨(IEA，2016)。

就总量而言，对于每个国家来说，从国内所有碳簇中捕集的 CO_2 总量不应超过该国所有碳汇的有效储存潜力之和，如式(6-44)～式(6-45)所示。此外，所有决策变量应均为非负数，如式(6-46)～式(6-47)所示。

$$\sum_{i=1}^{n}X_{pi,pj} \leqslant Q_{pj} \qquad (6-44)$$

$$\sum_{i=1}^{n}X_{pi,pq} \leqslant Q_{pq} \qquad (6-45)$$

$$X_{pi,pj} \geqslant 0 \qquad (6-46)$$

$$X_{pi,pq} \geqslant 0 \qquad (6-47)$$

式中，Q_{pj} 表示国家 p 的第 j 个碳汇的最大有效封存潜力；Q_{pq} 表示国家 p 的第 q 个碳汇的最大有效封存潜力。

6.3 碳中和背景下中国碳排放路径研究

2020 年 9 月，在第 75 届联合国大会期间，中国提出将提高国家自主贡献力度，二氧化碳排放力争于 2030 年前达到峰值，努力争取 2060 年前实现碳中和。本节将 NET 模型应用于中国的碳中和目标研究，以能源系统转型为主，CCS 和森林碳汇等技术为辅的思路，探讨中国未来的总体碳排放路径、行业责任分配等。

6.3.1 情景设置

(1)社会经济参数假设。

2020 年中国取得疫情防控的重大战略成果，成为全球唯一实现正增长的大型经济体，全年国内生产总值超过百万亿元，比上年增长 2.3%。同时由于受到全球政治经济格局深度影响，中国未来经济在乐观的走势中带有不确定性。由此设置了未来 GDP 低速、中速、高速发展三种情景，如表 6-1 所示。

表 6-1 中国未来 GDP 增速预测 （单位：%）

增速	2021～2025 年	2026～2030 年	2031～2035 年	2036～2040 年	2041～2050 年	2051～2060 年
低速	5.0	4.5	4.5	3.5	2.5	1.5
中速	5.6	5.5	4.5	4.5	3.4	2.4
高速	6.0	5.5	5.0	5.0	4.5	4.0

(2)产品或能源服务需求。

能源服务需求是指未来所需各类耗能技术或设备生产出的产品(钢铁、水泥、化工产品等)和服务(取暖、制冷)。在考虑未来智能化、电气化、产业升级、城镇化加快、智能化普及等变化趋势基础上,预测了三种 GDP 增速下不同的终端行业产品或能源服务需求。具体来说,在进行预测时,工业各行业考虑到产业结构调整、贸易政策变化、下游产业变动等因素;交通行业考虑新能源车推广、运输结构优化、电子商务发展等;建筑行业考虑收入水平提高、数字化加深、老龄化加剧等因素影响(余碧莹等,2021)。以 GDP 中速增长情景为例,各个行业能源服务需求的种类及未来预测值如表 6-2 所示。

表 6-2　中国终端用能行业产品和服务需求预测

行业	产品或能源服务需求种类	单位	2030 年	2060 年
钢铁	钢产量	亿吨	8.3	10
铝	铝产量	百万吨	32.6	7.1
水泥	水泥产量	亿吨	19.6	10.6
乙烯	乙烯产量	百万吨	33.6	69.7
其他工业	产业增加值	万亿元	47	91
城市客运	城市客运周转量	万亿人公里	5.4	8.6
城际客运	城际客运周转量	万亿人公里	5.3	7.3
货运	货运周转量	万亿吨公里	29.2	41.6
居民	供暖、制冷、热水、照明、电器运行、烹饪等活动需求	亿吨标准煤	9.8	12.9
商业	供暖、制冷、热水、照明、电器运行等活动需求	亿吨标准煤	8.5	15.7

(3)碳中和情景设置。

模型以 2015 为基准年,以 2060 年为目标年,并对 2015～2019 年的历史数据进行了校准(国家统计局能源统计司,2020)。综合气候目标种类、GDP 增速、能源系统减排力度、CCS 部署力度,共设置了 24 种情景,如表 6-3 所示。气候目标分为三种情景:BAU(政

表 6-3　情景设置及代码

气候目标	CCS 部署力度	低速 GDP	中速 GDP	高速 GDP
BAU	无 CCS	BAU-L	BAU-M	BAU-H
原 NDC	无 CCS	BAU-L	BAU-M	BAU-H
碳中和	2040 年开始部署	CM1-L-2040	CM1-M-2040	CM1-H-2040
		CM2-L-2040	CM2-M-2040	CM2-H-2040
		CM3-L-2040	CM3-M-2040	CM3-H-2040
	2030 年开始部署	CM1-L-2030	CM1-M-2030	CM1-H-2030
		CM2-L-2030	CM2-M-2030	CM2-H-2030
		CM3-L-2030	CM3-M-2030	CM3-H-2030

注:CM1、CM2、CM3 分别代表中度、大力、强力减排;L、M、H 分别代表低、中、高三种 GDP 增速;2030、2040 分别代表 2030 年开始部署 CCS、2040 年开始部署 CCS。

策趋势照常)、原 NDC 目标、2060 年碳中和目标。在考虑经济性和可行性的基础上，设置了三种 CCS 部署力度情景：无 CCS、2030 年开始部署(大规模商业化推广)、2040 年开始部署(小规模商业化推广)。三种 GDP 增速分别对应三种产品和能源服务需求情景。为了进一步刻画能源系统可能出现的低碳转型充分或者转型不足的情况，进一步对能源系统减排力度划分为三种情景：中度、大力、强力，即在原 NDC 情景的基础上，加快推进先进技术和低碳技术的渗透，大幅提高可再生能源和电力消费比重，以达到能源系统各行业的最佳可行性路径。

6.3.2　碳中和总体路径

24 种情景下 2020～2060 年中国 CO_2 排放路径如图 6-7 所示。可以发现，不论在何种 GDP 增速、能源系统转型力度、CCS 部署规模程度下，2060 年中国能源相关的 CO_2 排放都高于零。换言之，仅靠能源系统低碳转型和 CCS 技术捕集 CO_2 无法实现中国 2060 年碳中和的目标，仍然需要森林、海洋碳汇等方式来吸收。具体来说，在可行技术路径下实现能源系统不同程度低碳转型，结合 CCS 技术部署，到 2060 年，与能源相关的 CO_2 排放量仍有 3 亿～31 亿吨 CO_2，这一部分余量需要森林、海洋碳汇来吸收，具体结果如图 6-8 所示。

碳达峰的行动方案必须在碳中和目标的牵引和约束下统筹规划。按照更新的国家自主贡献目标，在 GDP 低速增长、能源系统中度减排情景下(即 CM1-L-2030、CM1-L-2040 情景)，全国能源相关 CO_2 排放量有望于 2025 年实现全国碳达峰，峰值约 108 亿吨。在 GDP 高速增长、能源系统中度减排力度下(即 CM1-H-2030、CM1-H-2040 情景)，碳达峰时间最晚不超过 2030 年。为了实现碳达峰目标，2020～2030 年，CO_2 排放年均增长率不高于 0.4%，年均新增 CO_2 排放量应控制在 0.5 亿吨以内。

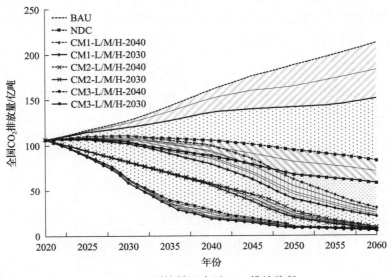

图 6-7　不同情景下中国 CO_2 排放路径

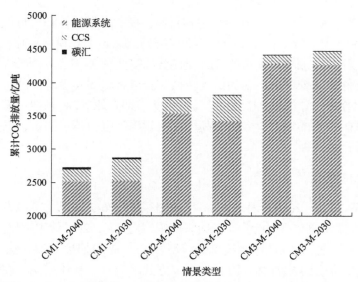

图 6-8　碳中和约束下不同减排方式的累计贡献量（2020～2060 年）（GDP 中速增长情景）

6.3.3　行业排放和减排责任

本研究模拟得到 24 种情景下各个行业的 CO_2 排放和减排责任，本节以能源系统大力减排、结合 CCS 大规模部署情景为例来进行说明。图 6-9 展示了该情景下 GDP 中速发展时能源系统各行业的 CO_2 排放路径。总体来说，CO_2 排放主要来自电力、钢铁、水泥、交通等行业。在碳达峰目标约束下，不同经济增速下，2020～2030 年能源系统累计排放空间总量为 1170 亿～1210 亿吨 CO_2，各行业直接 CO_2 排放比例为：电力热力 41.6%、工业（包含钢铁、水泥、乙烯、铝和其他工业，下同）37.2%、交通（包含城市客运、城际客运和货运，下同）13.5%、建筑 7.7%。相比于 BAU 政策照常发展情景，该情景下能源系统需累计减排 100 亿吨 CO_2，各行业直接 CO_2 减排责任为：电力热力 72.6%、建筑（包含商业和居民，下同）9.7%、交通 6.8%、建筑 10.9%（图 6-10）。

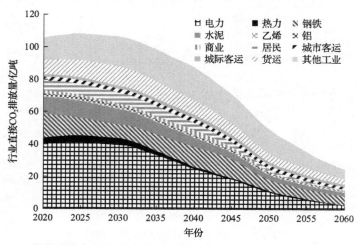

图 6-9　能源系统各行业的直接 CO_2 排放路径（以 CM1-M-2030 情景为例）

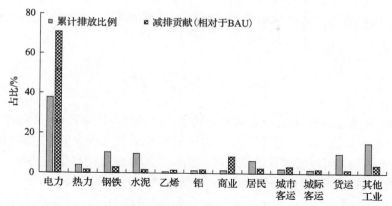

图 6-10　行业累计 CO_2 排放和减排比例（2020～2030 年）（以 CM1-M-2030 情景为例）

在能源系统大力减排、结合 CCS 大规模部署情景下，2020～2060 年，能源系统（含 CCS）累计排放空间及减排总量分别约为 3160 亿吨 CO_2 和 2900 亿吨 CO_2，各行业直接 CO_2 排放比例为：电力热力 34.2%、工业 42.7%、交通 15.7%、建筑 7.4%。相比于 BAU 政策照常发展情景，能源系统各行业直接 CO_2 减排责任为：电力热力 61.7%、工业 18.6%、交通 10.9%、建筑 8.8%（图 6-11）。

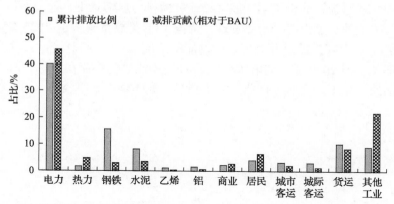

图 6-11　行业累计 CO_2 排放和减排比例（2020～2060 年）（以 CM1-M-2030 情景为例）

碳达峰、碳中和目标的实现，需进一步完善经济激励政策和部门协同管理机制，依靠市场竞争促进可再生能源发展。各方主体合力推进碳达峰、碳中和目标的实现，鼓励企业推广先进适用技术，加快扩大 CCS、氢能等突破性技术的商业化应用。加强能源发展政策协同，引导金融资源向绿色发展和应对气候变化领域倾斜，促进绿色产能创新。同时，能源系统各个行业需加快绿色转型步伐。电力行业应重点发展风电、光电、CCS 技术。钢铁行业短期应加速小球烧结、低温烧结、干法熄焦、干式高炉炉顶余压余热发电等节能技术，中长期应加大电弧炉炼钢、氢能炼钢和 CCS 技术的部署。化工行业应发展轻质化原料、先进煤气化技术、低碳制氢和 CO_2 利用技术、CCS 技术等。建筑部门应继续提高采暖制冷效率，大幅提升电气化水平，因地制宜发展分布式能源。交通部门应优先铁路、水路运输，发展电动客/货车、氢燃料车、生物燃料飞机和船舶等先进技术。

通过各个行业协同发力，争取尽早实现行业达峰和中和目标，最终落实国家碳中和的战略目标。

6.4　本　章　小　结

C³IAM/NET 模型包括供给和需求两个层次，通过对各终端行业（如钢铁、水泥、化工、造纸、有色、其他工业、建筑、交通等）分别构建反映该行业工艺过程和决策机理的 C³IAM/NET 子模型，实现能源系统供应端和消费端的集成优化和行业交互，为我国行业减排路径研究提供一种更全面的分析方法。C³IAM/NET 考虑了经济发展、产业升级、城镇化加快、智能化普及等社会经济形态变化，引入了技术升级、燃料替代、成本下降等变化趋势和政策要求，不仅可以评估技术创新和能源经济政策的节能减排潜力和减排成本，而且可以寻找实现能源消费或排放控制等环境目标的最佳技术路径。

为了实现中国碳达峰、碳中和目标，应认真落实"四个革命、一个合作"能源安全新战略要求，采取更加有力的政策和措施，加快推进新技术普及、新业态创新、低碳技术部署。为支撑国家应对气候变化战略实施，围绕碳达峰、碳中和目标，在应用示例方面，本章利用 C³IAM/NET 模型，从自下而上的行业视角，研究了中国中长期 CO_2 排放的总体目标和实现路径；分析了不同经济增速和减排力度情景下，能源系统、碳捕集与封存技术以及碳汇的贡献程度。研究发现：全国 CO_2 排放量有望于 2025 年实现达峰，峰值约 108 亿吨，最晚于 2030 年达峰。通过能源系统实施不同减排努力，并结合碳捕集与封存技术部署，到 2060 年，与能源相关的 CO_2 排放量仍将存在 3 亿～31 亿吨，主要来自电力、钢铁、化工、交通等行业，需要森林、海洋碳汇来吸收。

第 7 章　气候系统模块：Climate

在运用气候变化综合评估模型解决能源系统规划、情景分析、气候影响评估、气候减缓政策分析等问题的过程中，地球系统模式提供了重要的支撑作用。地球系统模式能提供精细的气候变化信息，但由于其运行时间较长、计算成本巨大，大大降低了气候-经济耦合系统的综合评估效率。为此，在现有地球系统模式运行规律基础上，开发一套能够还原现有复杂模式特征的简化模型，将有助于提升气候变化综合评估的效率。本章将围绕以下四点开展论述：

- 地球系统模式经历了怎样的发展历程？
- 什么是地球系统模式的简化？
- 简化地球系统模式有哪些关键物理过程？
- 简化气候模块如何构建及应用？

7.1　基　本　原　理

7.1.1　地球系统模式

地球系统模式基于地球系统中的动力、物理、化学和生物过程建立起来的数学方程组(包括动力学方程和参数化方案)来确定地球系统中大气圈、海洋圈、陆地圈、冰雪圈等组成部分的性状，由此构成地球系统的数学物理模型，然后在大型计算机上通过程序化完成和实现对这些方程组的数值求解，从而确定不同时刻各个圈层主要要素的变化规律。它是一种大型综合性计算软件，能够反映地球各圈层之间的相互作用。

地球系统模式的建立是一个巨大的系统工程，因为地球系统模式中包含的物理、化学和生物过程几乎涉及了地球科学中的绝大多数研究方向，同时，地球系统模式的实现又密切依赖于计算科学(包括算法、计算机硬件及其软件)。目前国际上大多都是由国家出面甚至多个国家联合(如欧盟)支持一个庞大的研究计划来发展地球系统模式(周天军等，2020)。

地球系统模式集地球系统中的科学问题和实现模拟的高新技术于一体，成为科学与技术有机结合的系统工程体系，目前也成为了衡量一个国家综合实力的标准之一。当前，全球变暖正严重影响着人类的生产活动与生活环境，各国政府与科学家正致力于研究并解决这项重大问题，亟须使用耦合各圈层的地球系统模式模拟全球变化，并将其服务于政策分析。

气候模型的发展经历了大气环流模式(atmospheric general circulation model，AGCM)、陆面过程模式(land surface model，LSM)、海洋环流模式(oceanic GCM，OGCM)、海冰模式(sea ice model，SIM)、海气耦合模式(atmospheric and oceanic GCM，AOGCM)、气候系统模式(climate system model，CSM)、地球系统模式(earth system model，ESM)。其中，大气环流模式(AGCM)主要被用来模拟大气环流基本性质或预测其未来状态的变化。陆面过程模式(LSM)主要反映了发生在陆面上所有的物理、化学、生物过程，以及这些过程与大气的关系。海洋环流模式(OGCM)描述了海洋环流的物理过程。海冰模式(SIM)在描述海冰物理过程的同时，也模拟和预报了未来全球海冰的演变情况。海气耦合模式(AOGCM)将海洋系统与大气系统耦合，使其能反映海洋系统与大气系统相互作用的物理过程。气候系统模式(CSM)包括了大气、海洋、陆面和海冰四个基础子系统。地球系统模式(ESM)在气候系统模式的基础之上，进一步考虑气候系统中的碳、氮循环等生物地球化学循环过程，其核心依然是大气-海洋-陆面-海冰多圈层耦合的物理气候系统。

纵观地球气候模式的发展历程，其前期只能涵盖部分圈层(AGCM、LSM、OGCM、SIM、AOGCM)，在中期能包含所有四个基础地球子系统(CSM)，再到现在既能包含所有地球基础子系统，又能反映气候系统中的碳、氮循环等生化过程(ESM)。无论是气候系统模式，还是发展至今相对完善的地球系统模式，它们的核心依然是大气-海洋-陆面-海冰多圈层耦合的物理气候系统，为便于讨论，本章后续部分将上述模式统一泛称为地球系统模式(周天军等，2020)。

　　总的来看，气候模拟实质上是对不同时空尺度的物理过程分别建立不同等级的地球系统模式。一个"模式"是由包含有限个方程的方程组所组成，这个方程组必须是闭合的，即未知函数的个数与方程的个数是相等的。目前，主要模式可被总结为以下五种类型(黄建平，1992)：

　　(1)一维辐射-对流大气模型。

　　这类模型是全球(水平)平均的，在大气中包含许多层。它们相当详细地反映了太阳辐射、红外辐射的传递过程，尤其适用于计算与大气成分变化有关的辐射强迫。在模型中，可以精确计算水汽变化对辐射的影响。其中，气候变化造成的大气水汽含量变化需要根据观测基础在模型中预先设定。辐射-对流模型可以将观测数据与已明确的物理机制相结合，进而计算气候敏感性(CO_2浓度加倍时，大气均衡态时温度的变化值)。

　　(2)一维上翻-扩散模型(盒式模型)。

　　该模型以全球整体为分析对象，其中，上层大气被视为一个气体均匀混合的盒子，它可以与陆地表面和底层海洋交换热量。大气和地表对太阳辐射的吸收程度取决于在模型中如何设定大气透射率、反射率以及地表反射率。在该模型中，大气向空间红外辐射的强度与大气温度正相关。海洋被视为一个一维柱。两极地区的海洋下沉由柱侧的管道表示，柱内的下沉和补偿性上升流代表了全球尺度的热盐环流。该模型主要用于研究在辐射强迫变化下的气候响应过程(黄建平，1992；Raper et al.，2001；Murakami et al.，2010)。图 7-1 描述了这类模型的结构。

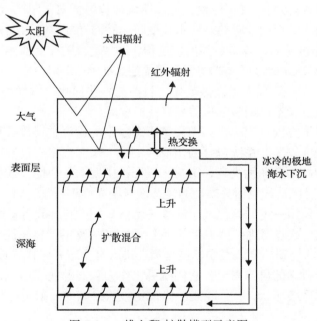

图 7-1　一维上翻-扩散模型示意图

作者根据 IPCC 第一工作组第二次评估报告(Houghton，1996)整理。一维上翻-扩散模型里有一个单独的大气盒子、一个代表陆地和海洋上层混合层的表面层以及一个深海层。太阳辐射、红外辐射、海气热交换、深海的扩散混合和热盐翻转等过程均被体现在了该模型中

　　(3)一维能量平衡模型。

　　在这类模型中，气候特征仅与纬度相关，其在大气的垂直与东西方向是平均的。大气与地表结合形成一层，大气与海洋的南北热输运过程通常用扩散来表示，大气向太空的红外辐射方式与一维上翻-扩散模式相同。这类模型有助于了解冰雪热传输反馈与高纬度反馈之间相互作用的过程。

　　(4)二维大气和海洋模型。

　　二维大气和海洋模型所建模的维度通常为纬度-高度或纬度-深度。一维上翻-扩散模型直接设定相关的参数来控制相关海洋热传输强度，但二维海洋模型无法直接指定，需要由模型运行相关物理过程后才能对海洋热传输强度作描述。

　　(5)三维大气和海洋环流模型。

　　三维大气全球环流模式(AGCMs)和三维海洋环流模式(OGCMs)分别是最复杂的大气、海洋模式，它们依据经纬度，按一定分辨率，将大气与海洋划分为许多网格，每个网格沿垂直方向通常被划分成 10～20 层。除温度、降水以外，它们还能直接模拟风、洋流等许多其他气候变量的特征，并能详细表征大气与海洋运行的内部物理过程。AGCMs 和 OGCMs 作为独立模式，常得到广泛的使用(黄建平，1992；IPCC，2001)。

　　同时，由两者耦合而成的全球海-气环流模式(AOGCMs)也被广泛用于模拟细尺度、多类型的全球变化，模式耦合后包含了"耦合点"的相关状态信息，模式描述了大气与海洋间水、热量和动量的交换过程。它能明确地模拟大气中云层、水蒸气和其他大气成分之间的辐射传输过程，同时也能描述雪和海冰、大气及海洋间的水、热量和动量的交换过程。除此之外，全球海-气环流模式还能明确建模海洋对热量的吸收(海洋吸热可以延迟地表的温度响应，但由于吸热，海水会变暖膨胀而导致海平面上升)。

　　综上，AOGCMs 明确计算了各类反馈过程，这些过程的交互作用决定了模式的气候敏感性。复杂的 AOGCMs 可用显式物理公式描述这些流程，但由于一些场景的计算资源有限，这些过程会在一定程度上被参数化。目前的一些简化气候模型以复杂 AOGCMs 作为标杆，试图通过少量可调参数来仿真这些流程。

　　在地球气候系统建模过程中，人们会基于①建模的物理过程数量和②对每一个物理过程描述的细致程度以及③系统包含的子模块数目，来对模型进行层次性分类。模型的层次由模型的复杂性与全面性决定，①与②表征了模型的复杂性，③表征了模型的全面性。图 7-2 对上述模型及其他相关模型的复杂性与全面性进行了比较。事实上，在 IAMs 的相关研究中需要采用一定的简化气候模型去评估未来不同排放情景下 CO_2 浓度、温度以及海平面的变化，这些简化模型主要基于上翻-扩散模型的建模思路而构建。相较于简化气候模型，我们常提到的复杂气候模型是指三维大气全球环流模式或三维全球海-气环流模式，根据地球科学的研究需要，它们既可以作为独立的模式运行，也能互相耦合成新的整体。在本章后续部分，我们将进一步讨论气候模型的复杂性与简化。

7.1.2　碳循环过程

　　碳循环是气候系统的一个重要组成部分，根据人类的排放情况，碳循环调控着大气中二氧化碳的累积。碳循环中的关键过程涉及陆地植被的光合作用、呼吸作用以及海洋

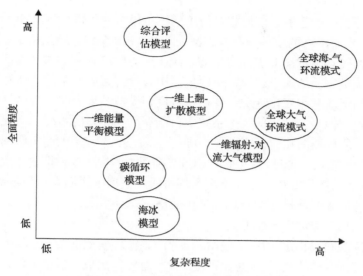

图 7-2　不同模型复杂程度及全面程度对比

和大气之间的二氧化碳净交换。由于二氧化碳在大气中具有化学惰性，并且在大气中的浓度相当均匀，所以大气中二氧化碳浓度的自然变率（非人为燃烧化石燃料影响）仅取决于光合作用、呼吸作用和海气流动的总体调控（IPCC，2001；Smith et al.，2018）。然而，这些过程在时间和空间上都表现出巨大的差异，并且依赖于许多尚未探明的子过程。例如：陆地生物圈和大气之间因光合作用与呼吸作用产生的碳流动会受到土壤养分及微生物的过程调节。海-气之间的碳流动又涉及地表水中二氧化碳浓度的过程调节。这些过程包括总溶解碳的垂直混合，以及颗粒有机物和碳酸盐物质向深海的净沉降，这些过程是由表面生物生产力所驱动的（Hooss et al.，2001；Smith et al.，2018）。因此，海洋环流的变化又将影响表层和深海之间总溶解碳的交换，进而影响二氧化碳的海气交换。

　　陆地生态系统在碳循环过程中扮演着重要的角色，在该系统中，植物是影响碳循环的核心要素。它们会通过光合作用吸收大气中的二氧化碳，并以生物量的形式储存碳。另一方面，它们又会通过呼吸作用将碳返回到大气中。此外，死亡的生物量（主要在土壤中）的衰变也会向大气释放二氧化碳。植物的光合速率会受植物类型、环境 CO_2 浓度和温度的影响，而且常常受到营养物质和水分利用率的限制。在较高的环境 CO_2 浓度下，CO_2 施肥效应和水分利用效率会被加强，进而促进这些植物的生长。另外，在较高大气 CO_2 浓度下，不同植物的光合作用途径有所区别，使得植物对高浓度二氧化碳的反应呈现显著的区域差异（Harvey et al.，2002；Lenton，2000；Friedlingstein et al.，2006）。升温会增加植物的呼吸速率，也可能改变其光合作用的速率。总之，气候变化所导致的环境二氧化碳浓度与一系列气候指标的变化，会以高度非线性的方式影响生态系统生产力。这些碳循环过程都将在碳循环模型中得以表征。此外，生态系统生产力还会因土地利用方式、氮肥和灌溉变化而受到影响。但由于森林砍伐直接导致了全球碳储量的巨大变化（Gregory et al.，2009；Stocker，2011），目前大多数碳循环模型只建模土地利用方式中最明显的特征：森林砍伐。

对于碳循环过程的建模，使用相对简单的植被模型便可以建模陆地生物圈碳循环过程。在模型中，未来潜在的植被分布被表征在 0.5°×0.5° 全球经纬网格上。这些植被模型可以评估较高大气 CO_2 浓度和温度对生态系统生产力的净影响。这些模型基于理想条件下植物的短期温室实验结果来建模，建模过程中并没有考虑复杂的非线性交互效应、系统反馈和详细的土地利用变化情况。使用这些模型模拟结果表明：未来气候变化会增加生物圈的碳吸收。但是，现实的生态系统中可能有完全不同的情况。因此，陆地生态系统的复杂性和异质性使简化建模充满了不确定性。此外，一维上翻-扩散模型可为碳循环海洋模块提供建模参考。全球海-气平均 CO_2 交换量、热盐翻转和扩散导致的总溶解碳的垂直混合、生物活动产生的颗粒物质下沉等均可在该模型中建模表示（Raper et al., 2001）。将上述简化的海洋碳循环模型与全球陆地生物圈碳循环盒式模型相结合，便可以建立预测未来大气中二氧化碳浓度的模型。

图 7-3 能反映目前许多被用于 IAMs 研究的碳循环模型框架。在结构中，大气被视为一个气体均匀混合的"盒子"，海洋则由三个"盒子"组成，模型可以模拟海洋中的温盐环流过程（Hooss et al., 2001；Bond-Lamberty et al., 2014；Di Vittorio et al., 2014；Leach et al., 2020）。土地由自定义数量的生物群落或植被、碎石和土壤区域组成。在稳定状态下，植被从大气中吸收碳，而碎屑和土壤则将碳释放回大气中。在模型中，陆地植被、岩屑和土壤通过一阶微分方程相互联系，并与大气联系在一起。植被净初级生产力是大气 CO_2 浓度与大气温度的函数。碳从植被流向岩屑，然后流向土壤，在此过程中部分碳被呼吸作用消耗掉。土地利用变化导致的排放被指定为输入，人为排放被视为一个单独的核算"账户"，它可以参与整个碳流动过程。

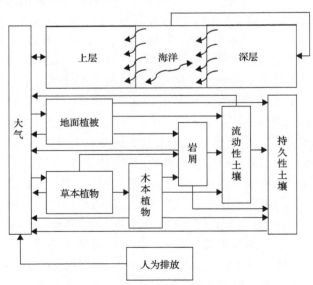

图 7-3　简化碳循环模型的组成成分与碳流动过程

作者根据 IPCC 第一工作组第二次评估报告（Houghton, 1996）整理。海洋部分可以用一维上翻-扩散模型来描述，也可以用一个脉冲-响应函数（形式上为数学积分）来表示，该函数可以用来密切复制其他模型的行为

值得注意的是，虽然大多数 IAMs（如 DICE、PAGE）以及专门建立的模块化简化气

候模型（如 MAGICC、FAIR 和 Hector）都参考了一维上翻-混合模型以及海-气耦合模式，将碳循环系统简化建模为不同"盒子"来开展模拟（Meinshausen 2011；Hartin et al.，2015；Smith et al.，2018；Dorheim et al.，2020）。但还有一些 IAMs，例如 MERGE、FUND，它们仅采用脉冲-响应函数（数学积分形式）来简化表征碳循环的过程，从而由排放直接计算大气温室气体的浓度（Hooss et al.，2001；Hof et al.，2012；Leach et al.，2020）。

7.1.3　气候模型的简化

　　人们在建立地球系统模式的过程中，想要尽可能对地球各圈层内外的相互作用过程精细且准确地建模。然而，人类对自然规律的探索尚不全面，当前所建立的任何物理模拟过程都无法完全精确地还原地球系统最客观本征的运行规律。目前，我们只能基于直接观测到的结果，来尽可能建立描述气候系统的模型。这样的建模过程即是一种"简化"的思想：对自然客观规律的简化。事实上，气候模型的复杂与简单只是一组相对概念，即使是当前最先进复杂的气候模型，也无法完全复刻地球气候系统隐藏的所有客观规律。相对来看，复杂气候模型尽可能详细地建模了地球各系统间相互作用的物理过程，但其运算所耗费的时间、财力成本很大。但当人们开展一些气候政策、气候情景分析的研究时，往往不需要在很精细的空间尺度开展气候模拟，更倾向于模型能以较快的速度模拟出气候系统与社会经济系统在宏观层面的交互过程。所以，运算效率高、成本低、空间分辨率低的简化气候模型对此类研究显得尤为重要。我们一般可以采用"参数化"的方法来构建简化气候模型，即以复杂气候模型的模拟结果为标杆，使用实证或半实证关系来近似建模气候系统中许多重要的物理过程（Schlesinger et al.，1990；Joos，1996；Challenor，2012；Nicholls et al.，2020）。实践表明，"参数化"后的简化气候模型不仅能高效地模拟出复杂模型的结果，还能学习到复杂模型的交互行为。

　　复杂模型和简单模型的差异主要体现在"参数化"程度的差异。在当今世界最复杂的三维地球系统模式中，地球表面被离散化为若干格点区域，不同格点的间距即为"空间分辨率"。距离越小，格点越多，分辨率就越高，模型模拟所需的计算量也就越大。因此，模型所能模拟的分辨率会受到可用计算资源的限制。地球系统模式的空间尺度可从全球到区域，目前最先进的地球系统模式甚至可以计算水平几十公里的气候变化。但是，气候系统中发生的许多重要物理过程（如云、陆地表面变化）所在的尺度可能远小于这些格点所能模拟的尺度。就这些次网格过程而言，我们可以使用更高分辨率的模型模拟，但这些模型在计算上成本高昂，耗费时间很长。值得注意的是，所有地球系统模式都在一定程度上使用了实证"参数化"方法，没有任何一个模式的结果完全来自最客观的物理传导过程。即使"参数化"得到的气候关系可能会增加气候模拟的不确定性，但考虑其能够描述复杂气候行为，因此这样的简化也显得十分有意义。

　　虽然不同的地球系统模式有着不同的复杂程度、空间维度和时空分辨率，但每种类型的模式都有其最适宜的研究问题和研究场景。抛开研究问题和侧重场景，仅通过复杂程度等要素去判断模式之间的优劣性是没有任何意义的。例如，当我们的研究需要较高的运算效率、关注的是区域或全球层面上气候的平均效应、侧重的是气候系统内部模块之间交互过程的行为时，简化地球系统模式就会更加适用。但当我们的研究重点侧重于地球各系统间详细的物理过程时，构造更加复杂、成熟且全面的耦合地球系统模式就更加适用了。虽然复杂模式不能完全复刻地球气候系统之间潜在的客观物理规律，但它可以作为简化模式调整参数、校准仿真结果的标杆。这使得简化模式能采用简单的手段去学习复杂模式的行为，进而迅速高效地模拟出复杂模式的结果(IPCC，2001)。

当前，绝大多数的 IAMs 都将简化地球系统模式作为其模拟气候系统的子模块。简化地球系统模式非常适宜于探索多种排放情景对全球气候所产生的影响，也适宜于研究各气候子系统之间的交互影响。另外，对于一些关键特异性特征，如气候敏感性，其在复杂地球系统模式中的模拟会涉及一系列的物理传导过程，进而大大影响模拟效率。而简化模式可以直接将其以参数化的形式在模型中预先设定，无须建立复杂的物理传导过程，这样便能用简单模型模拟多种复杂模式的特征，以快速高效地开展多模式的气候不确定性分析。当前，国际上大多采用 MAGICC、Hector 和 FAIR 这三种简化气候模式作为 IAMs 的气候模块。其中，MAGICC 一直被 IPCC 报告重点使用，常被用来仿真 CMIP5 中复杂地球系统模式的结果和行为(Giorgi et al.，2002；Meinshausen et al.，2011；Hartin et al.，2015；Smith et al.，2018；Armour，2017；Dorheim et al.，2020)。

由于不同 IAMs 具有不同的研究目的(经济学、成本效益分析、基于物理过程的分析等)，不同 IAMs 在气候和碳循环模块的复杂性和分辨率上也会有所不同。例如，像 DICE、FUND 和 MERGE 这样的模型，它们只有一个高度简化的碳循环/气候系统(Waldhoff et al.，2014；Hartin et al.，2015；Nordhaus，2018a)。一些更关注自然和经济系统物理过程的 IAMs，例如 GCAM 和 MESSSAGE，便采用像 MAGICC 这类更复杂一些的模块化简化模式。虽然这些简化模式通常只能对全球整体开展气候模拟，但它还能与许多解决区域社会经济问题的子模型相耦合，使得它们能进一步辅助评估社会经济影响。

此外，还有一些 IAMs 纳入了较为复杂的模式，例如 IMAGE 包含了网格尺度上的气候/碳循环模型，麻省理工学院主导的综合全球系统模型(IGSM)耦合了中等复杂性的地球系统模式。最近，美国太平洋西北国家实验室(PNNL)主导的综合地球系统模型(iESM)项目甚至直接耦合了一个完整的地球系统模型(Hartin et al.，2015)。

总的来看，就地球系统科学研究的长期目标而言，需要发展复杂的大气、海洋三维动力学模型，以及相应的陆地、海洋生物群的高度解析模型。但随着 IPCC 多工作组交叉融合的研究需要，气候建模工作需要与 IAMs 紧密关联，以开展相关的情景分析、气候政策研究(van Vuuren et al.，2011；Bond-Lamberty et al.，2014；Di Vittorio et al.，2014；Harmsen et al.，2015；Yumashev et al.，2019；Leach et al.，2020)，这驱使着复杂与简化气候建模的研究交相辉映、相辅相成，二者并驾齐驱，共同推进着相关科学的进步。

7.1.4　简化气候模型整体框架

联合国政府间气候变化专门委员会(IPCC)不同工作组常使用不同复杂程度的气候模型开展气候预测、辅助情景分析，以便为气候政策分析提供支撑。这些气候模型都可以计算地表温度变化对辐射强迫变化的响应，同时也可以分析海洋的"缓冲"作用对气候变暖速率的影响(Goodwin et al.，2014)。它们的模拟都是基于排放-浓度-辐射强迫-气候变暖或海平面上升这样的过程。图 7-4 阐述了 IPCC 使用简化气候模型开展气候模拟的详细流程（Meinshausen et al.，2011；Hartin et al.，2015；Smith et al.，2018；Dorheim et al.，2020）。在接下来的部分中，我们将详细介绍简化模型中模拟气候变化的三大主要物理过程。

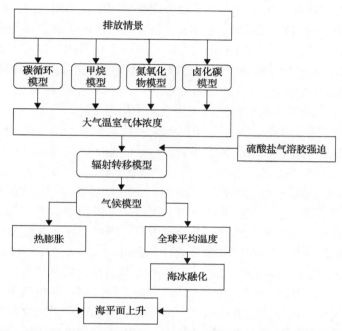

图 7-4　简化气候模型计算温室气体浓度及气溶胶浓度变化、气温变化及海平面上升的步骤

（1）过程 1：由排放的温室气体转化为温室气体浓度。

人类社会经济活动向大气中排放了二氧化碳、甲烷、氮氧化物等多种温室气体，不同温室气体会在地球不同圈层进行交换，也可能相互发生化学反应而转化。不同温室气体在大气中具有不同的停留寿命，CO_2 停留寿命相对较长，在建模过程中一般认为其十分稳定，不易被自然去除。其他的温室气体会在一定时间后从大气中消失，这些温室气体被去除的速率与它们在大气中的浓度呈正相关。因此，可以通过对温室气体在大气中的转化去除过程进行简化建模，进而计算大气中温室气体的浓度。例如：利用碳循环模型模拟大气、海洋和陆地生物圈之间的二氧化碳交换，进而计算未来的二氧化碳浓度；采用复杂的大气化学模型，模拟其他温室气体在不同储层之间发生的化学反应、建模它们的转换过程，进而计算它们的浓度。此外，一旦确定了相关气体在大气中的寿命，我们还可以采用简单的参数化实证方程直接拟合该气体排放量与其在大气中的浓度关系（Smith et al.，2018）。

（2）过程 2：由温室气体浓度转化为全球平均辐射强迫。

在简化建模中，一些全球分布均匀的温室气体（例如 CO_2）可以用简单的实证参数化公式来拟合其辐射传递过程，这样能直接计算该温室气体浓度对全球平均辐射强迫的影响（Good et al.，2011；Tsutsui，2017）。但有一些气体则不然，例如对流层的臭氧，它是由排放的前体卤化气体，在大气中经过复杂的化学反应后产生的，其浓度在时空尺度上变化很大。并且，其浓度无法直接计算，它们的浓度与辐射强迫的关系只能用其他气体的相应关系来间接近似替代，再基于复杂模型的结果对其校准。

除了温室气体，大气中还存在着排放带来的气溶胶。因为气溶胶的寿命很短，并且低层大气中的气溶胶浓度基本上可以对排放变化瞬间响应，所以气溶胶的排放情景可近似于它的浓度情景。在 IPCC 的简化气候模型中，全球气溶胶排放直接与全球平均辐射强迫相关联（Carslaw et al.，2013；Etminan et al.，2016）。在简化建模前，首先基于三维大气环流模式的结果（AGCMs）来确定导致全球平均强迫的反应过程，确定气溶胶数量分布，再用简化模型学习这些过程、特性与分布。

（3）过程 3：从全球平均辐射强迫转化为全球平均温度。

在给定全球平均辐射强迫情景后，下一步便可计算全球平均温度的变化情况。这个过程既取决于气候敏感性，也取决于海洋吸收热量的速度。在简化模型模拟中，我们一般采用一维上翻-扩散模型来模拟这个过程。这类模型有四个关键参数：①红外辐射阻尼因子，它影响着大气温度与大气向外太空红外辐射强度之间的关系。该因子涉及水蒸气、大气温度和云反馈过程，这些过程的结果可从更复杂的模型中获得。由于对外空间红外辐射的衰减程度是影响气候敏感性的一个关键因素，因此，在简化模型中改变该因子的值就可以很容易地改变模型的气候敏感性（Meinshausen et al.，2011；Hartin et al.，2015；Smith et al.，2018；Dorheim et al.，2020），以匹配其他复杂模型的结果。②温盐环流的强度，它影响两极地区的水下沉和其余海洋部分的上翻过程。③湍流涡旋的海洋垂直混合强度，它影响了扩散过程。④极地地区变暖程度与全球地表平均变暖程度的比率，该比率决定了热盐环流下沉分支中水温的变化。当前许多简化气候模型一般都基于一维上翻-扩散模式的原理，搭建不同复杂程度的参数化关系来简化描述气候系统（Meinshausen et al.，2011；Hartin et al.，2015；Armour，2017；Nordhaus，2018；Smith et al.，2018；Dorheim et al.，2020）。

在使用简化模型预测未来全球平均气温变化时存在两个最重要的不确定性来源，分别是气候敏感性与气溶胶强迫。气溶胶强迫在一定程度上抵消了温室气体浓度增加造成的升温，但气溶胶对气候辐射平衡的影响难以准确量化。所以，我们还需要继续深入研究，以理解这些重要过程并将它们合理地表征在模型中。

简化气候模型的模拟主要基于排放-浓度-辐射强迫-温升或海平面上升这样的级联过程。首先，模型中的碳循环模块能够模拟人类排放的不同温室气体（二氧化碳、甲烷、氮氧化物等）在大气、陆地、海洋等不同圈层的交换过程。由于不同种温室气体在大气中停留的寿命不同，碳循环模块也根据这些气体各自的特征，模拟它们被去除或由于物理化学反应而转化的过程。基于上述过程，碳循环模块通过诸多"参数化"后的方程来计算大气中温室气体的浓度。其次，简化气候模型会根据不同类型的气体，采用不同的简化方式来表征浓度与辐射强迫之间的关系。例如：对于全球分布均匀的 CO_2，则可直接采用"参数化"实证方程，拟合辐射传输过程来计算辐射强迫。对于由卤化气体转化而来的臭氧，需要以相关气体浓度与辐射强迫的关系间接替代。对于气溶胶，由于其在大气中的浓度能对排放瞬间响应，可以直接建立气溶胶排放与全球平均辐射强迫间的关联。最后，简化气候模型基于其气候敏感性及海洋吸收热量的速度，将全球平均辐射强迫转化为全球平均温度。

7.1.5　C³IAM/Climate 模型框架

基于上述简化思想，我们构建了基于排放-浓度-温度传导机制的简化气候模拟模型（图 7-5），它主要由碳循环模块和气候模拟模块组成。

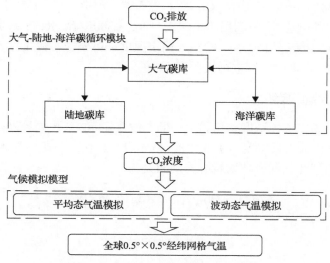

图 7-5　C³IAM/Climate 模型框架示意图

首先，人类排放的 CO_2 将基于"参数化"后的简化关系在大气、陆地及海洋三层碳库间流动，使得各圈层的 CO_2 浓度发生变化。基于各圈层碳循环的联系，最终可以确定大气碳库中的 CO_2 浓度。随后，大气 CO_2 浓度输入气候模拟模型，可以模拟得到网格中平均态气温和波动态气温，最终还原出网格尺度气温对 CO_2 浓度的响应。

C³IAM/Climate 是一个简化模型，它基于当前地球系统模式的运行规律，针对模式的输出变量进行简化。通过将 C³IAM/Climate 与经济模型对接，可以以较低的计算成本来研究高维复杂气候系统的特征，有助于开展区域层面的气候政策评估，同时也能提高气候变化影响评估的可靠性。

7.2　BCC-CSM 模拟模型

气候模型是研究气候变化问题的基本工具，一方面它通过纳入不同圈层的物理、化学和生物等过程发展成地球系统模式，另一方面它通过与经济社会发展过程相结合形成综合评估模型。地球系统模式利用数学物理方程实现对地球系统复杂行为和过程的模拟预测，可以提供精细化的气候信息，但巨大的计算成本使其在实际应用中存在局限性。现有气候-经济系统耦合工作大多采用简化的气候模型，以此保证能够解决一系列复杂的经济问题。然而，这些气候模型没有反映区域差异性、季节波动性、极值不确定性等特征，无法满足气候变化影响评估的实际需求，限制了综合评估模型的精确性。

为此，C^3IAM/Climate 在分析现有地球系统模式运行规律基础上，形成针对模式输出变量的模拟模型，通过将它与综合评估模型对接，提高气候变化影响评估的可靠性。气候模拟模型通常采用统计方法构建，可以以较低的计算成本来研究高维复杂系统的特征，特别是针对气候系统的不同方面，如子网格尺度上参数化的影响、温室气体对全球或区域平均温度的影响、区域尺度内部的气候变异以及简单大气环流的完整动力学。

本节中 C^3IAM/Climate 以 BCC_CSM1.1 为基础，模拟 0.5°×0.5°陆地网格上年均温度对温室气体排放的响应关系。利用历史时期（1865～2005 年）、RCP2.6 情景（2006～2100 年）和 RCP8.5 情景（2006～2100 年）的模式输出温度进行模型参数校准，并通过 RCP4.5 和 RCP6.0 情景的模式输出温度进行模型模拟检验。

7.2.1　平均态温度模拟模型

平均态温度与温室气体浓度密切相关，可以由两者间的函数关系进行模拟。将 $CC(t)$ 表示为第 t 年二氧化碳当量浓度与工业化前（1765 年）水平的比值，则对地区 s_i 的平均态温度来说，它的短期和长期影响变量可分别假设为

$$SC(s_i,t) = [\log CC(t) + \log CC(t-1)] / 2 \tag{7-1}$$

$$LC(s_i,t) = \sum_{k=2}^{100} w(k) \log CC(t-k) \tag{7-2}$$

式中，$w(k) = p^{k-2}(1-p)$。长期影响变量考虑了一系列历史二氧化碳当量浓度的作用，利用指数权重进行集成，由参数 p 描述衰减强度。根据短期和长期影响变量，建立平均态温度对温室气体浓度的响应关系

$$T(s_i,t) = \alpha(s_i) + \beta_1(s_i)SC(s_i,t) + \beta_2(s_i)LC(s_i,t) + \varepsilon(s_i,t) \tag{7-3}$$

式中，$\alpha(s_i)$ 为空间效应用以反映地区特征；$\beta_1(s_i)$ 和 $\beta_2(s_i)$ 为影响变量系数；$\varepsilon(s_i,t)$ 为独立同分布随机误差，满足均值为 0。

在地区 $\boldsymbol{s}=(s_1,s_2,\cdots,s_n)^{\mathrm{T}}$ 的空间效应 $\boldsymbol{\alpha}(\boldsymbol{s})=(\alpha(s_1),\alpha(s_2),\cdots,\alpha(s_n))^{\mathrm{T}}$ 通常假设为高斯过程，表示为 $\boldsymbol{\alpha} \sim \mathrm{GP}(u,C(\cdot,\cdot;\sigma,\varphi))$。其中，$\boldsymbol{C}$ 为指数型协方差矩阵。

$$C(s_i,s_j;\sigma,\varphi) = \sigma^2 \exp(-\varphi \| s_i - s_j \|) \tag{7-4}$$

式中，φ 为衰减系数；$\| s_i - s_j \|$ 为地区 s_i 和 s_j 之间的大圆距离。当地区数量增加时，协方差矩阵估计面临高维问题，这里由最邻近高斯过程（nearest-neighbor Gaussian process，NNGP）模型进行求解。

为了评估平均态温度影响变量的区域效应，设定系数 $\beta_1 \sim \mathrm{N}(\mu_1,\Sigma_1)$ 和 $\beta_2 \sim \mathrm{N}(\mu_2,\Sigma_2)$。如果估计得到的方差 Σ_1 和 Σ_2 较大，说明各地区的影响效应具有显著差异性。模型参数采用正态分布，由马尔科夫链蒙特卡洛（Markov Chain Monte Carlo，MCMC）方法进行抽样估计。

7.2.2　波动态温度模拟模型

波动态温度为模式输出温度与平均态温度之差，对它的模拟需要能反映序列的分布特征和时空相关性。为此，采用主成分分析法将波动态温度 $r(t) = (r(s_1,t), r(s_2,t), \cdots, r(s_n,t))^{\mathrm{T}}$ 分解为

$$r(t) = \sum_{q=1}^{Q} \hat{r}(q)\lambda(q,t) \tag{7-5}$$

式中，

$$\hat{r}(i)^{\mathrm{T}} \hat{r}(j) = 0, \qquad i \neq j \tag{7-6}$$

$$\mathrm{cov}(\lambda(i,t), \lambda(j,t)) = 0, \qquad i \neq j \tag{7-7}$$

分解得到的正交经验函数 $\hat{r}(q)$ 反映了不随时间变化的空间相关性。将投影系数 $\lambda(q) = (\lambda(q,1), \lambda(q,2), \cdots, \lambda(q,t))$ 进行离散傅里叶变换，即 $\Lambda(f) = F(\lambda(q))$，通过在值域[0, 2π]内随机选择相位值生成新傅里叶变换 $\Lambda^*(f)$。根据 Wiener-Khinchin 定理可知 $|\Lambda^*(f)| = |\Lambda(f)|$，对 $\Lambda^*(f)$ 进行傅里叶逆变换便得到新投影系数 $\lambda^*(q)$，它与原投影系数具有相同的时间相关性。通过以上变换由式(7-5)可以模拟波动态温度。

7.2.3　未来温度时空变化模拟

利用上述模型分别对全球陆地网格 8 个子区域进行模拟。图 7-6 为不同时期平均态温度与模式温度的对比情况，2081～2091 年间两者在 RCP4.5 和 RCP6.0 下的相关系数分别为 0.96 和 0.97，表明模拟模型较好地反映了温度趋势变化。对于全球层面来说，平均态温度模拟值在 2060 年前略低于模式温度，但总体与模式温度相差不大，可以表征全球平均温度的变化趋势。

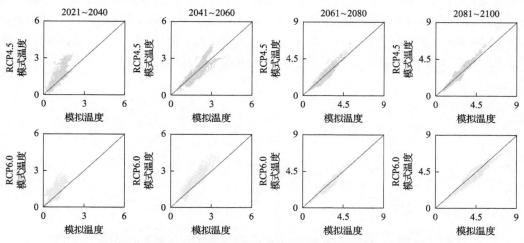

图 7-6　不同时期网格平均态温度变化均值与模式温度变化均值对比(单位：℃)

相对于 1986～2005 年

　　结果显示，上述模型所模拟的温度整体能够反映模式温度的空间变化特征，所有网格的模拟绝对误差均值为 0.1℃，其中，模拟绝对误差小于 0.1℃的网格占 66.1%，小于 0.5℃的网格占 99.0%。在 RCP4.5 情景下误差较显著的区域主要在加拿大东北部和格陵兰岛南部，而在 RCP6.0 情景下误差较显著的地区为亚洲中部和俄罗斯东部。

　　根据平均态温度计算得到温度波动序列，并以所有网格为整体样本进行建模，随机产生波动态温度模拟值。图 7-7 为模拟序列与原序列的方差比较情况，可以看出模拟模型基本能反映温度的波动特性，增加模拟数量能缩小与原序列的差异性。由于波动态温度模拟值保留了原序列的时空相关性，因此，将它与平均态温度模拟值相结合，便能实现对模式温度的整体模拟。

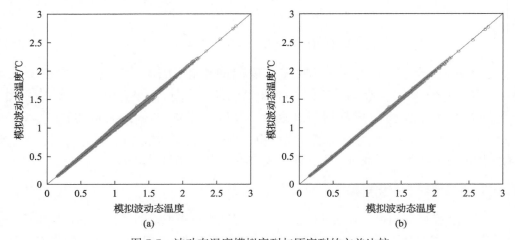

图 7-7　波动态温度模拟序列与原序列的方差比较

　　对不同 RCP 情景下的全球平均温度模拟如图 7-8 所示，可以看出模拟序列均值准确反映了温度变化趋势，模拟范围较好地覆盖了模式温度变化，在 RCP4.5 和 RCP6.0 情景下的覆盖率为 95.8%和 99.0%。通过计算 2081～2100 年平均温度后发现，对大多数网格来说模拟序列均值与原序列相近，在 RCP4.5、RCP6.0 下绝对误差小于 0.5℃的网格占 96.0%、93.8%。差异较明显的地区集中在美国和加拿大东部（RCP4.5），以及欧洲北部和俄罗斯（RCP6.0）。总体而言，模拟模型较好地重现了模式温度，可以用于气候变化影响评估。

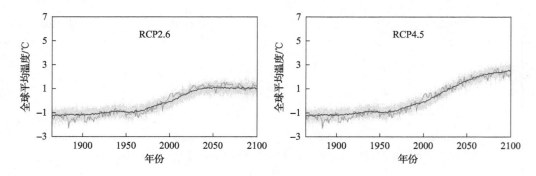

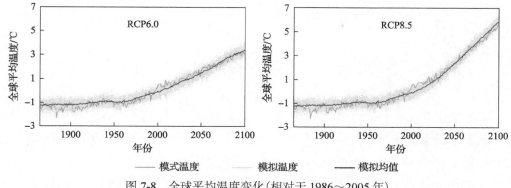

图 7-8　全球平均温度变化(相对于 1986～2005 年)

7.3　本 章 小 结

本章梳理了地球系统模式的发展历程，介绍了地球系统模式和碳循环过程，探讨了气候模型简化工作的必要性，整理了简化模型中关键物理过程与整体框架，在此基础上对中国气候变化综合评估模型(C^3IAM)中的气候系统子模块 C^3IAM Climate 构建进行了详细说明，并以 BCC-CSM 地球系统模式为实例应用。结果表明，简化的气候模拟模型能实现对模式温度的整体模拟。

时至今日，地球系统模式已由最初仅涵盖部分圈层的模式，发展成为既包含所有地球基础子系统，又涵盖气候系统中碳、氮循环生化过程的复杂模式。然而，在开展气候政策、气候情景分析研究时，研究者更倾向于地球系统模式能以较快的速度模拟出气候系统与社会经济系统在宏观层面的交互过程。所以，运算效率高、成本低、空间分辨率低的简化气候模型对此类研究显得尤为重要。对此，人们基于"参数化"思想，以复杂地球系统模式中的物理过程作为标杆，对其进行简化建模，构建了诸多能还原复杂模式宏观行为及其重要物理特征的简化模式。这些简化模式还原了复杂模式中主要的物理传导过程，包括温室气体排放量转化为温室气体浓度的过程、温室气体浓度转化为全球平均辐射强迫的过程、全球平均辐射强迫转化为全球平均温度的过程。

基于上述简化思想，构建了基于排放-浓度-温度传导机制的简化气候模拟模型，它主要由碳循环模块和气候模拟模块组成。C^3IAM/Climate 可以模拟得到全球经纬网格的平均态气温和波动态气温，最终还原出网格尺度气温对 CO_2 浓度的响应。通过将 Climate 模块与经济模块对接，可以以较低的计算成本来研究高维复杂气候系统的特征，有助于开展区域层面的气候政策评估，同时也能提高气候变化影响评估的可靠性。

第8章 气候影响模块：Loss

    人类经济活动排放的二氧化碳导致全球气候变化不断加深，并由此形成一系列复杂的社会经济影响。通过核算气候变化对社会经济的影响程度，能够指导决策在碳中和、绿色转型过程中应该采取激进或是平缓的政策。具体而言，在对未来气候影响进行准确评估基础上，采取合适的减缓和适应措施来应对，进而实现降低气候损失和保证社会经济发展之间的最优平衡。本章将围绕以下四点开展论述：

- 如何评估气候变化对宏观经济的影响？
- 如何评估气候变化对农业产量的影响？
- 如何评估气候变化对人体健康的影响？
- 如何评估气候极端事件的损害？

8.1　基 本 原 理

气候对社会经济要素的影响是连接气候系统与经济系统的重要纽带。从微观层面看，气候会对社会经济相关的实物要素产生直接影响，如农业产量与气候状况密切相关。从宏观层面看，这些对实物要素的影响会在整个经济系统中进行传导，最终反映为对整体社会经济的深层影响。

根据各类气候影响建立的函数将把气候映射到经济结果中，在气候-经济耦合中由损失函数体现。理论上，需要广泛考虑不同部门的影响，以及多个气候维度，如温度、降水、海平面和极端事件等。然而，损失函数通常被处理为综合影响的集成形式，如DICE/RICE 模型。近期研究通过自上而下的途径研究了温度变化与经济总产出之间的关系。由于这类估算值面向全球所有国家，且以货币单位衡量，因此可以被用来作为损失函数。值得注意的是，这种综合方法部分避免了详细划分部门的需要，整体上考虑了各类影响间的交互效应和适应效应。但是，它无法包含潜在的非市场气候影响（如生态系统）。

$C^3IAM/Loss$ 通过评估不同气候影响，实现气候系统与经济系统相连接，主要从两个方面开展：一是以宏观经济为对象构建气候影响函数，建立 $C^3IAM/Climate$ 与 $C^3IAM/EcOp$ 之间的传递关系；二是以微观主体为对象构建气候影响函数，建立 $C^3IAM/Climate$ 与 $C^3IAM/GEEPA$ 和 $C^3IAM/MR.CEEPA$ 之间的传递关系。

8.1.1　宏观经济影响评估子模块

现有研究基于微观数据刻画了温度对作物产量、劳动生产率等经济变量的影响，为了将微观层面的影响反映到宏观层面，往往需要把微观主体的数据在大区域或长时间尺度上进行集成。

Burke 等（2015）用 $f_i(T)$ 表示行业 i 中单个生产单元在瞬时温度 T 下的生产贡献，用 $g_i(T-\bar{T})$ 表示以 $\bar{T}$ 为中心的温度全分布，则总产出 $Y(\bar{T})$ 等于各行业产出之和：

$$Y(\bar{T}) = \sum_i Y_i(\bar{T}) = \sum_i \int_{-\infty}^{\infty} f_i(T) g_i(T-\bar{T}) \mathrm{d}T \tag{8-1}$$

随着温度升高，生产单元承受超过温度阈值的时长不断增加，对总产出 $Y(\bar{T})$ 造成的损失也逐渐增加，这种生产率变化也可能影响未来经济产出的轨迹。

实证研究通常依据不同地区的经济和气候数据，采用如下分析框架（Bond-Lamberty et al，2014）：

$$Y_{it} = \mathrm{e}^{\beta T_{it}} A_{it} L_{it} \tag{8-2}$$

$$\frac{\Delta A_{it}}{A_{it}} = g_i + \gamma T_{it} \tag{8-3}$$

式中，Y_{it} 为第 i 个地区第 t 年的总产出；L_{it} 为人口；A_{it} 为劳动生产率；T_{it} 为平均温度；g_i 为人均产出基本年增长率；温度对产出的水平效应由 β 来表示；增长效应由 γ 刻画。由此，可以得到动态增长方程：

$$g_{it} = g_i + (\beta + \gamma)T_{it} - \beta T_{i,t-1} \tag{8-4}$$

式中，g_{it} 为第 i 个地区在 t 年的人均产出增长率；$t{-}1$ 为 t 年的前一年。温度的水平效应和增长效应都会影响初期的产出增长率，特别是增长效应会持续产生作用。在考虑多年情况下，水平效应和增长效应通过下式进行识别：

$$g_{it} = \theta_i + \theta_{rt} + \sum_{j=0}^{L} \rho_j T_{i,t-j} + \epsilon_{it} \tag{8-5}$$

式中，θ_i 为国家固定效应；θ_{rt} 为时间固定效应；ρ_j 为回归系数；ϵ_{it} 为误差项；$t{-}j$ 为 t 年的前 j 年；T_{it} 为年度平均气温和降水量在 L 年的滞后变量。

8.1.2 农业影响评估子模块

作物机理模型常用于评估气候变化对农业的影响，它基于作物生长理论和控制性实验，通过改变温度、降水、施肥、土壤、光照等一系列作物生长过程所需的自然因素，揭示作物在不同生长发育阶段的响应机理(Lobell et al.，2011)。由于模型对作物生长过程刻画十分复杂，大量参数不易获取而需假设，使得模型结果容易产生偏差，参数的不确定性会放大作物生长对气候变化响应的不确定性。

此外，基于历史观测数据建立统计模型，可以灵活地用于预测未来作物单产变化，量化极端气候事件对作物产量的影响程度(Lobell et al.，2011)，以及识别作物产量对温度的非线性响应关系等。与作物机理模型相比，统计模型不仅能够基于历史观测数据对模拟数值进行校准，而且能够将生产者适应行为纳入农业影响分析框架中，能更可靠地估计气候变化对农业的影响(Lobell et al.，2007)。然而，现实生产中影响农业生产活动的影响因素较多，准确识别影响因素及模型形式具有关键作用。

本模块在作物机理模型基础上，分别对雨养和灌溉两种种植条件下作物单产与气候因子的关系进行统计建模：

$$
\begin{aligned}
y_{\text{lat,lon,AEZ},t} = {} & \beta_0 + \beta_1 T_{\text{lat,lon,AEZ},t} + \beta_2 P_{\text{lat,lon,AEZ},t} + \beta_3 C_{\text{lat,lon,AEZ},t} \\
& + \beta_4 T^2_{\text{lat,lon,AEZ},t} + \beta_5 P^2_{\text{lat,lon,AEZ},t} + \beta_6 C^2_{\text{lat,lon,AEZ},t} \\
& + \beta_7 T_{\text{lat,lon,AEZ},t} \times P_{\text{lat,lon,AEZ},t} + \beta_8 T_{\text{lat,lon,AEZ},t} \times C_{\text{lat,lon,AEZ},t} \\
& + \beta_9 P_{\text{lat,lon,AEZ},t} \times C_{\text{AEZ},t} + \gamma_{\text{lat,lon},t} + \delta_{\text{lat,lon}} + \varepsilon_{\text{lat,lon,AEZ},t}
\end{aligned}
\tag{8-6}
$$

式中，lat 和 lon 分别表示每个格点的经纬度；AEZ 表示农业生态区划分；t 为年份；y 表示作物单产；T 和 P 分别表示作物整个生长周期的平均温度(℃)和总降水量；C 表示大气中年中二氧化碳浓度水平(摩尔分数)；δ 表示格点固定效应，控制土壤、海拔等不随时间变化的因素；β 表示模型系数；ε 表示误差项。由于许多研究表明过高或过低的气温以及过多或过少的降水都不利于作物的生长发育，即温度和降水对作物的生长存在着一定的适宜度（阈值），因此，这里用温度和降水的二次型[①]形式来表示。此外，在模型中加入温度、降水和 CO_2 浓度之间的交互项，以此刻画它们之间的相互作用关系（Blanc，2012）。考虑到不同格点的作物生长对气候变化存在潜在的响应和适应性行为（Tao and Zhang，2010），采用时间与格点的交互项 $\gamma_{lat,lon,t}$ 来控制格点层面不可观测因素对作物单产的时变影响。

8.1.3　人体健康影响评估子模块

气候对健康影响的经济成本主要来源于两个方面，其一是由于门诊或者住院造成的医疗费用以及个人微观损失，其二是由于治疗或者死亡导致的劳动损失即人力资本成本以及所造成的宏观经济成本。前者的计算较为简单，常用的方法为疾病成本法、效益转化法和支付意愿法，而后者则相对较为复杂，大致可以从劳动生产率损耗和劳动时间减少两个方向进行计算，并辅以可计算一般均衡模型或者投入产出模型。

气候变化导致的高温热浪将广泛影响人类健康，常用热应力指数来反映气温与劳动生产率损失的关系。湿球黑球温度（wet bulb globe temperature，WBGT）最初由 Yaglou 和 Mindard 在 1957 年提出，该指标在有效温度指标 CET 的基础上修正了太阳辐射对热负荷的影响，是世界上应用最广泛的热应力评价指标之一。当太阳辐射情况和风速发生变化时，计算公式也会出现一定的差异。在风速为 1m/s 且室内或无辐射的室外，由下式给出：

$$\text{WBGT} = 0.67T_w + 0.33T_g \tag{8-7}$$

而在有辐射的室外，则由如下公式给出：

$$\text{WBGT} = 0.67T_w + 0.23T_g + 0.1T_a \tag{8-8}$$

式（8-7）和式（8-8）中，T_w 为自然湿球温度；T_g 为黑球温度；T_a 为干球温度。这三个参数通常由自然湿球温度计、黑球温度计和干球温度计测量得到。当无法从直接观测到的湿球、黑球和干球温度获得 WBGT 时，可采用简化的 WBGT 指标作为替代：

$$\text{WBGT} = 0.567T + 0.393e_a + 3.94 \tag{8-9}$$

式中，T 为近地面大气温度（℃）；e_a 为实时水蒸气压（百帕）。该公式适用于中辐射水平和微风条件，Willett 和 Sherwood（2012）指出该方程可能导致在多云或者大风气象条件下以及夜间和清晨的热应力轻微过高估计、对高辐射和微风气象条件下的热应力过低估计。但是，由于气温在一天中并不是恒定不变，不同时间段的热应激水平也不同，因此需要在小时的时间尺度上计算 WBGT。将 WBGT 代入到暴露-反应关系式中，可用于描述不同工作强度下工人生产率受影响程度：

$$\text{Workability} = 0.1 + 0.9 / [1 + (\text{WBGT} / \alpha^1)^{\wedge}(\alpha^2)] \tag{8-10}$$

式中，α^1 和 α^2 是根据工作强度变化的参数，工作强度（以瓦特为单位）由代谢率描述，分为低（w=200，α^1=34.64，α^2=22.72）、中（w=300，α^1=32.93，α^2=17.81）、高（w=400，

---

① 二次型是指在一个多项式中，未知数的个数为任意多个，但每一项的次数都为 2 的多项式。

$\alpha^1 =30.94$，$\alpha^2 =16.64$）。农业和建筑业一般被假定为高强度工作，而制造业和服务业分别为中强度和低强度工作。

8.1.4　极端事件影响评估子模块

物理模型和统计模型是研究极端事件损害直接影响的两种常用方法。在实际中，物理模型一般依靠大量高分辨率的气候、地理、社会和经济数据集来描述复杂的自然过程。然而，这一方法在部分资料受限地区可能不适用，并且它在考虑模型不确定性方面相对不易。与之相比，统计模型对数据量要求较低，可以更便捷地在不同地理尺度上进行分析，并且它也为估计模型不确定性提供了途径。通过分析对损害具有显著统计意义的驱动因子，能够帮助我们解释极端事件的脆弱性的来源。极端事件造成的社会经济损害通常是指对人类和经济的不利影响，由多方面因素决定。极端事件特性（如频率、规模和强度）直接与损害程度相关，此外，暴露度在损害形成过程中也具有重要作用，在高和低暴露程度下损害将展现出完全不同的变化趋势。财富和人口增加形成了更大的社会经济暴露，预示着更大的潜在损害。然而，一些研究认为经济发展能够增强适应能力，减缓损害程度。富裕国家的因灾死亡人数较少得益于经济发展而非较少的灾害数目，经济发展与损害之间存在非线性关系。

针对极端事件造成的社会经济损害，这里选用不同的天气变量通过两阶段模型来研究气候效应。在第一阶段，利用 logistic 回归来判断损害是否发生：

$$\text{Logit}[P(y_{st}=0)] = a_s + b_1 x_{1,st} + b_2 x_{2,st} + \cdots + b_J x_{J,st} \tag{8-11}$$

式中，y_{st} 为第 t 年中第 s（$s=1,2,\cdots,S$）个地区的社会经济损害，即受灾人口比（受灾人口/总人口）和经济损失比（经济损失/GDP）；$\boldsymbol{x}_{st}=(x_{1,st},x_{2,st},\cdots,x_{J,st})$ 为与第 t 年中第 s 个地区社会经济损害相关的 J 个影响因子；b_j 为第 j（$j=1,2,\cdots,J$）个回归系数；a_s 为第 s 个地区的截距项。若损害为正值，则在第二阶段建立如下关系：

$$\log(y_{st}) \sim \text{N}(\beta_{0,s} + \beta_{1,s} x_{1,st} + \beta_{2,s} x_{2,st} + \cdots + \beta_{J,s} x_{J,st}, \boldsymbol{\sigma}_s) \tag{8-12}$$

式中，回归系数 $\boldsymbol{\beta}_s=(\beta_{0,s},\beta_{1,s},\beta_{2,s},\cdots,\beta_{J,s})$ 以及协方差矩阵 $\boldsymbol{\sigma}_s$ 需要通过估计得到。在这一阶段，为了进一步描述不同省份影响因子效应的范围，将多元正态分布分别应用于回归系数 $\boldsymbol{\beta}_s$：

$$\boldsymbol{\beta}_s \sim \text{MVN}(\boldsymbol{\mu}_\beta, \boldsymbol{\Sigma}_\beta) \tag{8-13}$$

式中，$\boldsymbol{\mu}_\beta$（$J+1$ 长度向量）为所有省份共有的回归系数均值；$\boldsymbol{\Sigma}_\beta$ 为协方差矩阵。

8.2　应用：未来气候变化影响评估

本节将分别介绍 $\text{C}^3\text{IAM/Loss}$ 中对宏观经济、农业、人体健康和极端事件影响评估的应用实例，相关结果将支撑核算气候变化造成的社会经济影响程度。

8.2.1 宏观经济

根据宏观经济影响评估子模块，对中国 258 个城市进行未来预测分析。温度与经济产出之间的实证模型形式如下：

$$Y_{i,t} = \lambda_1 T_{i,t}^{\text{warm}} + \lambda_2 T_{i,t}^{\text{cold}} + \gamma P_{i,t} + \sum_{L \geqslant 1} \varphi_L W_{i,t-L} + \theta_i t + \mu_i + \nu_t + \varepsilon_{i,t} \tag{8-14}$$

式中，i 为城市；t 为年份；$Y_{i,t}$ 为人均 GDP 对数值的一阶差分，用以表示经济增长；$T_{i,t}^{\text{warm}}$ 和 $T_{i,t}^{\text{cold}}$ 分别为暖季和冷季的温度；$P_{i,t}$ 为年降水量，与温度间存在潜在相关关系；温度和降水变量的长期效应由滞后项 $W_{i,t-L}$ 表示；φ_L 为滞后项的系数；$\theta_i t$ 用来反映经济增长的缓慢变化；城市固定效应 μ_i 控制了未被观测到的时间不变特征，如地理环境；时间固定效应 ν_t 考虑了共同的变化，如国家政策；$\varepsilon_{i,t}$ 为误差项。

（1）影响效应。

温度对经济增长的同期效应如表 8-1 所示，结果表明暖季和冷季温度对经济增长具有显著负效应和正效应。从第 3 列可知，暖季温度升高 1℃将导致经济增长减少约 0.70%，而冷季温度升高将导致经济增长增加约 0.36%。对季节温度的不同响应实质上揭示了温度对经济的非线性作用。特别是暖季温度效应较大，说明温度升高可能会导致我国城市经济增长总体下降。

表 8-1　温度对经济增长的同期效应

项目	(1)	(2)	(3)	(4)
T^{warm}	−0.0066*** (0.0014)		−0.0070*** (0.0014)	−0.0063*** (0.0013)
T^{cold}		0.0032*** (0.0009)	0.0036*** (0.0009)	0.0036*** (0.0009)
P	Y	Y	Y	N
t	Y	Y	Y	Y
样本数	4029	4029	4029	4029
R^2	0.5544	0.5521	0.5571	0.5568

***表示 1%显著性水平；**表示 5%显著性水平；*表示 10%显著性水平。

（2）地区经济影响。

RCP2.6 情景下大多数城市人均 GDP 下降，平均变化为−21.4%。然而，一些东北部城市将有显著的经济收益。例如，白城、齐齐哈尔、四平和铁岭的人均 GDP 增幅在 10%以上。相比之下，RCP8.5 情景下所有城市的人均 GDP 都将减少 20%以上，平均变化达−44.0%。其中，克拉玛依、聊城、泰安、乌鲁木齐和阳泉的经济将下降 60%以上。

经济影响由季节温度变化决定，两者相关关系如图 8-1 所示。在 RCP2.6 情景下，大多数城市的冷季温度增幅大于暖季温度增幅，因此对经济的负面影响一般较低。在其他 RCP 情景下，大多数城市可能会有较大的暖季温度变化，人均 GDP 下降幅度也较大。在 RCP8.5 情景下，暖季温度升高可能导致超过五分之一的城市经济减半。

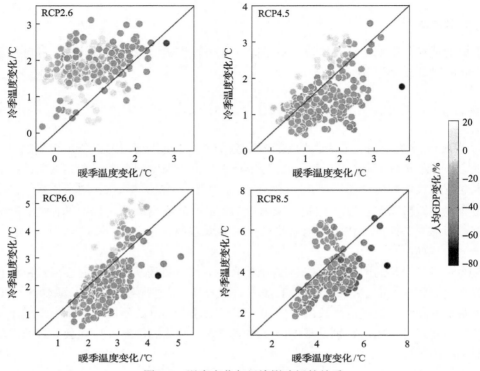

图 8-1　温度变化与经济影响间的关系

（3）总体经济影响。

将经济影响进一步从城市层面转化到省级层面。图 8-2 显示了两个 RCP 情景下各省人均 GDP 的变化。在 RCP8.5 情景下，新疆是受全球变暖影响最严重的地区，经济下降超过 60%。对于大多数省份，RCP4.5 和 RCP6.0 下的变化非常接近。由于 RCP2.6 下温升较小，各省的经济损失普遍减轻。

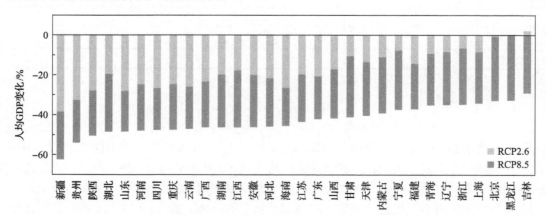

图 8-2　到 2090 年省级人均国内生产总值的预计变化

从所有城市的总体经济影响来看[图 8-3（a）]，在 RCP2.6 和 RCP8.5 情景下，2090 年人均 GDP 较当前将分别下降–21.2%和–45.1%。不同 RCP 之间的差异意味着减缓气候变化的收益。由于气候对经济产生永久性影响，即使在 RCP2.6 下仍然存在严重的经济损失。此外，图 8-3（b）比较了 2090 年对落后和发达城市的经济影响。结果表明，在 RCP2.6 和 RCP8.5 下落后城市和发达城市之间的影响差异分别为 9.7%和 7.3%，这意味着全球变暖可能加剧地区经济不平等。

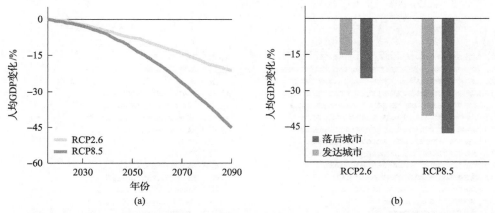

(a)　　　　　　　　　　　　　　　　　　　(b)

图 8-3　2016～2090 年间所有城市人均 GDP 变化（a）与 2090 年不同收入水平城市的人均 GDP 变化（b）

从 4 个气候模型的预测结果来看（图 8-4），不同模型对总经济影响的预测存在较大差异。整体而言，温度上升将导致经济下降，人均 GDP 的下降幅度在 RCP2.6 下为 8.1%～33.2%、在 RCP4.5 下为 14.7%～38.8%、在 RCP6.0 下为 17.5%～42.3%、在 RCP8.5 下为 33.1%～53.9%。

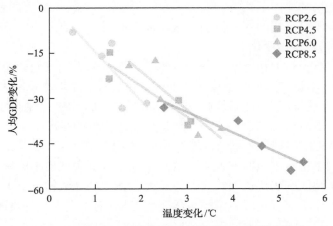

图 8-4　2090 年不同气候模型的温度与经济影响关系

8.2.2　农业

根据农业影响评估子模块，以 HadGEM2-ES 模型的气候输出值来预测未来小麦作物单产，分析不同 RCP 情景下年际变化和空间分布状况。

（1）影响效应。

为了评估模型模拟性能，图 8-5 描绘了拟合结果的 R^2 和 RMSE 值。从图中可见，处于热带偏干旱地区（如 AEZ1、AEZ2、AEZ7、AEZ8、AEZ13 和 AEZ14）的 R^2 偏小且 RMSE 值偏大，统计模拟性能相对较差，而处于湿润地区（如 AEZ4、AEZ5 和 AEZ6）的 RMSE 值较小，模拟性能较好。总体来看，所有回归的 R^2 都在 0.7 以上，RMSE 值均小于 0.7 吨/公顷，整体上模型对数据的拟合程度较好。

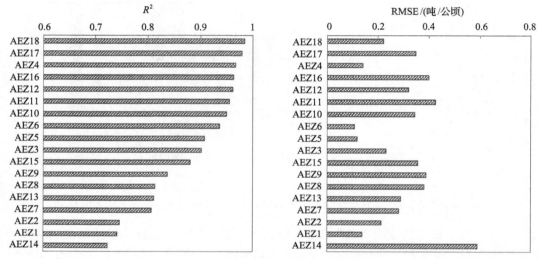

图 8-5　统计模型模拟性能比较

图 8-6 给出了 1971～2005 年不同 AEZ 小麦作物平均单产的散点图。由图可以看出，统计模型的模拟结果与原值变化波动趋势一致，且均未出现较为显著的差异性变化趋势，均位于虚线两侧，仅有小幅的年际波动，这与每年不同的气候条件息息相关。

（2）小麦作物单产年际变化。

图 8-7 显示 2006～2100 年小麦作物平均单产在未来不同气候影响下的年际变化特征。RCP2.6 情景下小麦作物单产呈逐年增加的变化趋势，年均增长率为 1.11%。相比之下，RCP8.5 情景下受温度上升的影响，小麦作物从 2006 年的 2.03 吨/公顷上升至 2042 年的 2.2 吨/公顷，之后高温的进一步加剧导致小麦作物单产减产至 2.11 吨/公顷。

图 8-8 显示小麦作物单产在不同区域上的年际变化。在 RCP8.5 情景下受高温和低降水的持续影响，到本世纪末所有农业生态区的小麦单产都表现出不同程度的减产，尤其对偏热带和偏干旱地区的减产负面影响尤为显著。在 RCP2.6 情景下大部分农业生态区的小麦单产呈现出递增或者先减后增的年际变化趋势，对小麦生长的负面影响一般较低。

（3）小麦单产空间分布。

将小麦单产变化进一步从年际波动转化到空间分布。结果表明，北半球小麦单产明显高于南半球，其中北美、欧洲地区和中国（除了西部地区）作物单产远远高于全球平均值。就不同 RCP 情景而言，受持续高温和低降水的影响，RCP8.5 情景下小麦单产远远小于其他 RCP 情景，同时适合耕种小麦的区域也越来越少；RCP6.0 和 RCP4.5 情景次之，而 RCP2.6 情景更有利于小麦的生长发育，其产量显著高于其他情景，且适合小麦耕种区域也更多。

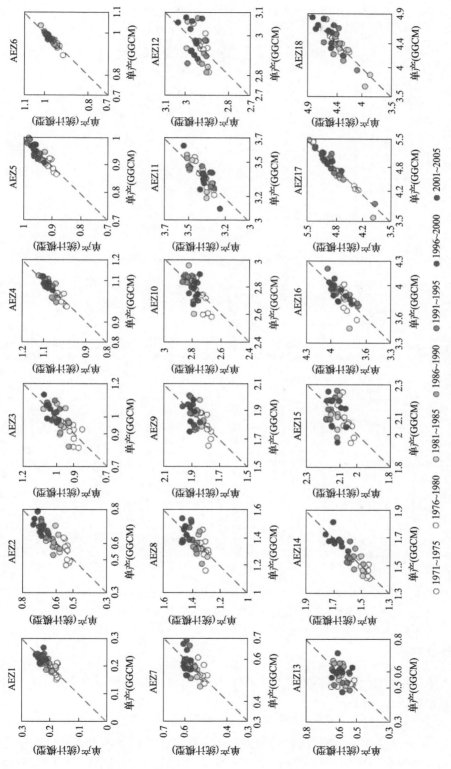

图 8-6　小麦平均单产模拟值散点图(单位：吨/公顷)

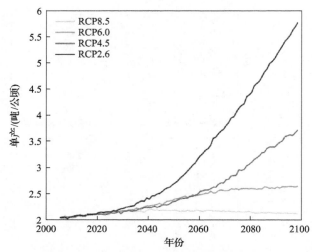

图 8-7　不同 RCP 情景下全球小麦平均单产预测

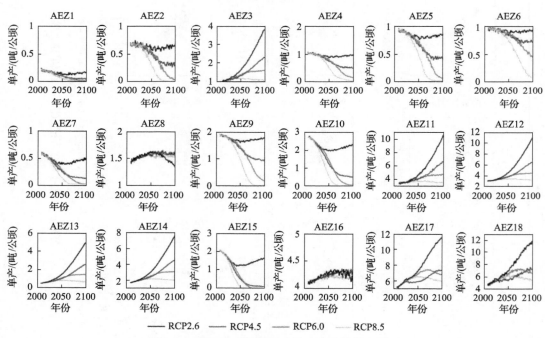

图 8-8　不同 RCP 情景下区域小麦平均单产预测

8.2.3　人体健康

根据人体健康评估子模块,采用 10 个气候模型输出计算 WBGT 指数,对中国 31 个省份的高温影响进行预测分析。

(1)影响效应。

以 2010 年为基准年,高温带来的健康问题引发的劳动生产率降低普遍存在于我国华南和华东地区的省会城市中,华北和西南也有部分城市在影响范围内,而广阔的西北、东北地区以及西南地区的拉萨、昆明和贵阳则极少受到甚至几乎没有受到高温影响，海口的劳动生产率损失最大，高劳动强度产业 2010 年至少损失了 13% 生产能力，不同区域之间的差异较大。对于区域内部而言，不同区域表现出不同特点，华东、华中、华南、华北、东北各城市大都分布在我国地势第三阶梯上，而西北各城市大都分布于我国第二阶梯上，仅西南地区处于一二阶梯的交界处，不同城市海拔差异较大，因此损失差异也较大。

不同劳动强度产业之间的损失存在较大差异，以华东地区的城市为例，上海、南京、杭州、济南、南昌和福州高劳动强度产业的损失是中劳动强度产业的两倍有余，是低劳动强度产业的 6 倍左右，而在损失最大的海口市，高、低劳动强度产业之间的差距达到了 9 倍。这源于不同劳动强度的能量消耗差异，相较低强度的劳动，高温环境下高强度的劳动会累积更多的热量，导致水分更多地散发，一方面直接导致身体机能下降，劳动能力降低，另一方面会增加高温健康风险，引发疾病从而降低劳动生产率。不同劳动强度产业的损失差距要求实施差异化政策，针对不同行业的劳动特性采取不同的高温应对方案。

按照区域对各个省会城市 2010 年高温造成的劳动生产率损失的逐月情况进行展示，这里进一步显示了各个区域的差异性：华北地区的损失曲线大致呈现出倒 "V" 的形状，各月劳动生产率的损失均在 20% 以下，损失集中在 6～8 月；西北、西南和东北地区损失最小，除西安、重庆两个城市外，各月的劳动生产率损失均保持在 10% 以下；华中、华东的损失均较大，这些区域高温造成的损失从 4 月份一直持续到 10 月份，并且损失程度较深，大致处于 10%～30%，甚至长沙、南京、上海等 10 个城市最高温月的损失率达到 30%；华南地区的劳动生产率损失最为严重，不仅最高温月的损失率超过 30%，在其他月份损失率也居高不下，几乎每个月份都存在高温威胁。

（2）城市劳动生产率影响。

不论是不同年代，还是不同情景下，损失程度都是从东南向西北递减。2040～2059 年，RCP2.6 和 RCP8.5 情景下各主要城市受高温影响程度差异并不大，海口、南宁和广州劳动生产率损失均在 5%～10%，上海、武汉损失率处于 1%～5%，其他城市的损失均在 1% 以下。2080～2099 年，不同城市的损失呈现出更大的差异，在 RCP2.6 情景下南宁和海口的劳动生产率损失均在 10% 以上，广州、长沙、武汉和南昌的损失率在 5% 以上，上海、南京、福州、济南、合肥和郑州等城市的损失也在 1%～5%；在 RCP8.5 情景下高温导致的劳动生产率严重损失则扩展到了更大的范围，海口、南宁、广州、长沙、南昌、武汉及合肥等 7 个城市的损失率均达到了 10%，南宁和海口两市的损失甚至达到 20%。

（3）区域劳动生产率影响。

进一步分地区对劳动生产率损失进行合并，图 8-9 展示了两个 RCP 情景下各地区劳动生产率的损失情况。华南地区是受高温影响最严重的地区，两个时间段内都是损失最高的区域，均在 10% 以上，华东和华中地区次之，损失在 3%～10%，东北、西北、华北和西南地区受影响程度较小，均在 3% 以下。

从时间角度看，华南、华中和华东地区的变化程度较大，相比 21 世纪中叶，世纪末的劳动损失率增加了接近一倍；华北和西南地区变化程度次之；东北和西北地区则基本没有什么变化。

　　从气候模型的预测结果来看,不同情景下的损失率随着时间变化而差异增大。2040~2059 年,各地区的劳动生产率损失在 RCP2.6 和 RCP8.5 的情景下未表现出明显差异,华南地区在 10%左右,华中和华东地区在 3%~5%,华北、西南、东北和西北地区则均在 1%之下。2080~2099 年,各地区的劳动生产率损失在不同情景下的差异变大。其中西北、西南、华北和东北地区最为显著,RCP8.5 情景下的损失比 RCP2.6 情景下的损失高出 5 倍以上,华东、华中和华南地区的差异反而较小,RCP8.5 情景下的损失比 RCP2.6 情景下的损失高出 2~3 倍。

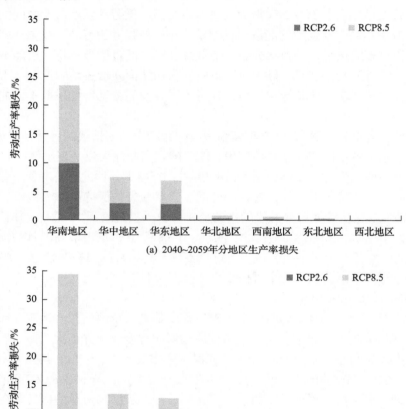

图 8-9　分地区劳动生产率损失(基于无高温影响情况)

8.2.4　极端事件

　　根据极端事件影响评估子模块,对中国 30 个省份(由于数据限制,不包含上海市)

由降水相关事件、干旱事件和低温相关事件造成的社会经济损害进行预测分析。

（1）模型参数。

表 8-2～表 8-4 为对不同极端事件损害的实证估计结果，反映所有省份共有回归系数均值的后验分布。从表 8-2 中可知，年降水和年平均温度对洪水相关事件损害具有相反效应，年降水每增加 1 个单位将造成人员和经济损害分别上升 0.20%～0.23% 和 0.26%～0.29%，而温度升高将减少损害。表 8-3 中的温度效应由暖季均温反映，它对干旱事件损害具有显著正向作用，而降水则起显著负向作用。表 8-4 中对低温相关事件损害考虑了冷季的降水和温度，总体来看，降水多和温度低可能导致人员和经济损害增加，然而系数均未有统计显著性。

表 8-2　洪水相关事件损害的实证估计结果

变量	ln(受灾人口/总人口)			ln(经济损失/GDP)		
	(1)	(2)	(3)	(4)	(5)	(6)
年降水	0.0023 [0.0016, 0.0031]	0.0020 [0.0015, 0.0027]	0.0022 [0.0016, 0.0029]	0.0029 [0.0023, 0.0036]	0.0026 [0.0020, 0.0032]	0.0026 [0.0020, 0.0032]
年均温	−0.0821 [−0.1568, −0.0199]	−0.0609 [−0.1235, −0.0027]	−0.0602 [−0.1309, −0.0055]	−0.1803 [−0.2524, −0.1098]	−0.1575 [−0.2128, −0.1021]	−0.1577 [−0.2135, −0.1087]
ln(人均 GDP)		−1.0499 [−1.6718, −0.3553]	0.5628 [−0.7667, 1.9098]		−1.5618 [−2.1250, −0.9636]	0.3025 [−1.2053, 1.8185]
ln(人均 GDP)^2			−0.2973 [−0.5275, −0.0683]			−0.3342 [−0.6021, −0.0827]

注：所有模型包含时间趋势项。估计结果为中位数值，方括号内为 5%～95% 不确定性区间。温度变量单位为摄氏度，降水变量单位为毫米。

表 8-3　干旱事件损害的实证估计结果

变量	ln(受灾人口/总人口)			ln(经济损失/GDP)		
	(7)	(8)	(9)	(10)	(11)	(12)
暖季降水	−0.0035 [−0.0046, −0.0026]	−0.0032 [−0.0040, −0.0023]	−0.0030 [−0.0039, −0.0022]	−0.0040 [−0.0051, −0.0029]	−0.0038 [−0.0048, −0.0028]	−0.0036 [−0.0046, −0.0027]
暖季均温	0.2419 [0.1261, 0.3572]	0.2417 [0.1506, 0.3437]	0.2337 [0.1378, 0.3383]	0.2416 [0.1170, 0.4008]	0.2908 [0.1761, 0.4119]	0.2837 [0.1716, 0.4078]
ln(人均 GDP)		−1.7334 [−2.4396, −0.9814]	2.6697 [0.2862, 5.0884]		−2.6805 [−3.4933, −1.8598]	0.9829 [−1.7652, 3.7035]
ln(人均 GDP)^2			−0.7409 [−1.1441, −0.3649]			−0.6062 [−1.0548, −0.1732]

注：所有模型包含时间趋势项。估计结果为中位数值，方括号内为 5%～95% 不确定性区间。温度变量单位为摄氏度，降水变量单位为毫米。暖季为 4～9 月。

表 8-4　低温相关事件损害的实证估计结果

变量	ln(受灾人口/总人口)			ln(经济损失/GDP)		
	(13)	(14)	(15)	(16)	(17)	(18)
冷季降水	0.0016 [−0.0016, 0.0048]	0.0023 [−0.0001, 0.0048]	0.0021 [−0.0005, 0.0047]	0.0002 [−0.0028, 0.0032]	0.0001 [−0.0024, 0.0027]	0.0001 [−0.0025, 0.0026]
冷季均温	−0.0293 [−0.0971, 0.0312]	−0.0602 [−0.1207, −0.0010]	−0.0467 [−0.1095, 0.0145]	−0.0510 [−0.1221, 0.0188]	−0.0622 [−0.1279, −0.0021]	−0.0542 [−0.1198, 0.0095]
ln(人均 GDP)		−2.2608 [−3.0739, −1.4246]	0.6319 [−2.2671, 4.0001]		−1.7930 [−2.4317, −1.0871]	1.0711 [−1.9053, 4.1188]
ln(人均 GDP)^2			−0.4677 [−0.9896, −0.0106]			−0.4791 [−0.9429, −0.0227]

注：所有模型包含时间趋势项。估计结果为中位数值，方括号内为 5%~95%不确定性区间。温度变量单位为摄氏度，降水变量单位为毫米。冷季为 1~3 月和 10~12 月。

估计结果同时表明，经济增长能够降低极端事件社会经济损害，这可以解释为收入上升有利于增强减缓损害的适应能力。然而，在大多数模型中并未发现经济发展和损害之间的倒 U 型非线性关系。

（2）降水相关事件损害。

RCP 情景下由降水相关事件造成的人员损害情况如图 8-10 所示。在 2041~2050 年，大部分南方省份的损失将增加，特别是安徽、重庆、湖北和江西在 RCP2.6 情景下的增

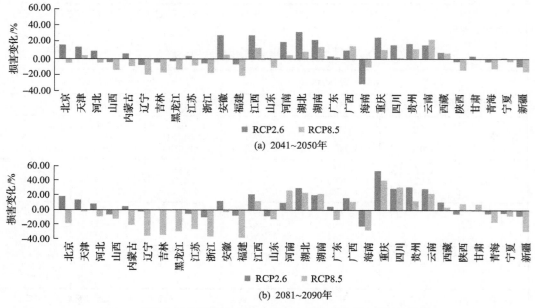

图 8-10　降水相关事件造成的人员损害变化（相对基准气候情景）

幅会超过 25%。相对而言，东北和西北地区的损害较小，在 RCP8.5 情景下大多数北方地区的人员损害都会降低。到 2081~2090 年，西南地区(重庆、贵州、四川和云南)在 RCP2.6 情景下的损害平均增加 36%。然而，东北地区(黑龙江、吉林和辽宁)在 RCP8.5 情景下的损害平均减少 33%。值得注意的是，福建和浙江在未来的损失较低。总体来说，RCP2.6 情景下的人员损害比 RCP8.5 情景高。

图 8-11 展示了降水相关事件造成的经济损失变化情况。在 RCP2.6 情景下，损失增加的省份集中在中部和西南地区，到 2081~2090 年将出现更多高损失省份。在 RCP8.5 情景下，两个时期内的损失变化情况具有显著空间差异性。到 2081~2090 年，大多数省份的经济损失会降低，北方和东南地区可能有超过 25% 的降幅。

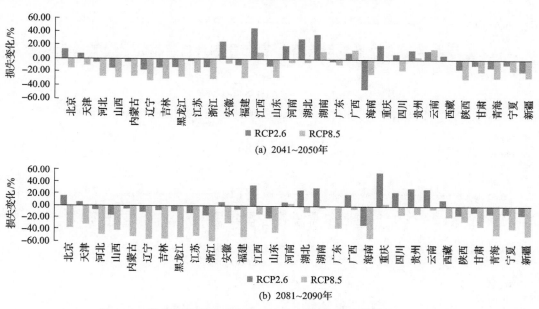

图 8-11　降水相关事件造成的经济损失变化(相对基准气候情景)

(3)干旱事件损害。

由干旱事件造成的人员损害变化如图 8-12 所示。可以看出，在 RCP2.6 情景下，北方大部分省份以及东南沿海省份在本世纪中期和末期的损害情况将加重。特别对于海南来说，气候变化将使得受灾人口占总人口的比重翻番。在 RCP8.5 情景下，全国的损害将更严重。在 2041~2050 年，只有广西和云南两省的损害值会有小幅降低，到 2081~2090 年，温升使得所有省份面临更高的损害，平均增幅将达 99%。

由干旱事件造成的经济损失变化具有类似特征(图 8-13)。在 RCP2.6 情景下，中部和西南地区的损失普遍下降，重庆在 2081~2090 年将减少 44%。与干旱事件的人员损害相一致，RCP8.5 导致未来经济损失变高，如安徽、福建、江苏和浙江在 2081~2090 年的损失会比基准情景增长 2 倍多。

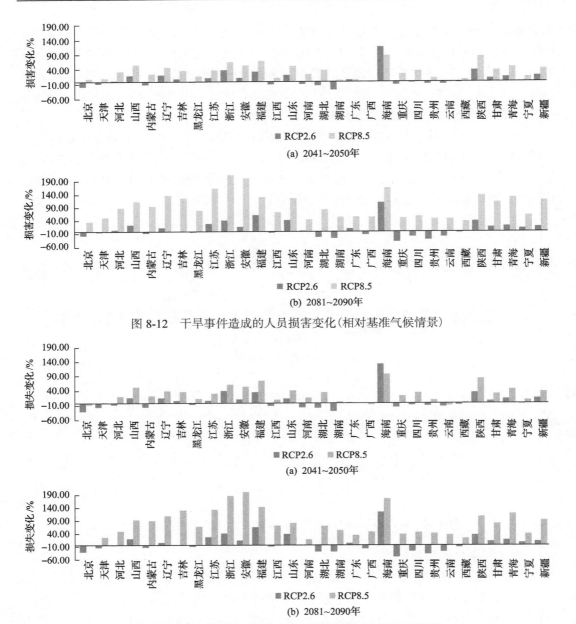

图 8-12　干旱事件造成的人员损害变化（相对基准气候情景）

图 8-13　干旱事件造成的经济损失变化（相对基准气候情景）

（4）低温相关事件损害。

图 8-14 为由低温相关事件导致的人员损害变化情况。总体而言，在 RCP2.6 情景下两个时期的损害变化接近。损害增加的省份主要在中部地区，最大增幅在 10%左右。在 RCP8.5 情景下，温升会降低人员损害。特别是在 2081～2090 年，约有 2/5 省份的损害将减小超过 10%，内蒙古、青海和新疆的平均降幅达 18%。

气候变化会降低多数省份的低温事件经济损失（图 8-15）。吉林和云南是在 RCP2.6 情景下仅有的损失增加地区，但幅度小于 1%。对于其他地区来说，平均降幅在 2041～

2050 年和 2081～2090 年分别为 6.0%和 5.5%。RCP8.5 情景下全国范围内将普遍存在更大的损失降幅。到 2081～2090 年，所有省份的平均变化为–16%，而像甘肃、青海、西藏和新疆这些地区的经济损失将减少 20%以上。

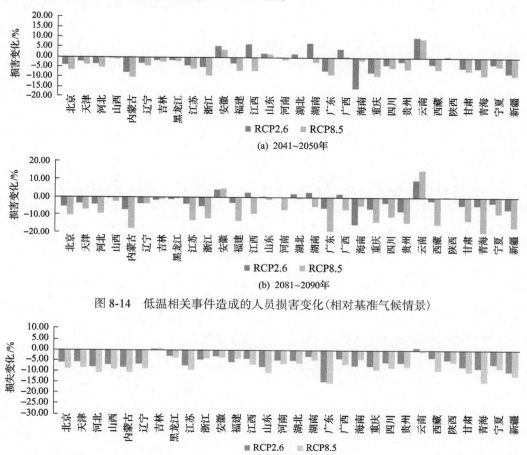

图 8-14　低温相关事件造成的人员损害变化(相对基准气候情景)

图 8-15　低温相关事件造成的经济损失变化(相对基准气候情景)

(5)全国社会经济损害。

根据各省人口和 GDP 占比，得到未来气候条件下全国层面的极端事件造成的社会经济损失变化情况(图 8-16)。降水相关事件导致的人员损害在各 RCP 情景下都会上升，特

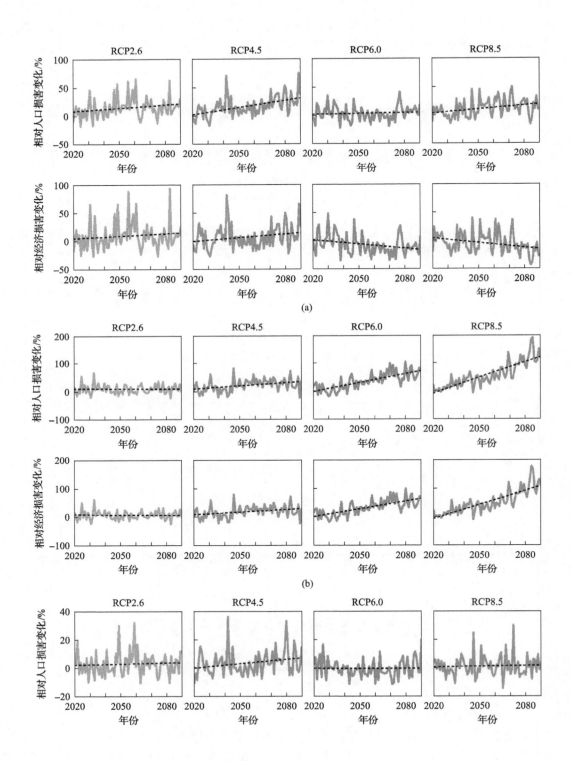

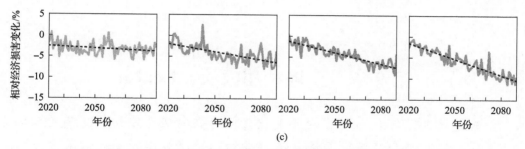

图 8-16　降水相关事件(a)、干旱事件(b)和低温相关事件(c)造成的社会经济
损害变化情况(相对基准气候情景)

别是 RCP4.5 中的上升趋势为 0.42%/年，而导致的经济损失在 RCP6.0 和 RCP8.5 情景下会降低，其变化趋势分别为–0.25%/年和–0.27%/年。干旱事件导致的两类损失在 RCP 情景下差异较大，RCP2.6 中有小幅降低，而其他 RCP 情景中则有明显的上升。到 2090 年，RCP8.5 情景中干旱事件导致的人员损害和经济损失分别增加 119.4% 和 106.3%。低温相关事件的两类损害具有不同特征，受灾人口比例总体小幅上升，其中 RCP4.5 下的增幅最大，而经济损失则在未来会降低，如在 RCP8.5 下降趋势为 0.13%/年。

8.3　本章小结

本章介绍了中国气候变化综合评估模型(C^3IAM)中气候损失模块的基本情况，阐述了运用 C^3IAM/Loss 模型对宏观经济、农业、人体健康和极端事件等方面进行影响评估的基本理论和模型方法，利用实证数据构建了气候影响函数，初步实现了对气候变化影响的刻画。进一步地，本书还结合未来气候与社会经济发展情景，评估了未来潜在的气候变化损失，这将有助于我国在碳中和、绿色转型过程中的决策部署。

本章的应用示例涵盖了 C^3IAM/Loss 模型中宏观经济、农业、人体健康和极端事件四个子模块。宏观经济影响评估子模块对中国 258 个城市的宏观经济损失进行预测分析，农业影响评估子模块分析了小麦单产的年际变化和空间分布状况，人体健康评估子模块通过 WBGT 指数对中国 31 个省会城市的高温影响进行预估。极端事件影响评估子模块对由降水、干旱和低温相关事件造成的省级社会经济损害进行研究。结果表明，气候变化将造成巨大的社会经济影响，可能加大地区间的不均衡发展。

本章在各个方面的气候影响相关结果可以为合理制定气候减缓与适应策略提供决策依据，如宏观经济政策应宽松还是紧缩，是否需要根据农业减产预期调控农产品价格，是否应针对可能的健康损失加大医疗领域的投入，是否应该针对极端事件建设更多防护设施等。

第9章 土地利用模块：EcoLa

全球气候变化与土地利用/覆盖变化之间存在着极为密切和复杂的耦合与反馈关系，涉及社会经济、气候系统、生物圈等诸多相互关联的因素。仅从人类活动过程和生物物理单方面研究是不完全科学与全面的，运用多种理论进行全面综合评估研究是必要且必需的。而综合评估模型为解决这一难题提供了新的思路。C^3IAM 的生态和土地利用模型 C^3IAM/EcoLa 能够描述气候系统和土地生产活动的相互作用，估计不同气候和土地政策所带来的土地资源变化影响以及对粮食供给安全的全局性影响。本章主要围绕 C^3IAM/EcoLa 模型的系统介绍及相关典型应用展开，拟回答以下问题：

- C^3IAM/EcoLa 的模型结构是怎样的？
- 碳税政策和造林措施在促进优化土地资源和参与气候减缓方面的效果如何？

9.1　基　本　原　理

由于土地利用变化和气候变化都是极其复杂的过程，不同学科之间模型与方法差异性较大，因此单纯使用如统计分析、线性建模、地理信息系统和系统动力学等传统方法，将土地利用变化和气候变化研究结合起来就变得异常困难。$C^3IAM/EcoLa$ 是中国气候变化综合评估模型（C^3IAM）的子模块，主要包括食物需求、土地生产活动生物物理参数、土地利用分配三个组成部分。

$C^3IAM/EcoLa$ 与其他的系统耦合工作主要基于两个方面开展：一是通过土地生产活动生物物理参数函数，与 $C^3IAM/Climate$ 相连接；二是通过土地利用分配函数，与 $C^3IAM/GEEPA$ 和 $C^3IAM/MR.CEEPA$ 相连接。

9.1.1　食物需求

食物需求是研究全球粮食安全和分析农业对环境的影响的重要工具。农业生产和土地生产活动的主要驱动力是对食物的需求。消费者通过直接和间接消耗农作物产品和动物产品来满足对食物的需求。食物需求主要随着人口和人均收入变化，为保证各地区人均食物供给模拟满足历史数据，我们将基于初始年份观测数据对估计值进行校准，主要包括：小麦、水稻、其他谷物、油料作物、糖料作物、果蔬作物、其他作物、反刍动物、非反刍动物和奶制品 10 类可食农产品和 1 类纤维作物。具体的作物产品食物需求方程（Bodirsky et al.，2015；Valin et al.，2014）：

$$\text{demand}_{t,\text{cntr},c}^{\text{food}} = \text{pop}_{t,\text{cntr}} \times \alpha_c(t) \times I_{t,\text{cntr}}^{\beta_c(t)} \tag{9-1}$$

式中，c 表示农作物产品种类；cntr 表示国家；t 表示年份；$\text{demand}^{\text{food}}$ 表示食物需求量；pop 表示地区总人口；I 表示人均 GDP；$\alpha(t)$ 和 $\beta(t)$ 是关于时间 t 的函数，表征影响需求的非收入相关因素，根据人均食物供给和人均收入的面板数据集采用统计方法进行估算，详细过程参考 Bodirsky 等（2015）的研究。纤维作物的需求估计采用食物需求类似的估计过程。

根据粮食需求的历史发展表明，在低收入和中等收入国家，以动物为基础的产品所占份额有所增加，而在高收入国家则有所下降。因此，人均动物产品食物供给与收入关系方程（Valin et al.，2014）如下：

$$\text{LS}_{t,\text{cntr},l} = \rho_l(t)\sqrt{I_{t,\text{cntr}}}\,e^{-I_{t,\text{cntr}}\sigma_l(t)} \tag{9-2}$$

式中，l 表示动物产品，包括反刍动物、非反刍动物和奶制品；LS 表示人均动物产品供给占人均食物供给的比重；$\rho(t)$ 和 $\sigma(t)$ 是关于时间 t 的函数，为正值，详细估计过程参考 Bodirsky 等（2015）的研究。

9.1.2　土地生产活动生物物理参数

该模块主要针对耕地上不同生产活动的生物物理参数进行估计，主要包括作物灌溉需水量、作物生产力和碳密度。

作物灌溉需水量通常认为是生育期内作物总需水量与有效降水量之间的差额（Frenken and Gillet，2012）。根据水量平衡过程可计算：

$$I_{net} = \frac{K_c \times ET_0 - pr_{eff}}{IE} \tag{9-3}$$

式中，I_{net} 为单位面积的净灌溉需水；IE 为灌溉效率；pr_{eff} 为有效降水量；ET_0 为参考作物蒸腾量；K_c 为作物系数，基于联合国粮食及农业组织（Food and Agriculture Organization of the United Nations，FAO）推荐的分段（初始期、生育中期和生育后期）单值曲线来构建（Allen，1998）。

关于不同作物生产力水平估计，这里耦合了前人开发的作物模型，实现不同气候变化对不同管理措施和作物的生产力水平估计。其次，关于耕地作物生产活动碳密度的计算过程参考 Kyle 等（2011）的研究工作，如下：

$$c\_density_{t,j,c} = \frac{yield_{t,j,c}}{HI_c} \times CC \times (1 - WC_c) \times (1 + RS_c) \times 0.5 \tag{9-4}$$

式中，$c\_density$ 为耕地作物生产活动的碳密度；yield 为作物单产；HI 为收获指数；CC 为碳密度转化率，假定值为 0.45；WC 为水分含量；RS 为根冠比，收获时作物地下部分质量和地上部分质量的比值；0.5 为了计算全年平均碳含量。

9.1.3　土地利用分配

土地利用分配机制是 C³IAM/EcoLa 模型的核心组成部分，模拟了土地生产活动过程中的各种物质流，在食物需求、水资源和土地资源等约束下，以总成本最小化为目标，优化得到各类土地资源最佳优化配置，并输出相应的成本及排放量。

（1）目标函数。

在进行土地结构优化时，成本效益是人类首先要考虑的目标。因此，土地利用模型中的土地分配机制主要是基于年化总成本最小原则进行分配，所有土地将在农业用地、草地、森林内进行竞争分配。主要包含了生产成本、灌溉成本、土地转换成本、技术进步投资成本以及 CO_2 排放成本五类，下文将进行具体介绍：

生产系数成本：生产成本囊括了作物生产过程中劳动力、资本和中间投入的要素成本，来源于 GTAP 数据库，如下：

$$Cost_{t,i}^{prod} = \sum_v C_{i,v}^{prod} prod_{t,i,v} + \sum_l C_{i,l}^{prod} x_{t,i,l}^{prod} \tag{9-5}$$

式中，i 表示区域；t 表示模拟的时间点；C^{prod} 表示单位生产成本；$Cost^{prod}$ 表示生产成本，包括分品种的作物和动物产品，prod 表示不同农作物产品的生产水平；x_l^{prod} 表示动物产品 l 的生产水平；v 表示作物和动物产品的种类。由于土地生产活动的供应量是由土地生产力和作物种植面积共同决定的，单位土地的潜在生产力是由气候、土壤等自然因素外生决定的，所以土地种植面积变化和技术进步是作物生产供应端的关键。因此，作物产品供应等于每种土地利用面积乘以其平均产量得到，具体作物生产的供给方程如下：

$$\mathrm{prod}_{t,i,c} = \sum_{j_i} \sum_{w} \mathrm{yield}_{t,j,c,w} \mathrm{TC}_{t,i} x^{\mathrm{area}}_{t,j,c,w}$$

式中，c 表示农作物；j_i 表示属于区域 i 的格点 j；w 表示作物生长用水状况，即灌溉(ir)和雨养(rf)；x^{area} 表示作物种植面积；yield 表示作物单产，仅考虑生物物理变化，不包括由于技术变化而引起的变化。TC 表示由于技术变化而导致的总产量放大率，如下：

$$\mathrm{TC}_{t,i} = \prod_{\tau=1}^{t}(1 + x^{\mathrm{tc}}_{\tau,i}) \tag{9-6}$$

其中，x^{tc} 表示由研发投资所引起的作物单产提高的年均技术变化增长率。

灌溉成本：灌溉作物的生产需要灌溉基础设施来进行水的分配和利用。因此，灌溉成本包含两部分：灌溉基础设施扩张投资成本和灌溉运营维护成本(Bonsch et al.，2015；Weindl et al.，2017)。

一般而言，灌溉作物的生产活动只能在配备灌溉基础设施的耕地进行。灌溉基础设施投资成本来自于世界银行数据(Jones，1995)。由于资金短缺、采购成本、建筑质量等实施问题，导致投资成本差异性较大，同时灌溉技术(如：地表水灌溉、喷灌、滴灌等)的选取也会进一步影响成本，其变化范围为 1700~24300 美元/公顷。随着未来技术进步和经济发展，世界各区域在经济、体制和技术标准方面将逐渐趋于一致，因此，假定到 2050 年，灌溉基础设施的投资成本将线性趋同于欧盟 5633 美元/公顷的水平(Bonsch et al.，2015)。

由于目前没有直接可用的灌溉运营维护成本数据集，采用 Calzadilla 等(2011)提出的估计方法，从 GTAP 数据表中土地租金数据中提取与灌溉相关的租金成本，并假设未来作物灌溉运营维护的单位成本是恒定不变的，详细过程如下：

$$R^{\mathrm{ir}}_{\mathrm{cntr},c} = \frac{\mathrm{prod}^{\mathrm{ir}}_{\mathrm{cntr},c}}{\mathrm{prod}^{\mathrm{tot}}_{\mathrm{cntr},c}} \times R^{\mathrm{tot}}_{\mathrm{cntr},c} \tag{9-7}$$

$$R^{\mathrm{ir,land}}_{\mathrm{cntr},c} = \frac{\mathrm{yield}^{\mathrm{rf}}_{\mathrm{cntr},c}}{\mathrm{yield}^{\mathrm{ir}}_{\mathrm{cntr},c}} \times R^{\mathrm{ir}}_{\mathrm{cntr},c} \tag{9-8}$$

$$R^{\mathrm{ir,water}}_{\mathrm{cntr},c} = R^{\mathrm{ir}}_{\mathrm{cntr},c} - R^{\mathrm{ir,land}}_{\mathrm{cntr},c} \tag{9-9}$$

$$C^{\mathrm{ir,OM}}_{\mathrm{cntr},c} = R^{\mathrm{ir,water}}_{\mathrm{cntr},c} / x^{\mathrm{area}}_{t_0,\mathrm{cntr},c,\mathrm{ir}} \tag{9-10}$$

式中，R^{tot} 表示土地租金；R^{ir} 表示灌溉作物生产所需的土地租金；$R^{\mathrm{ir,land}}$ 表示灌溉作物生产所需的土地租金中土地价值；$R^{\mathrm{ir,water}}$ 表示灌溉作物生产所需的土地租金中灌溉用水价值；$\mathrm{yield}^{\mathrm{rf}}_{\mathrm{cntr},c}$ 和 $\mathrm{yield}^{\mathrm{ir}}_{\mathrm{cntr},c}$ 分别表示基于产量加权的雨养和灌溉作物单产；$C^{\mathrm{ir,OM}}$ 表示

灌溉设施的运营维护单位成本；$x^{\text{area}}_{t_0,\text{cntr},c,\text{ir}}$ 表示基准年不同国家作物灌溉面积。

最后，可根据研究区域范围和研究目的，基于作物产量加权平均得到特定区域的作物灌溉用水单位成本。

因此，区域灌溉总成本除了当期灌溉基础设施投资成本和灌溉用水成本外，公式如下：

$$\text{Cost}^{\text{ir}}_{t,i} = C^{\text{ir,iv}}_{t,i} \sum_c (x^{\text{area}}_{t,i,c,\text{ir}} - x^{\text{area}}_{t-1,i,c,\text{ir}}) \times \text{annuity} + \sum_c \left(C^{\text{ir,OM}}_{i,c} \sum_{j_i} x^{\text{area}}_{t,j,c,\text{ir}} \right) \tag{9-11}$$

式中，Cost^{ir} 表示区域灌溉总成本；$C^{\text{ir,iv}}$ 表示灌溉基础设施投资单位成本；annuity 表示未来年均投资成本率，与折现率、技术投资回收期息息相关。

土地转换成本：随着社会经济的发展和人们生活水平的改善，为应对未来农产品需求的增加，需进一步重新分配和扩大农田和牧场，或者加强农田和牧场的生产力水平。农业用地扩张不仅仅限于适合作物生长地区，而且还受制于土地转换成本（Kreidenweis et al.，2018），具体公式计算如下：

$$\text{Cost}^{\text{lc}}_{t,i} = C^{\text{lc}}_i \sum_{j_i,c,w} (x^{\text{area}}_{t,j,c,w} - x^{\text{area}}_{t-1,j,c,w}) \times \text{annuity} \tag{9-12}$$

式中，Cost^{lc} 表示土地利用转换成本；C^{lc} 表示土地利用转换单位成本，不随时间发生变化。

技术进步投资成本：为了提高农业产量，促进农业生产技术进步是非常重要的途径。本书技术进步的内生实施主要是基于农业土地利用强度的替代指标（Dietrich et al.，2014），土地利用强度是指人类活动引起的作物单产增加的程度，技术变革不仅会促进作物增产，而且会改善农业土地利用强度，这反过来会进一步增加增产的成本（Dietrich et al.，2012）。Schmitz 等（2010）基于农业用地强度与技术变革投资（包括研发和基础设施投资）的经验数据进行回归分析，估计了作物单产增加的单位技术变革成本。这里，我们借鉴 Dietrich 等的研究结果，构建了如下农业技术变革投资成本公式：

$$\text{Cost}^{\text{tc}}_{t,i} = 1900 x^{\text{tc}}_{t,i} \left(\frac{1}{Q} \sum_c \tau_{t_0,i,c} \text{TC}_{t,i} \right)^{2.4} \sum_{j_i,c,w} x^{\text{area}}_{t-1,j,c,w} \tag{9-13}$$

式中，Cost^{tc} 表示通过新发明和管理技术的改进来提高产量所产生的技术变革投资成本（美元）；τ_{t_0} 表示基准年的土地利用强度，这里的基准年为 2000 年，其计算过程参考 Schmitz 等（2010）的研究；Q 表示作物生产活动的个数。

碳排放成本：碳排放成本只有在国家或区域实施碳减排政策情景下才存在，通常情况下对碳进行定价，在无碳减排政策情景下碳价为 0。公式如下：

$$\text{Cost}^{\text{emis}}_{t,i} = C^{\text{carbon}}_t \times (\text{c\_stock}_{i,t-1} - \text{c\_stock}_{i,t}) \times \text{annuity} \tag{9-14}$$

$$\text{c\_stock}_{i,t} = \sum_{j_i,c,w} \text{c\_density}_{t,j,c} x^{\text{area}}_{t,j,c,w} \tag{9-15}$$

$$c\_density_{t,j,c} = \frac{yield_{t,j,c}}{HI_c} \times CC \times (1 - WC_c) \times (1 + RS_c) \times 0.5 \tag{9-16}$$

式中，$Cost^{emis}$ 表示碳排放成本；C^{carbon} 表示碳价；c_stock 表示碳储存量；$c\_density$ 表示耕地作物生产活动的植被碳密度，其计算过程参考 Kyle 等（2011）的研究工作；HI 表示收获指数；CC 表示碳密度转化率，假定值为 0.45；WC 表示水分含量；RS 表示根冠比，收获时作物地下部分质量和地上部分质量的比值；0.5 为了计算全年平均碳含量。

总成本：总成本为生产成本、灌溉成本、土地转换成本、技术投资成本和排放成本之和，以每个模拟期总成本最小为目标，对国家或区域土地利用资源进行优化再分配，如下：

$$Cost_t^{total} = \sum_i Cost_{t,i}^{prod} + Cost_{t,i}^{ir} + Cost_{t,i}^{lc} + Cost_{t,i}^{TC} + Cost_{t,i}^{emis} \tag{9-17}$$

式中，$Cost^{total}$ 表示总成本。

（2）土地利用优化配置约束体系。

土地利用资源优化过程中涉及很多资源和政策的限制条件，即约束条件，比如：食物需求、各种土地类型数量约束、国家或区域对土地方面的政策约束、可获取水资源约束等。根据所设立的目标函数，归纳出相应的约束条件如下所示：

产品需求约束：针对每一类产品，需满足全球生产水平大于全球需求约束，如下：

$$\sum_i prod_{t,i,k} \geqslant \sum_i demand_{t,i,k}^{total} \tag{9-18}$$

式中，k 表示作物和动物产品的集合，即 $k = c \cup l$；$demand^{total}$ 表示农作物总需求，农作物需求除了人类食物需求以外，不同动物产品的生产对所需用作饲料的作物需求也是其重要组成部分，因此，农作物总需求方程如下：

$$demand_{t,i,c}^{total} = demand_{t,i,c}^{food} + \sum_l feed_{i,l} x_{t,i,l}^{prod} fs_{i,l,c} \tag{9-19}$$

式中，feed 表示动物产品所需的饲料投入；$fs_{i,l,c}$ 表示动物产品饲料投入中用作饲料的作物所占份额。

此外，一地区农产品的生产过剩，除了满足本地区的需求之外还用于出口；反之，当地区生产不能完全满足本地区需求，则需要从其他地区进口。引入自给率系数（即：产量与供给的比率）来衡量地区的自我供给能力，来自 FAO 数据整理而得。通过从进口区域的区域生产中减去国内需求（自给率 sf < 1），可以计算出每个生产活动的全球过剩需求。计算得出的全球过剩需求根据其出口份额分配 exshr 给出口地区。

全球过剩需求：

$$demand_{t,k}^{excess} = \sum_i demand_{t,i,k}^{total}(1 - sf_{i,k}), \quad sf_{i,k} < 1 \tag{9-20}$$

区域过度供给：

$$\exp_{t,i,k} = \text{demand}_{t,k}^{\text{excess}} \text{exshr}_{i,k} \qquad (9\text{-}21)$$

式中，exshr 表示分农产品的出口份额；sf 表示分农产品的自给率；$\text{demand}^{\text{excess}}$ 表示全球农产品的过度需求；exp 表示出口地区的农产品出口量；

因此，地区农产品的供给水平须大于需求水平，则有如下公式：

$$\text{prod}_{t,i,k} \geqslant \begin{cases} \text{demand}_{t,i,k}^{\text{total}} \times \text{sf}_{i,k}, & \text{sf}_{i,k} < 1 \\ \text{demand}_{t,i,k}^{\text{total}} + \exp_{t,i,k}, & \text{sf}_{i,k} \geqslant 1 \end{cases} \qquad (9\text{-}22)$$

式(9-22)保证了农产品需求和供给在区域尺度上的平衡。就出口地区（$\text{sf}_{i,k} \geqslant 1$）而言，该地区的产量必须大于或等于国内需求加上出口数量。就进口地区（$\text{sf}_{i,k} < 1$）而言，该地区的产量必须大于或等于国内需求乘以自给系数。

土地资源约束：土地作为一种稀缺资源，土地利用的优化主要体现在土地供需矛盾的协调机制上。土地资源的供给量受限于土地的自然经济属性，所以在土地资源优化之前须确保农业生产的可用土地资源数量；同时确保灌溉作物的生产只限制在有灌溉设备的地区，以保证土地资源的可持续利用和集约利用。因此，有如下约束：

$$\sum_{\text{lu}} x_{t,j,\text{lu}}^{\text{area}} = \sum_{\text{lu}} x_{t-1,j,\text{lu}}^{\text{area}} \qquad (9\text{-}23)$$

$$\sum_{c} x_{t,j,c,\text{ir}}^{\text{area}} \leqslant \text{AEI}_{j} \qquad (9\text{-}24)$$

式中，lu 表示土地利用类型：耕地、草地、林地、建设用地和其他自然植被用地；AEI 表示配备灌溉设施的覆盖面积。森林和其他自然植被的面积不能小于保护区的面积：

$$x_{j,\text{lu}}^{\text{area}} \geqslant \text{PA}_{j,\text{lu}} \qquad (9\text{-}25)$$

式中，PA 表示受保护的土地面积。

水资源约束：基于灌溉种植条件作物的生长离不开水的供给。每个地区对水的需求必须小于或等于地区内可用于农业生产的水供给量，如下：

$$\sum_{j_i,c} x_{t,j,c,\text{ir}}^{\text{area}} \text{IWR}_{t,j,c} \leqslant \text{Water}_{t,i} \qquad (9\text{-}26)$$

式中，Water 表示地区农业灌溉用水提取量。

作物轮作约束：作物轮作对农业系统的可持续性影响越来越受关注，同时在土地利用建模框架分析农业生产系统的经济和环境影响时扮演着重要角色（Schönhart et al.，2011）。轮作约束描绘了不同作物种植结构在时间上和空间上的体现，这里是通过定义每种作物在对应生产单元中的种植面积上限来实现的（Dietrich et al.，2014），公式如下：

$$\sum_{c_y} x^{\text{area}}_{t,j,c_y,w} \leqslant \text{rate}^{\text{max}}_y \sum_c x^{\text{area}}_{t,j,c,w} \tag{9-27}$$

式中，y 表示轮作周期；c_y 表示轮作周期为 y 的作物；rate^{max} 表示作物种植面积占总面积的最大比重。

9.2　全球土地利用变化格局分析

作为关联人类社会经济活动行为与自然生态环境的耦合系统，土地利用变化为人类活动引起的温室气体排放研究提供了重要的综合视角。作为陆地生态系统碳源/汇的自然载体，土地利用与覆盖类型的变化是导致全球温室气体排放量迅速增长的重要原因。根据相关学者研究，在过去 150 年内，全球土地利用及其变化引起的直接碳排放量是人类活动带来总碳排放量的 1/3（Houghton et al.，2012），对生态系统碳循环过程的影响不容小视。事实与研究均表明，多数土地利用变化会导致大气 CO_2 排放量的增加，如森林向草地和耕地转换、耕地转换为建设用地等，1870～2017 年，全球土地利用变化产生的 CO_2 排放量累计约为 180 吉吨碳，约占同期化石燃料燃烧和工业生产累计排放量的 41%（Le Quéré et al.，2018）。虽然土地利用变化带来的碳排放量巨大，然而科学合理的土地利用和管理方式也可以实现 60%～70%已耗损碳的重新固定（Lal，2002），因此，土地利用对减缓碳排放量的增加可以做出一定的贡献。

土地生态系统具有碳源和碳汇的双重特征，其在减缓气候变化中的重要性已得到国际社会的广泛认可。相较于技术手段的创新，碳税、补贴等经济手段被认为是较为简单、可行、易出台的碳排放减缓政策。在减缓气候变化形势下，碳固定和碳蓄积已成为生态系统另一个有价值的服务功能。如果对生态系统的碳固定或碳蓄积和碳排放分别征收碳税和采取碳补偿，那么整个生态系统就形成了一个碳汇交易市场（高霁，2012），因而生态系统碳汇价值可以作为减缓气候变化的有效措施。此外，为实现未来 1.5℃的气候目标需要依靠大规模的负排放技术。当前负排放技术主要包括生物质能碳捕集和封存、造林/再造林、直接空气捕集法等（Fuhrman et al.，2020）。而造林作为目前成本最低、易于操作且减排效果显著的一种负排放技术，已得到全球广泛认可。土地利用作为人类生产生活碳排放的社会经济空间载体，土地利用自身不直接带来此类碳排放，但其为分析碳排放的空间分布特征以及不同空间碳排放的相互作用提供了研究框架，并且从宏观上调控社会经济活动碳排放提供了重要的干预方法（韩骥等，2016）。相对化石燃料使用温室气体排放的过程和机制而言，土地利用变化导致碳排放的内在机理更为复杂、不确定性更大、时空分布特征更趋多样。因此，亟须全面核算不同尺度土地利用变化产生的温室气体排放量，深入解析内在变化机制，为以低碳发展目标为导向的土地利用规划奠定基础。

9.2.1　情景设置和主要数据来源

本书选取 SSP2 作为经济社会发展路径，刻画未来全球经济、社会和技术的中等发展情景，选取 RCP2.6 和 RCP8.5 两条极端浓度路径，分别刻画最为严格和最为宽松的气候目标，以此来分析在不同气候路径下未来全球土地利用变化时空分布特征。同时从 2020 年开始引入碳税政策和造林技术，以探讨减缓土地利用变化对碳排放量的影响。因此，得到表 9-1 的情景矩阵。BAU 情景：无任何减排政策引入；碳税情景（TAX）：2020 年碳税政策引入；碳税和造林情景（TAX+AFF）：2020 年碳税和造林政策同时引入。

表 9-1　情景矩阵

	情景名称	碳税	造林
SSP2-2.6	BAU	×	×
	TAX	✓	×
	TAX+AFF	✓	✓
SSP2-8.5	BAU	×	×
	TAX	✓	×
	TAX+AFF	✓	✓

注：×表示该情景不包含该因素，✓表示包含该因素。

主要数据来源：FAO 提供各种农产品的人均供给水平、各种作物的收获面积、消费及进出口贸易等数据。全球贸易分析数据库（Global Trade Analysis Project，GTAP）提供农业部门作物和动物产品的分类目录。动物产品生产系统的饲料输入输出系数主要参考 Wirsenius（2000）和 Odegard 等（2014）。未来碳价参考 Wei 等（2018）的设置。模型中主要采用的地理数据类型和来源说明，见表 9-2。

表 9-2　主要地理数据来源说明

数据类型	数据集说明	年份	空间分辨率	机构	参考文献
土地利用	基准年土地利用数据	2000	0.0833°×0.0833°	克拉根福大学社会生态研究所	Erb et al., 2007
土地利用	灌溉和雨养耕地收获面积、草地面积	2000	0.5°×0.5°	SAGE	Monfreda et al., 2008
土地适宜性指数	雨养作物的土地适宜性指数	2002	0.0833°×0.0833°	FAO/IIASA	Fischer et al., 2001
保护面积	全球保护面积	2004	0.5°×0.5°	UNEP-WCMC	UNEP-WCMC, 2007

9.2.2　主要结果

（1）全球土地利用格局时空变化。

从图 9-1 中可见，BAU 情景下随着人口增长和生活水平的改善，农产品的需求加大，从而影响了全球土地资源的分配利用格局。总体而言，2050 年前耕地面积逐年增加，主要通过占据其他未被利用自然土地来满足人类对土地产品的需求，同时在 RCP8.5 气候目标下，温度的升高导致农业生产力改善弱于 RCP2.6 气候目标下的改善，使其耕地面积也大于 RCP2.6 气候目标；由于人口增长对畜牧产品需求的增加，促使牧草地面积一定程度的上涨；森林用地面积变化差异不显著。与 BAU 情景相比，两组政策情景下农业耕地面积在 2050 年呈增长趋势，但增长趋势有所减缓，尤其是在 TAX+AFF 情景下更为明显，主要由于碳排放成本的增加带来了高度集约化的农业用地。2020 年碳税政策的引入，RCP2.6 较高的碳税年均增长率促使其碳税和造林两情景在 2020 年后森林用地呈现逐年上涨趋势，而 RCP8.5 下森林用地也得到一定改善。

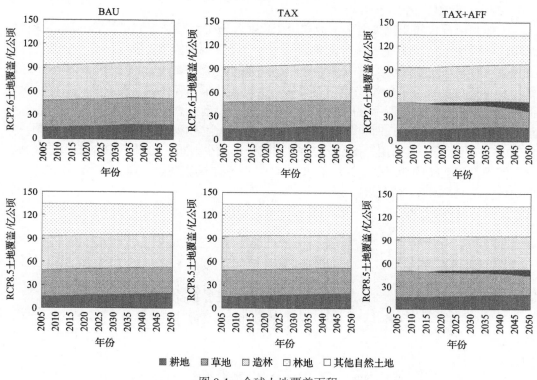

图 9-1　全球土地覆盖面积

　　实现全球食物供给安全需要保障耕地安全和优化配置耕地资源。根据模型模拟的 BAU 情景下 2050 年耕地面积占格点土地面积的百分比，以及每格点耕地面积相对于基准年耕地面积使用变化比重的全球分布，亚洲、北美和部分欧洲地区耕地面积占比较大，是全球主要农业生产国。不同地区的耕地面积实现了不同程度的扩张，其中撒哈拉以南非洲地区的耕地面积增长尤为明显，主要由于该地区农业生产技术较为落后且长期处于粮食供给短缺状态，而人口和食物需求又大幅度增长所导致的。与其他地区相反，到 2050 年我国农业用地与基准年基本保持相当，这是由于人口预测下降以及作物生产和畜牧业大量集约化的结果。此外，尽管我国的肉类消费量大幅增加，但主要以猪肉构成，而猪肉主要以农作物和残渣为食，因此所需土地有所减少（Doelman et al.，2018），从而减少了我国的土地需求。

　　造林作为一种有效的负排放技术，固碳作用的重要程度不言而喻。自 2020 年开始造林政策的引入，主要以缩减草地和其他未被利用的自然土地面积为代价，到 21 世纪中叶累计植树造林面积在 SSP2-2.6 和 SSP2-8.5 下分别增加到 12.08 亿公顷和 8.15 亿公顷

(图 9-1)。从空间分布来看，通过计算，发现 2050 年全球新增造林面积主要集中在亚洲和欧洲地区以及少数的美洲地区。我国是全球新增造林面积的主要贡献者，到 2050 年中国累计新增造林面积分别约为 RCP2.6 的 3.28 亿公顷和 RCP8.5 的 2.7 亿公顷，其次为欧盟地区，SSP2-2.6 下累计新增造林面积占据到全球的 28%，这两个地区为全球碳清除和减缓气候变化做出了重要贡献。而中东和非洲地区的新增造林面积几乎为 0。

　　(2)土地利用变化引起的碳排放。

　　土地利用方式的变化决定了土地利用变化对陆地生态系统碳贮量的影响过程(赖力，2010)。一般来说，森林生态系统的碳储量明显大于草地和农田，农业用地一般会降低土壤碳储量并增加土壤碳的分解速率。由图 9-2 看出，BAU 情景下 SSP2-2.6 和 SSP2-8.5 累计 CO_2 排放呈现逐年增长趋势，主要是由于耕地扩张和森林砍伐造成的；碳税政策的引入使得土地利用变化所引起的全球累计 CO_2 排放得到显著减缓，2045 年出现峰值；当碳税和造林政策同时引入时，尽管 2030 年土地转化为造林区增加了累计 CO_2 排放，但在 2035 年造林的固碳作用开始凸显，CO_2 排放快速减少，随后 20 年内 RCP2.6 和 RCP8.5 分别实现每年连续约 20 亿吨 CO_2/年和 15 亿吨 CO_2/年的碳清除，到 2050 年 SSP2-2.6 实现累计 CO_2 清除量为 86 亿吨。

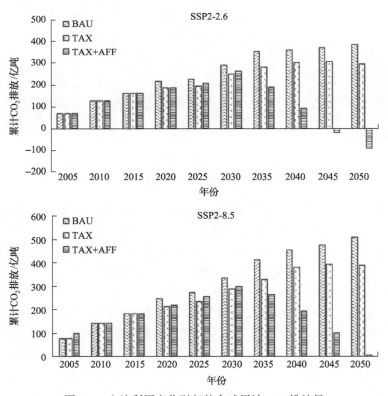

图 9-2　土地利用变化引起的全球累计 CO_2 排放量

　　为了更好地应对气候变化对土地利用变化的影响，尤其是减少对耕地的依赖，应加大对农业技术的投入，促进农作物增产，同时人们合理的饮食选择、减少粮食浪费等一系列应对方案可减少土地转化需求。此外研究证明，碳税和造林措施是减少土地利用变化对大气 CO_2 排放贡献的一种有效手段，可在部分国家或区域进行大力推广。

9.3　本 章 小 结

本章对中国气候变化综合评估模型(C^3IAM)中的子模块 C^3IAM/EcoLa 构建进行了详细介绍。该模型主要包括食物需求、土地生产活动生物物理参数、土地利用分配三个组成部分。其中，食物需求主要针对农作物食物和肉类食物需求的预测；土地生产活动生物物理参数主要针对耕地上不同生产活动生物物理参数进行估计，主要包括作物灌溉需水量、作物生产力和碳密度；土地利用分配基于成本优化思想对不同土地利用资源进行优化再分配，是 C^3IAM/Ecola 模型的核心组成部分。

本章的应用示例运用该模型模拟分析了在碳税政策和造林措施引入下全球土地资源变化。土地利用格局结果显示，从时间变化趋势来看，基准情景(BAU)下人类通过占据其他未被利用自然土地来满足对农产品的需求，2050 年前耕地面积和草地面积逐年增加，森林用地面积变化差异不显著。在碳税政策和造林措施引入下，由于碳排放成本的增加带来了高集约化的农业用地，耕地面积增长趋势减缓，RCP2.6 气候目标下森林用地呈现逐年上涨趋势，而 RCP8.5 下森林用地也得到一定改善。造林作为一种有效的负排放技术，造林政策的引入，主要以缩减草地和其他未被利用的自然土地面积为代价，到 21 世纪中叶累计植树造林面积在 SSP2-2.6 和 SSP2-8.5 下分别增加到 12.08 亿公顷和 8.15 亿公顷。从空间分布来看，BAU 情景下亚洲、北美和部分欧洲地区耕地面积占比较大，是全球主要农业生产国。不同地区的耕地面积实现了不同程度的扩张，其中到 2050 年撒哈拉以南非洲地区的耕地面积增长尤为明显，而我国的农业用地与基准年基本保持相当，且是全球新增造林面积的主要贡献者。而中东和非洲地区的新增造林面积几乎为 0。由于耕地扩张和森林砍伐导致 BAU 情景下 SSP2-2.6 和 SSP2-8.5 累计 CO_2 排放呈现逐年增长趋势；碳税政策引入时使得土地利用变化所引起的全球累计 CO_2 排放得到显著减缓，2045 年出现峰值；当碳税和造林政策同时引入时，CO_2 排放快速减少，到 2050 年 SSP2-2.6 实现全球累计 CO_2 清除量 86 亿吨。因此，实施碳税政策，通过碳价格来影响各种土地资源的利用相对成本，从而可以显著地影响用地结构：全球耕地面积增长趋势放缓，草地和林地面积得到改善；造林作为一种有效的负排放技术，其引入大大提高了土地固碳作用，全球碳排放大大减少。碳税政策和造林二者均可为减缓气候变化做出重要贡献。

第 10 章 模型的耦合技术

气候变化综合评估模型一般包括社会经济，能源利用与减排技术，土地利用，气候变化及损失、适应等模块。各模块针对不同研究问题，拥有独特的建模思路和哲学逻辑，对主要变量和参数的刻画细致程度有较大差异（Stanton et al.，2008），不同模块的详尽程度和各模块之间的链接决定着整个综合评估模型的适用性和完备性。如何将不同领域的专业模型耦合起来，形成较为完备的综合评估模型显得十分重要。耦合方式的选择也成为不同综合评估模型的重要差别之一，甚至直接决定了综合评估模型的适用范围和可靠性。基于以上背景，本章将从以下几个方面展开介绍：

- 双向耦合方式有哪些？
- 当前典型综合评估模型用了什么耦合方法？
- C³IAM 模型运用的耦合方法包括哪些？

10.1 双向耦合方法

10.1.1 嵌入式耦合

嵌入式耦合就是以两类模型为对象，将其中一类模型进行简化再造，使其在另一个模型的建模基础架构中得以实现，进而快速实现同步双向耦合。同一建模框架下的大系统模型多采用该耦合方式，如在地球系统模式中描述地球系统多个圈层(陆地、大气、海洋等)的系统动力、物理、化学等过程，涉及地球多个圈层(陆地、大气、海洋等)之间的多尺度耦合，需要进行众多复杂参数化过程和大规模、多尺度、多维数据处理。在这种情况下，嵌入式耦合多被采用来实现大气、海洋、陆地、冰川等不同系统变化之间的相关作用和关联。类似地，在社会经济系统中，一般基于经济学、社会学、系统学、心理学等理论构建系统优化模型，对人类社会经济系统进行模拟刻画，进而设计生产、消费、投资、贸易、产业变迁、能源使用以及碳排放等情景。经济生产与技术进步、经济发展与人口变化等不同的子系统可以采取该方式进行耦合。

不同建模框架下的复杂系统模型之间很难直接采用嵌入式耦合方式，一般需要对其中一些模型进行建模框架改造，使其适应耦合模型的建模框架。社会经济系统与地球系统之间的嵌入式耦合一般有两种方式：一是将复杂地球系统模式简化，形成时间、空间尺度与社会经济系统模型一致的气候变化模块，进而内嵌到社会经济系统模型中。通过模拟经济系统产生排放，导致气候变化，由此带来温度、海平面等变化及极端气候事件的发生，进而产生气候损失，反过来对经济造成负面影响，从而实现双向耦合；二是将社会经济模型简化，使之输出复杂地球系统模式所需要的温室气体排放数据，再建立气候变化与部分经济活动的反馈关系，进而实现双向耦合。

因传统地球系统模式太过复杂，计算时间长，且与社会经济系统等多个模型的双向耦合可能需要多次迭代交互，总体运行时间和算力需求可能呈几何式增长。因此，部分综合评估模型选择对地球系统模式进行简化处理，抽象出适合社会经济系统时空尺度的气候变化模块。一些综合评估模型采用中等复杂度的地球系统模型(Rogelj et al.，2012；Sokolov et al.，2005)。已有研究显示，通过选择适当的参数值，在不同强迫情景下，中等复杂度的地球系统模型可以再现 AOGCM 和 ESM 模拟的全球平均变化(Meinshausen et al.，2011)。模型相互比较的结果还表明，在许多情况下，由中等复杂度模型预测的气候变化与 AOGCM 模拟中获得的结果非常相似(Gregory et al.，2005)。在麻省理工学院的 IGSM(综合全球系统模型)中，MESM(地球系统模型)系统采用该方式建立了地球系统模型。为了便于同一个模型框架下不同系统模型的运行，提高运行效率，还有一些模型通过包含多组方程的气候模块来刻画全球气候变化过程。这种更加简化的处理将可能导致气候变化模拟的不确定性进一步放大，但运行效率有较大提高。此类模型可以用来进行快速对比分析不同政策情景下的效果，对于多情景下综合政策评估和气候谈判具有较好的支撑，全球知名的 DICE/RICE 等模型采用此种简化方式。

　　对地球系统模式简化将增加气候变化模拟的不确定性，不少学者在进行耦合时主张简化社会经济系统。此类耦合方式中，地球系统和社会经济系统的关键链接点是温室气体排放。温室气体排放数据作为社会经济系统的产出，其数据粒度由社会经济系统的特性决定。复杂地球系统模式对温室气体排放数据的时空分布及变化要求较高，常用的社会经济系统模型均无法满足其需求，大多需要通过特定方法进行降尺度处理，得到适合复杂地球系统模式的数据。此外，该耦合方式也要考虑气候变化对社会经济系统的影响。为了改善往常单向耦合无反馈的缺点，部分学者尝试增加气候损失反馈，但该处理方式下的社会经济模型和气候损失模块均较为简单，无法全面准确地反映复杂的社会经济系统运行状态，以及气候变化对社会经济系统产生的复杂影响关系和演化过程。

10.1.2　交互式耦合

　　嵌入式耦合会造成因简化部分模型或模块带来的结构可靠性和准确性方面的损失。交互式耦合可以有效避免嵌入式耦合的这一缺点，但也对计算资源有较高的要求，同时会降低运行效率。鉴于地球系统模型和社会经济模型在建模思路和理论基础上有较大差异，且模型数据在时空尺度也存在较大差异，很难直接在同一模型架构中进行整体建模整合，多数综合评估模型采用交互式耦合方式进行整合。交互式耦合应用比较广泛，多数综合评估模型中，地球系统模型、经济系统模型、土地利用模型以及气候影响模型之间的相互耦合都应用交互式耦合。通过在自然和社会驱动因素之间引入多个反馈机制，提高对人类社会系统和地球系统动态演化的科学理解。根据参与耦合模型数量的不同，可以将交互耦合分为双模型交互耦合和多模型交互耦合。

　　双模型交互耦合。一般情况下，气候变化综合评估模型主要进行社会经济系统模型和地球系统模型的双模型交互耦合。这种耦合需要针对交互的链接变量（包括双变量或多变量交互耦合）进行反复校准，使其保持一致性。如果两种模型的运行平台不同，还需要构建耦合器，通过耦合器调用两个已有模型来实现耦合。麻省理工学院开发的 IGSM 即是此类耦合模型，其通过对人类活动和排放模型（EPPA）和地球系统模型（MESM）进行耦合得到。

　　多模型交互耦合。考虑到土地利用对气候变化的重要作用，部分气候变化综合评估模型会详细刻画土地利用模块，该模块与地球系统模块和社会经济系统模块的建模框架都有所不同，但存在密切的关联。其中，在土地利用模块中，输出参数包括因土地利用变化导致的温室气体排放及土地资源变化，输入参数包括气候变化导致的温度、降水、海平面等变化，以及投资、经济发展等对土地设施、生产力的影响。因此，该类气候变化综合评估模型将土地利用模块、地球系统模块和社会经济系统模块等进行耦合，涉及多维度、多层次的对接，对耦合思路、耦合架构及计算资源的要求较高，且难以保障运行效率，因此，目前此类模型尚处于积极探索中。目前，综合地球系统模型（iESM）采用这种方式将全球变化评估模型（GCAM）和全球土地利用模式（GLM）与完整的社区地球系统模型（CESM）进行了双向耦合。这类模型可以用来研究排放轨迹和其他人类活动的时间、规模和地理分布之间相互作用和反馈。

10.2 已有的耦合方式

10.2.1 DICE/RICE 模型

气候和经济的动态综合模型(DICE)是一个简化的分析与实证模型,从新古典经济增长理论的角度研究与气候变化有关的经济、政策和科学内容(Nordhaus,1992)。其区域版本为区域气候和经济的综合模型(RICE)(Nordhaus and Yang,1996)。

DICE/RICE 模型主要包括区域经济增长模块(经济模块)、碳排放-浓度-温度模块(气候模块)和气候-关联模块。其中,经济模块根据经典经济增长理论建立,社会产出函数采用柯布-道格拉斯生产函数表达,主要投入要素为资本、劳动力和能源,能源包括含碳燃料(如煤)和无碳技术(太阳能、地热能和核能)。刨除损失的总产出主要用于消费、投资或减排。投资可用于积累资本进行扩大再生产。生产过程中会产生碳排放,相关技术变革包括两种形式:整体经济的技术变革(全要素生产率的改变)和碳节能技术的变化。

DICE/RICE 模型中的气候模块主要包括碳循环、辐射强迫、气候变化和气候损害相关的方程。其作用机理是,碳排放影响大气温室气体浓度,温室气体浓度的变化将改变辐射强迫,进而影响温度;温度的变化又将引起经济损失(表现为产出系数的变化),反馈到经济模块,并再次作用于碳排放模块。气候模块选用的是经典 3-box 模型,包括大气、海洋(分为上层和下层)三个储层来描述碳流动和循环。

DICE/RICE 模型对经济和气候模块之间的关系处理直接体现在模型的关联方程中:在气候模块中,输入变量来自经济模块的碳排放数据,输出变量为温度和海平面的变化,并通过气候损失函数(模块)反馈到经济模块中。采用这种嵌入式耦合方式直接构建完整的综合评估模型,可大幅提升运行效率,但对社会经济和气候变化的刻画不够细致,在评估气候变化及其社会经济影响的准确性方面还有较大提升空间。

10.2.2 IGSM 模型

麻省理工学院综合全球系统模型(IGSM)建立了描述气候问题的全耦合概率方法的哲学框架,包括多个子模块(系统)。其中,人类活动和排放模块是排放预测和政策分析模型,大气动力学、物理和化学模块涵盖了一个城市化学子模型,海洋模块纳入了碳循环系统且包括海冰子模型。此外,土地模块是一套相互关联的耦合模型,包括陆地生态系统模型(TEM)、自然排放模型(NEM)和社区土地模型(CLM),该模块包括全球陆地水、能源预算及陆地生态系统过程。IGSM 综合评估系统是一个完全耦合的系统,能够模拟各模块之间的关键反馈。各子模块中使用的时间步长范围从大气动力学的 10 分钟到 TEM 的 1 个月再到 EPPA 模式的 5 年,反映了 IGSM 模拟不同过程特征的时间尺度差异。

IGSM 的气候系统部分旨在提供处理多项政策研究和不确定性分析所需的灵活性和计算速度,同时尽可能最好地描绘出 AOGCM 的物理、化学和生物学特性。此外,在 IGSM 中,地球系统的组成部分与人类相互作用的模型相联系。

EPPA 是描述全球经济的递归动态多区域可计算一般均衡模型。它建立在 GTAP 数据库的基础上,并对温室气体、气溶胶和其他污染物的排放数据进行了扩充。EPPA 专门预测了经济变量(GDP、能源使用、部门产出、消费等),以及化石燃料燃烧、工业过程、废物处理和农业活动中产生的温室气体(CO_2、CH_4、N_2O、HFCs、PFCs 和 SF_6)排放和其他空气污染物排放(CO、VOC、NO_x、SO_2、NH_3、炭黑和有机碳)。特别地,EPPA 分析了人类活动影响的不确定性,如人口和经济活动的增长,以及技术变革的速度和方向。该模型支持对各种排放控制政策的分析,提供对各国排放成本大小和分布的估计,并阐明国际贸易调节变化的方式。EPPA 的排放输出和地球系统模型(图 10-1)是通过排放后处理器连接的。该处理器使用了基于网格化的第 2 版世界人口地图(GPW),提高了地球系统模型和 EPPA 在 16 个区域上的空间分辨率。

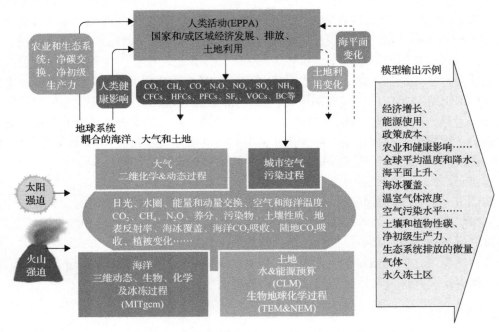

图 10-1　IGSM 模型框架(Sokolov et al.,2005)(作者译)

　　地球系统模型主要包括大气动力学与物理学模型、城市和全球大气化学模型、三维海洋环流模型和土地利用模型。

　　(1)大气动力学与物理学模型。二维(2D)大气动力学和物理模型是一个区域平均统计动力学模型,用于求解大气纬向平均状态的原始方程,包括热、湿度参数化,以及基于斜压波理论的大尺度涡动量传输。同一网格单元可以同时包括四种不同类型的表面(无冰海洋、海冰、陆地和陆地冰),该模型假设上面的大气在每个纬度带水平混合良好,能够分别计算每种地表的地表特征(如温度、土壤湿度、反照率)以及湍流和辐射通量。同时,模型的水平分辨率和垂直分辨率是可变的,标准版的 IGSM2 在纬度上 4 度的分辨率垂直方向有 11 个级别。

　　(2)城市和全球大气化学模型,包括城市空气化学部分和全球大气化学部分。为了计算大气成分,大气化学模型对城市尺度上与气候相关的反应性气体和气溶胶进行分析,并且和城市地区污染物排放处理模型相耦合。大气化学反应在两个单独的模块中进行模拟，一个用于二维模型网格，另一个用于子网格尺度的城市化学模拟。

（3）三维海洋环流模型。基于麻省理工学院最新的 3D 海洋大气环流模型构建 3D 海洋-海冰碳循环，水平分辨率为 4 度×4 度，垂直分辨率为 15 层。大气和海洋子模式之间的耦合每天发生一次。大气模块计算 24 小时的平均地表热量、淡水和动量通量，并将其传递给海洋模块。在接收到来自大气的这些通量之后，海洋和海冰子模型集成为 24 小时的时间步长。海洋子模块采用了异常值耦合技术，对大气热量和淡水通量进行调整，以便复制 20 世纪后期的海洋表面温度和盐度。Dutkiewicz 等（2005）提供了海洋碳海冰子模块及其与大气耦合的更多细节。

（4）土地利用模型。全球陆地系统（GLS）框架将生物地球物理（即水和能源收支）和生物地球化学（即碳、甲烷和一氧化二氮通量）计算结合到全球陆地环境框架中，Schlosser 等（2007）详细描述了 GLS 框架、采用的模型和耦合方法。土地利用模型采用三个耦合子模型来表示陆地水、能源和生态系统过程。其中，社区土地模型（CLM）计算了全球、陆地的水和能量平衡。陆地生态系统模型（TEM）模拟了植被和土壤中的 CO_2 通量和碳氮储存，包括净初级生产力和碳固存或损失。自然排放模型（NEM）被嵌入 TEM 中，用于模拟 CH_4 和 N_2O 的通量。

子模型交互耦合。为了更好地实现地球系统与人类活动的交互耦合，IGSM 在人类排放和气候系统响应部分，以及描述这些过程中复杂反馈方面都做出了较大改进，进一步强调了气候和大气成分变化与经济的联系，具体包括臭氧破坏的反馈效应及其对碳储存的影响、空气污染对人类健康的影响评估以及与气候政策的相互作用、评估多种环境变化（CO_2、气候、对流层臭氧）对作物产量的影响及对全球经济和农业贸易的反馈、阐明空气污染政策对气候的影响。

大气模式和陆地模式组件之间的耦合还显示了生物地球物理和生物地球化学子组件之间的联系，如图 10-2 所示。实线阴影框表示由全球陆地系统（GLS）明确计算/跟踪的通量/储量。虚线阴影框表示由 IGSM2 大气模型计算的数量。

IGSM 中 EPPA 模块与地球系统模块仍可进一步紧密集成。一个关键的连接点是人口模型，用来模拟人口的空间分布，以确定不断变化的排放地理格局，并跟踪人口对污染的暴露。人口的地理分布是 EPPA 预测经济变量的函数之一，这部分与城市空气污染部分联系起来，有助于进一步研究空气污染对健康的影响和对经济的反馈。MIT 正在开发的另一个关键连接是 EPPA 和 TEM 组件之间的连接。这项工作的目标是将这些组成部分动态地联系起来，以模拟环境变化对植被（包括作物、森林、牧场和生物能源作物）的交互影响、由此对农业和能源生产和贸易的影响，以及土地利用变化对土地利用和温室气体排放的反馈。

10.2.3　iESM 模型

综合地球系统模型（iESM）由美国劳伦斯伯克利国家实验室开发，已发展成为预测人类/气候联合系统的新工具，由多个子模型交互耦合形成，框架如图 10-3 所示。iESM 将综合评估模型（IAM）和地球系统模型（ESM）耦合到一个集成系统。IAMs 是描述人类-地

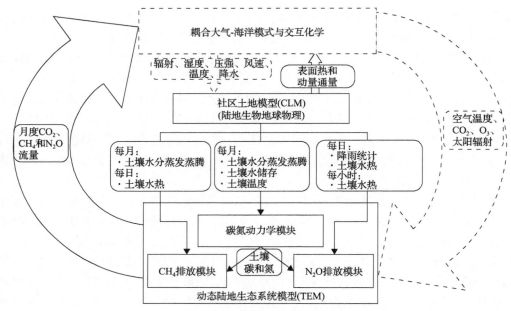

图 10-2　大气模式（包括与空气化学和海洋模式的联系）和
陆地模式组件之间的耦合示意图（Sokolov et al.，2005）（作者译）

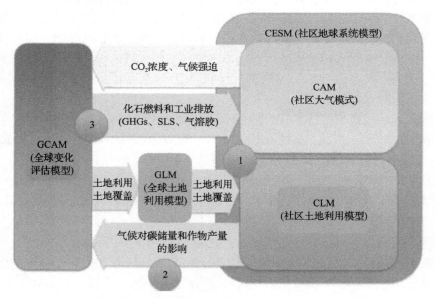

图 10-3　iESM 模型框架（Collins et al.，2015）（作者译）

球系统的主要工具，包括全球温室气体（GHGs）和短命物种（SLS）的来源、土地利用和土地覆盖变化（LULCC）以及其他与资源相关的人为气候变化驱动因素。ESMs 是研究人类引起的气候系统变化的物理、化学和生物地球化学影响的主要科学工具。iESM 将 IAM 的经济、人口模块和完全耦合的 ESM 集成到一个仿真系统中，同时还可保持每个模型的独立性。IAM 和 ESM 代码都是由大型社区组织开发和使用，并在最近的国家和国际气候评估中得到了广泛应用。该模型通过引入自然和社会驱动因素的反馈，提高了对人地系统动力学的科学理解。潜在的应用包括研究导致排放轨迹和其他人类影响的时间、规模和地理分布的相互作用和反馈、相应的气候影响，以及气候变化对人类和自然系统的后续影响。iESM 包括全球变化评估模型（GCAM）、完整的社区地球系统模型（CESM）和全球土地利用模型（GLM），涵盖了来自 GCAM 的能量和土地利用系统之间的单向和双向流量和反馈，而且，其物理结果能够与 CESM 的生物地球化学和物理流量相验证。

CESM 使用了一个灵活的耦合器来耦合大气、海洋、陆地和冰组件模型。组件通常使用不同的网格，耦合器用于执行流量和状态变量的必要插值。CESM 系统包括并行海洋程序版本 2.0、社区土地模型版本 4.0、洛斯阿拉莫斯海冰模式（CICE）、社区大气模式版本 5.0 和社区冰盖模式（CISM）。POP 和 CICE 是具有半隐式和显式时间积分的有限体积代码，在逻辑笛卡儿网格上实现。CAM 和 CLM 模型的网格分辨率分别为 0.9 度×1.25度，垂直高度分别为 30 和 10。CLM 还包括一个单独的植被层。CESM 的输出包括几百个量的月平均值、这些量的一个子集的日平均值和一些关键变量每小时的输出。

GCAM 是一个动态递归模型，具有经济、能源部门、土地利用和水资源的丰富技术表现，与简化形式的气候模型相关联，可用于探索气候变化减缓政策，包括碳税、碳交易和能源技术的加速部署。区域人口和劳动生产率增长的假设推动能源和土地利用系统采用多种技术选择来生产、转化和提供能源服务，以及生产农业和林业产品，并确定土地利用和土地覆盖。GCAM 将人口、GDP、技术效率和成本以及某些政策作为外部边界条件，并由此确定区域能源、土地利用和排放分布。GCAM 和所有 IAM 一样，都是按基准年（如 2005 年）进行校准的，以反映不同地区的资源禀赋、技术历史和消费者偏好的差异。对于 iESM，GCAM 的时间步长从 15 年缩短为 5 年，具有灵活的时间步长功能。此功能对于扩展一致性和与 CESM 代码的兼容性非常重要。此外，模拟土地产品（食物、能源、纤维）供应的土地组成部分完全重新制定，将生产力定义为地理位置、气候条件和投入的函数，从而与地球物理系统参数更加一致。编制的具有更高空间分辨率的数据集可以在 151 个全球区域进行土地生产力的模拟。最后，iESM 开发团队重新开发了后处理代码，将人类排放的 CO_2 数据从 GCAM 14 区域尺度降到 CAM 兼容网格尺度，并将其移植到 CESM。

GLM 是一种用于计算年度、网格化、部分土地利用状态和所有潜在土地利用变化的工具，包括二次（恢复）土地的年龄、面积和生物量以及木材收获和轮作种植的空间模式。GLM 使用基于核算的方法计算这些土地利用模式，该方法跟踪每个网格单元中农田、牧场、城市区域、主要植被和次要植被的部分，将其作为上一时间段内土地表面的函数。该模型的解决方案受到输入和数据的限制，包括土地利用（例如作物、牧场和城市应用）的历史校准和未来预测、木材收获、潜在生物量和回收率。为了与 iESM 相一致，GLM 的运行时间步长已经修改为 5 年，并接受由 GCAM 划分的 151 个农业生态区（AEZs）数据，而不是 GCAM 的 14 个社会经济区域数据。此外，GLM 使用来自 GCAM 的森林面积数据，并在空间上重新排列每个 AEZ 内的农业面积，以匹配来自 GCAM 的潜在森林面积变化。

　　iESM 代码开发的第一阶段是更新和编纂 CMIP5 的实验协议,将土地利用变化和全球气候变化监测系统产生的温室气体和固体废弃物排放纳入环境、社会和经济管理系统,以便模型在每个时间步中交换信息。模型团队还开发了一个新的组件,即综合评估组件(IAC),并将其纳入了 CESM 的土地节点。当在 iESM 中运行时,IAC 仅对土地模型可见,用于驱动预测的土地利用变化。因为 GCAM–GLM 的功能被封装在一个 CESM 组件中,所以它也可以被一个数据模型所取代,从而可以使用一系列 IAM 进行测试。GCAM 的代码将被进一步修改,使得模型向 CESM 寻求关于何时开始每个新时间步长的指令。因此,耦合模型的第一个版本通过 GCAM 预测土地利用,然后 CESM 预测气候和生态系统变化,并将生产力信息返回给 GCAM,GCAM 将这些信息纳入下一步的土地利用决策中。

　　IAC 组件由五个子组件组成,包括 GCAM 和 GLM 以及这些模型与 IAC 组件其余部分之间的接口 IAC2GCAM、GCAM2GLM 和 GLM2IAC(图 10-4)。调用这些子组件的顺序是从 IAC2GCAM 开始,经过 GCAM、GCAM2GLM 和 GLM,最后是 GLM2IAC。依次调用每个子模型,在序列开始时处理 CLM 碳信息,并最终生成更新的土地状态,该状态将在整个模型年内由 CESM 读取。IAC2GCAM 接口将 CLM 中关于其陆地碳状态的网格化信息转换为区域尺度因子,供 GCAM 内部农业和土地利用模块使用。GCAM2GLM 接口用于将 151 个地面单元的 GCAM 输出分配到 0.5 度 GLM 网格中,在此过程中还协调了 GCAM 输出以提供从历史土地使用数据到未来预测的平稳过渡。协调和重新划分算法是基于 GLM 历史模拟和 2005 年海德 3.0 土地利用历史数据集。GLM2IAC 接口是将 GLM 的协调输出转换为 CLM 本地输入格式的土地覆盖和木材采伐面积的时变数据集。

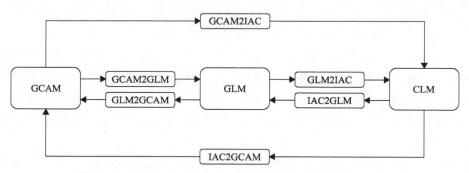

图 10-4　iESM 中 GCAM、GLM 和 CLM 组件之间接口示意图

10.2.4　IMAGE 模型

　　IMAGE 框架是根据全球可持续性关键问题的因果链构建的,包括两个主要系统。其中,人类或社会经济系统描述了与可持续发展有关的人类活动的长期发展,地球系统描述了自然环境的变化。人类活动对地球系统的影响和地球系统环境变化对人类系统的影响将这两个系统联系起来。

　　IMAGE 是一个模块化的综合评估框架,部分组件直接与 IMAGE 的模型代码相连接,部分组件通过软链接方式进行连接(模型独立运行，通过数据文件进行数据交换)。这种体系结构提供了更大的灵活性，可以单独开发组件并执行敏感性分析，但是反馈可能并不总是足够强大，无法保证完全集成。例如，地球系统的各个组成部分每天或每年都是完全相连的，然而，人类系统的组成部分，如 TIMER 能源模型和农业经济模型 MAGNET 是通过软链接方式连接起来的，也可以独立运行。核心模型包括人类系统和地球系统的大多数组成部分，包括能源系统、土地利用、植物生长、碳和水循环模型。运行框架包括软链接模型，如农业经济模型 MAGNET，以及 PBL 政策和影响模型，如 FAIR(气候政策)、GLOBIO(生物多样性)、GLOFRIS(洪水风险)和 GISMO(人类发展)。

关键模型输入是对所谓全球环境变化直接和间接驱动因素未来发展的描述。其中包括人口、经济发展、生活方式、政策和技术变革(见第 2 章)。为了确保这些因素外生假设的一致性，我们就未来可能如何发展设定了不同的情景，并用于推导主要驱动力的内部一致假设。受制于这些假设的不确定性，较多研究者采取 IMAGE 和其他经济模型进行耦合，运用新形成的耦合模型进行气候变化政策评估和分析。

IMAGE 社会经济模型的规模是 26 个世界区域。然而，一些应用和用户需要输出更详细的图像信息。为此，模型团队开发了一些工具，将人口、收入、能源使用和排放方面的信息缩小到 0.5 度×0.5 度网格级别(van Vuuren et al.，2007)，人口和收入方面的信息缩小到 5 分钟×5 分钟网格级别。地球系统提供的信息分辨率为 0.5 度或 5 分钟。

IMAGE 与 FAIR 模型的耦合及应用。应用 IMAGE 框架进行研究的一个关键点是分析制定气候变化减缓战略。为此，将 IMAGE 与 FAIR 模型相耦合，以评估支持谈判进程的详细气候政策设置，以及减缓战略的跨期优化。FAIR 从 IMAGE 的各个部分接收信息，包括能源、工业和土地使用的基准排放量、重新造林的可能性以及能源系统中减排的成本，后者通过动态边际削减成本(MAC)曲线提供。利用需求和供给曲线，该模型确定了国际贸易市场上的碳价格，以及每个地区由此产生的净减排成本。长期减排策略可以通过最小化累计贴现减缓成本来确定。将 FAIR 结果反馈给核心 IMAGE 模型，以计算对能源和土地利用系统的影响。FAIR 和 IMAGE 模型可用于评估减缓措施的相对重要性和气候政策的潜在影响，例如避免的损害和对空气污染的协同效益。

10.3　C³IAM 耦合方法

C³IAM 是一个涵盖较为全面的综合评估模型，实现了多部门经济跨期最优增长、能源技术演化、气候变化与减缓、气候损失及应对、土地利用等决策和评估的同步优化，同时细化和凸现中国特征。C³IAM 实现了地球系统模型与经济模型之间的嵌入式耦合，同时实现不同尺度的经济模型之间，经济模型与能源技术模型、土地利用模型之间的交互耦合。

在经济模型方面，C³IAM 纳入了 3 个相互关联的模块(EcOp、GEEPA、MR.CEEPA)，通过 C³IAM/GEEPA 和 C³IAM/MR.CEEPA 多维度的耦合，一方面实现模拟气候政策对全球各区域各行业的各经济主体的影响，另一方面，把这些影响传递到中国国内各省各经济主体，同时将中国国内各省经济主体受到的影响及具体应对再反馈到全球层面进行优化，从而在中观层面全面刻画气候政策对全球不同区域、不同行业的影响，在微观层面详细刻画中国内部不同省市的各类经济主体对于气候政策的响应。而在更宏观的层面，通过 C^3IAM/GEEPA 和 C^3IAM/EcOp 的耦合，可以探讨应对气候变化的努力如何在代际间权衡及地区间博弈，从而实现空间和时间的公平性。通过多级交互耦合，实现了 C^3IAM/GEEPA、C^3IAM/MR.CEEPA 和 C^3IAM/EcOp 的多维交互，实现了宏观层面的一致性和微观层面的特殊性。

10.3.1　地球系统模块与经济系统模块实现嵌入式耦合

传统复杂地球系统模块关于气候变化的刻画和模拟较为精细，经济系统模块对气候变化的描述需求较为抽象和简化，两者的输入、输出数据在时间、空间尺度及数据之间交互关系的细致复杂程度不一致，两者耦合需要实现数据尺度一致及交互关系统一。正如第 7 章所述，本书将地球系统按照温室气体排放-存量-浓度-辐射强迫-温度简化复杂气候模式。利用不同情景的相关数据模拟上述关系的关键参数，将得到的简化气候模块直接嵌入到经济模型中。简化气候模块随着复杂气候系统的改进和完善不断更新和校准，以提高简化气候模块模拟的可靠性和准确性。该方法对现有综合评估模型中嵌入式气候模块的假设提供了补充和改善。

同时，此环节的耦合还需建立并完善全球多区域损失函数，形成适应于经济模块的损失模块。相关方程和变量纳入经济模型直接求得最优解。其中区域总体损失模型嵌入全球多区域最优经济增长模型 C^3IAM/EcOp，细化各区域不同部门损失模型直接嵌入 C^3IAM/GEEPA 和 C^3IAM/MR.CEEPA（图 10-5）。

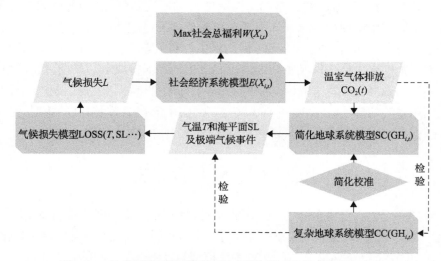

图 10-5　社会经济系统模型与地球系统模型内嵌式耦合框架图

主要方程如下：

$$\text{Max} \sum \delta_{i,t} \times \gamma_{i,\text{t}} \times W_{i,t}(c_{i,t})$$

$$\text{s.t. } c_{i,t} = \mathrm{Y}_{i,t}\left(K_{i,t}, L_{i,t}, E_{i,t}\right) \times \text{Loss}\left(T_{i,t}, \mathrm{SL}_{i,t}, \cdots\right) / L_{i,t}$$

$$I_{i,t} = Y_{i,t} - c_{i,t}$$

$$K_{i,t+1} = \varphi \times K_{i,t} + I_{i,t}$$

$$\mathrm{GH}_{i,t} = g_{i,t} \times Y_{i,t}$$

$$T_{i,t} = \mathrm{SC}(\mathrm{GH}_{i,t})$$

$$\mathrm{SL}_{i,t} = \mathrm{SC}(\mathrm{GH}_{i,t})$$

式中，$W_{i,t}(c_{i,t})$ 为第 t 年第 i 区域社会福利；$c_{i,t}$ 为第 t 年第 i 区域人均消费；$Y_{i,t}$ 为第 t 年第 i 区域社会产出；$K_{i,t}$ 为第 t 年第 i 区域资本投入；$L_{i,t}$ 为第 t 年第 i 区域劳动投入；$E_{i,t}$ 为第 t 年第 i 区域能源投入；$I_{i,t}$ 为第 t 年第 i 区域投资；$\text{Loss}\left(T_{i,t}, \mathrm{SL}_{i,t}, \cdots\right)$ 为第 t 年第 i 区域产出损失系数；$\mathrm{GH}_{i,t}$ 为第 t 年第 i 区域温室气体排放；$\mathrm{SC}(\mathrm{GH}_{i,t})$ 为简化气候模型；$T_{i,t}$ 为第 t 年第 i 区域温度；$\mathrm{SL}_{i,t}$ 为第 t 年第 i 区域海平面。

10.3.2　C^3IAM/GEEPA 与 C^3IAM/EcOp 多维交互耦合

C^3IAM/GEEPA 与 C^3IAM/EcOp 两个模型对经济增长的机制不同，对经济系统刻画详尽程度、温室气体排放核算、减排成本及气候损失刻画方式也有较大不同。C^3IAM/EcOp 能够模拟全球经济实现长期均衡增长的路径，进而实现经济的跨期优化决策；而 C^3IAM/GEEPA 能够更加全面详细地刻画各区域各经济主体的优化行为和均衡状态。两者耦合取长补短，实现以上不同方面的交互一致。C^3IAM 在共享社会经济情景假设下，使用 C^3IAM/EcOp 模型各情景下的投资决策路径指导 C^3IAM/GEEPA 模型的投资演变，得到 C^3IAM/GEEPA 中的经济增长、排放、减排成本和气候损失等，以此校准 C^3IAM/EcOp 模型中的全要素生产率、排放强度、减排成本和气候损失等相关参数，交互求解得到各相连参数一致下的均衡解。

以 GDP、投资、温室气体排放和气候损失等为耦合变量，C^3IAM/GEEPA 模型以 C^3IAM/EcOp 模型的 GDP 和投资为基准，C^3IAM/EcOp 模型以 C^3IAM/GEEPA 模型的温室气体排放和气候损失为基准，进行双向耦合，主要过程如图 10-6 所示。

图 10-6 中，$M(t_0)$ 代表 C^3IAM/GEEPA 模型，$D(t_0)$ 代表 C^3IAM/EcOp 模型，$Y_D(t_0+1)$ 指耦合目标变量，如 GDP、CO_2，$I_D(t_0+1)$ 是耦合中间变量，如 I_D，t 是调整参数。

10.3.3　C^3IAM/GEEPA 与 C^3IAM/MR.CEEPA 的多维交互耦合

C^3IAM/GEEPA 与 C^3IAM/MR.CEEPA 的数据基础具有不同的基期、数据来源和口径；在建模方面需要协调统一省际层面与国家层面对于生产、消费、投资、国际贸易等方面的刻画。C^3IAM 通过 C^3IAM/GEEPA 的基期导出并结合相应的统计数据，构建与

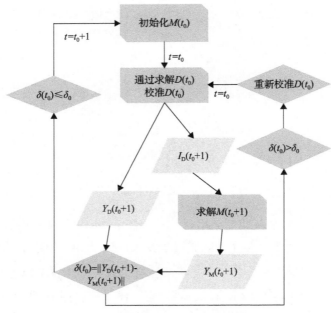

图 10-6　GEEPA 与 EcOp 的耦合实现过程

C^3IAM/MR.CEEPA 基期一致的 C^3IAM/GEEPA 基础数据集。C^3IAM/MR.CEEPA 中各省际的相应实物量或名义量之和应等于中国在 C^3IAM/GEEPA 中的相应变量值；对于中国而言，两模型国家层面上的市场价格应保持一致。将 C^3IAM/MR.CEEPA 中各省份的生产、消费、投资/储蓄、进口、出口等模块与 C^3IAM/GEEPA 匹配，通过循环迭代，最终形成市场的一般均衡状态，实现全球、区域、国家能源与环境政策分析模型的动态耦合。

10.3.4　C^3IAM/GEEPA 与 C^3IAM/NET 的多维交互耦合

　　C^3IAM/GEEPA 与 C^3IAM/NET 在关于能源技术演化的刻画机理方面有很大不同。C^3IAM/GEEPA 模型采取自上而下的建模思路，通过各类能源生产部门的生产函数来刻画能源生产成本、供应量，刻画各类能源使用需求得到各类能源需求总量，通过能源市场供需平衡来实现均衡状态下的能源价格、消费量和产量，从而模拟出各能源发展路径。C^3IAM/GEEPA 在能源生产环节通过自发能源效率提高（AEEI）来反映能源生产技术进步，在消费端通过能源利用效率参数来刻画能源利用技术进步。C^3IAM/NET 模型采取自下而上的建模思路，通过详细刻画各能源技术和能源品种的生产环节及成本，通过实现满足特定能源需求条件下实现能源供应成本最小来优化能源结构，进而模拟出能源技术演化路径。两个模型对能源生产和消费、能源成本和能源技术的刻画有很大不同，涉及的数据来源和口径、能源技术种类等差别较大。C^3IAM 通过实现两个模型中各类能源需求、供应和价格的一致性，进而实现两个模型的交互耦合。首先运行 C^3IAM/GEEPA 模型得到各类能源需求和价格数据，在给定各类能源需求和价格基础上，运行 NET 模型，得到最低成本的能源供给结构和演化路径，再反馈给 C^3IAM/GEEPA 模型，优化能源供给模块技术进步参数，多次迭代实现两个模型中需求、供应和价格一致。

10.3.5　C³IAM/GEEPA 与 C³IAM/EcoLa 的多维交互耦合

C³IAM/GEEPA 模型的土地资源作为一种资源要素，按照部门使用分类不同土地类型，按照模型区域划分 12 个区域类型。而土地模块对土地类型和区域的划分更加细致。两个模型的建模方法及需求不同，关于土地类型的细分维度有很大差异。C³IAM 需要用 C³IAM/EcoLa 模型不同气候变化情景下土地利用的变化校准 C³IAM/GEEPA 模型外生的土地资源供应。在 C³IAM/GEEPA 模型中，农业部门、工业及服务业等部门的土地资源供给变化将影响各部门产出量及成本，在部门产出的变化同时影响各部门的化石能源投入，进而影响部门温室气体排放，温室气体排放的变化通过气候变化模块 Climate 模拟出温度、海平面等变化情况，输入 C³IAM/EcoLa 模型进而模拟出各类土地资源供应变化情况，通过降维处理得到 C³IAM/GEEPA 模型各部门土地资源供应变化情况。

10.4　社会经济数据的降尺度

气候变化综合评估模型将气候系统与经济系统耦合于同一分析框架内，可以给出权衡长期经济发展和应对气候变化的最优路径，提供不同时间段、反映"轻重缓急"的应对方案。耦合地球系统模式和社会经济系统可以更精确地反映人类系统和地球系统之间的交互关系，是气候变化综合评估建模的发展方向。实现社会经济模型与地球系统模式双向耦合的前提是统一两种模型所使用的数据尺度，形成统一的分析数据平台，进而研究两者之间的相互作用。

10.4.1　基本原理

应对气候变化不仅涉及环境科学、气候与大气科学、地球科学等自然科学领域，还涉及管理学、伦理学、国际关系等社会科学领域，是社会、经济和环境三大系统之间的交互作用和博弈。气候变化综合评估模型(IAM)将气候系统与经济系统耦合于同一分析框架内，可以给出权衡长期经济发展和应对气候变化的最优路径，提供不同时间段、反映"轻重缓急"的应对方案。自 20 世纪 70 年代 Nordhaus 发表气候经济建模领域第一篇论文——《我们能否控制碳排放》以来，IAM 模型数量逐渐增多、架构逐步完善，被广泛应用于政府政策制定以及 IPCC 等系列评估报告中，已成为现阶段评估气候治理政策最主流的分析工具(Nordhaus，2009)。但是，现有的 IAM 模型几乎都是采用简单气候模式(仅考虑单一气候要素影响，比如温度或降水)与社会经济模型耦合，无法预估气候变化对社会经济发展在多维时空尺度的复杂影响。而地球系统模式是基于地球系统中的动力、物理、化学和生物过程建立数学物理模型，能够对地球系统的复杂行为和过程进行模拟和预测，对各种气候情景响应的估测更准确客观。耦合地球系统模式和社会经济系统可以更精确地反映人类系统和地球系统之间的交互关系，是气候变化综合评估建模的发展方向。但是，由于两类模型在研究的维度、空间分辨率等方面存在很大差异，实现双向耦合需要解决诸多问题。要解决的首要问题之一就是两类模型在时空运行尺度的不一致。主要的全球气候变化情景研究大都以行政区域为运行单元，把世界分成了若干个区域。为了与地球系统模式耦合，需要将基于行政区域划分的调查数据、普查数据以及统计数据转化为能够与自然地理区域或者标准网格系统相互兼容的数据格式。尺度转换是实现数据同化、形成统一模型的关键。因此，实现社会经济模型与地球系统模式的双向耦合的前提是统一两种模型所使用的数据尺度，形成统一的分析数据平台，进而才能研究两者之间的相互作用。

10.4.2　多源数据融合模型

为了将社会经济系统输出的大尺度模拟结果推演至精细网格尺度，本节分别对人口、社会经济、温室气体排放和土地利用类型变化等四类数据构建网格化模型。建模主要思路是通过统计型的社会经济数据，选取适当的参数和算法，反演出统计型数据在一定时间和一定地理空间中的分布状态，创建区域范围内连续的社会经济数据表面。

（1）人口数据网格化模块。

人口数据网格化模块基于现有主流算法，考虑空间化方法的侧重点和数据的可获得性，选用夜间灯光强度、土地利用数据等两个与人口分布相关的主要指示因子；选用高程及坡度等地形数据、河流及公路等4个辅助影响因子，分别定量描述其与人口分布的关系，然后将多因子融合为人口分布权重值，并将其分配至各个像元上，进而实现行政区域数据到网格数据的转换。首先，构建人口空间化因子权重评价指标体系（表10-1）：

表 10-1　人口空间化因子权重评价指标体系

目标层 T	准则层 P	指标层 I
人口网格化评价指标体系 T	主要指示因子 P_1	夜间灯光强度（Nlight）
		土地利用类型（Land）
	辅助影响因子 P_2	坡度（Slope）
		高程（DEM）
		距最近河流的距离（Waterway）
		距最近公路的距离（Road）

采用层次分析法（analytic hierarchy process，AHP）计算得出夜间灯光强度（Nlight）、土地利用类型（Land）、坡度（Slope）、高程（DEM）、距最近公路的距离（Road）和距最近河流的距离（Waterway）6个相关因子对人口分布影响的权重分别为25、6、1、1、1、2。进一步，得到第 t 年第 i 个区域第 (x,y) 个网格的人口数量 $\text{Pop}_i(x,y,t)$：

$$\text{Pop}_i(x,y,t) = \text{Pop}(i,t)\frac{W_i(x,y,t)}{\sum_{i=1}^{n}W_i(x,y,t)} \tag{10-1}$$

$$W_i(x,y,t) = W_k \times C_{ik}(x,y,t) \Big/ \sum_{i=1}^{n}C_{ik}(x,y,t) \tag{10-2}$$

式中，$W_i(x, y, t)$ 为第 t 年第 i 个区域第 (x, y) 个网格综合权重；$C_{ik}(x, y, t)$ 为第 t 年第 i 个区域第 k 种指标（$k=$ Nlight, Land, Slope, DEM, Waterway, Road）的值；W_k 为指标的权重系数；Pop(i, t) 为研究区第 t 年总人口；n 为第 i 个区域网格总数。根据式（10-1）和式（10-2），可以得到每个网格的人口数量。空间数据的处理主要在 ArcGIS 平台下完成，包括：由高程数据生成了流域的海拔高度、坡度和坡向图，计算出网格平均高程、平均坡度；根据公路与河流数据，生成相应的距离图，分别计算每个网格到公路与河流的平均距离。

（2）GDP 数据网格化模块。

已有研究表明，夜间灯光强度与第一产业相关性不大，与第二、三产业相关性较大。因此，GDP 数据网格化模块按照"先行业、后综合"的顺序对 GDP 数据进行网格化处理。第一产业主要分布在农村地区，由农业、林业、牧业和渔业共四个产业部门组成。在国家尺度上，农、林、牧、渔可以视作均匀分布于耕地、林地、草地、水体等四类土地利用类型中。因此，本节首先建立了分土地利用类型影响的第一产业增加值空间分布权重层；在得到权重层之后，再对第一产业增加值进行离散。在网格化过程中，首先统计每个区域的耕地、林地、草地和水域的总面积，然后计算每个网格单元内含有这些地类的土地总面积，将后者除以前者得到每个网格耕地、林地、草地占该区域四种土地利用类型的面积比率。利用该比率与第一产业产值相乘得到每个网格内第一产业产值的数据，实现第一产业产值网格化。

$$\text{GDP}_i(x, y, t) = \text{GDP1}_i(x, y, t) + \text{GDP23}_i(x, y, t) \tag{10-3}$$

$$\text{GDP1}_i(x, y, t) = \text{GDP1}_i \times \left[W_j \times \frac{\text{Land}_{ij}(x, y, t)}{\displaystyle\sum_{i=1}^{n} \text{Land}_{ij}(x, y, t)} \right] \tag{10-4}$$

式中，GDP1$_i(x, y, t)$ 表示在第 t 年第 i 个区域第 (x, y) 个网格与耕地、林地、草地、水域等四种土地利用数据相关的第一产业 GDP 的值；W_j（$j =$ crop, forest, grass, water）表示四种土地利用类型的权重系数；Land$_{ij}(x, y, t)$ 表示第 t 年第 i 个区域第 (x, y) 个网格耕地、林地、草地和水域对应的面积。

第二、三产业主要涉及工业、建筑业和各种服务业，对自然资源的依赖性不大，与反映社会经济发展程度的夜间灯光数据具有明显的相关性。目前土地利用数据和夜间灯光数据都无法精确区分第二产业和第三产业，因此本节提取 DMSP/OLS 夜间灯光数据强度值（$0 < O \leqslant 63$），选用第二、三产业之和建立空间化的分布模型：

$$\text{GDP23}_i(x, y, t) = \text{GDP23}_i \times \frac{\text{Nlight}_i(x, y, t)}{\displaystyle\sum_{i=1}^{n} \text{Nlight}_i(x, y, t)} \tag{10-5}$$

式中，GDP23$_i(x, y, t)$ 在第 t 年第 i 个区域第 (x, y) 个网格第二、三产业的产值。

$\text{Nlight}_i(x, y, t)$ 为第 t 年第 i 个区域第 (x, y) 个网格夜间灯光强度值。

（3）温室气体数据网格化模块。

Doll 等（2006）将碳排放数据与夜间灯光数据做了量化分析，分别从全球和区域尺度统计出两种数据之间可能的相关关系为 0.84 和 0.73，证明了夜间灯光数据在研究碳排放方面的可靠性。基于同一区域的夜间灯光数据与 CO_2 排放总量正相关的结论，温室气体数据网格化模块选取夜间灯光数据作为代理变量进行温室气体排放的网格化计算。选取 GDP 和人口作为直接影响因子。

$$\text{Em}_i(x, y, t) = \text{Em}(i, t) \times \left[\begin{array}{c} W_k \times \dfrac{\text{Nlight}_i(x, y, t)}{\sum\limits_{i=1}^{n} \text{Nlight}_i(x, y, t)} + W_k \times \text{Pop}_i(x, y, t) + \\ W_k \times \text{GDP}_i(x, y, t) \end{array} \right] \tag{10-6}$$

式中，$\text{Em}_i(x, y, t)$ 为第 t 年第 i 个区域第 (x, y) 个网格 CO_2 的排放量；$\text{Nlight}_i(x, y, t)$ 为第 t 年第 i 个区域第 (x, y) 个网格夜间灯光强度值；$\text{Pop}_i(x, y, t)$ 和 $\text{GDP}_i(x, y, t)$ 分别为本书计算出的网格尺度的人口数据和 GDP 数据；$\text{Em}(i, t)$ 为第 t 年第 i 个区域 CO_2 排放总量；$W_k(k = 1, 2, 3)$ 为三个指标的权重系数。

（4）土地利用数据网格化模块。

土地利用数据网格化模块将土地利用类型分为耕地、林地、草地和水域四类，采用土地利用动态多尺度模型 CLUE-S（conversion of land use and its effects at small region extent）模拟土地利用变化未来的分布格局。计算土地利用类型的变化率，首先需要确定影响土地利用类型变化的驱动因子。综合已有研究，选取坡度、高程、土壤有机碳含量、年均降水量、人口密度和人均 GDP 等 6 类因子，建立各土地利用类型的 Logistic 回归方程：

$$\text{Logistic} \left\{ \frac{p_i}{1 - p_i} \right\} = \beta_0 + \beta_1 X_{1,i} + \beta_2 X_{2,i} + \cdots + \beta_n X_{n,i} \tag{10-7}$$

式中，p_i 为每个栅格可能出现某一土地利用类型 i 的概率；$X_{n,i}$ 为各种备选驱动因素。Logistic 回归分析法可以筛选出对土地利用格局影响较为显著的因素，同时剔除不显著的因素。采用 ROC（receiver operating characteristic）检验回归结果：ROC 的值在 0.5～1.0，其值越接近 1.0，表明回归方程对土地利用分布格局的解释能力越强。

土地利用稳定程度即某一土地利用类型转换为其他类型的难度的大小，该参数为 0～1。规定参数为 0 时可以任意转换为其他类型，参数为 1 时不会转换为其他类型。本节根据已有研究，参考专家经验设置建设用地、耕地、草地、林地、水域的稳定程度，分别为 0.9、0.7、0.6、0.9、0.9（孙晓芳等，2012），Yue 等（2007）设置土地利用类型之间转移规则。为了分析各土地利用的空间格局的变化，采用 CLUE-S 模型对土地利用变化速率的区域差异进行分析：

$$S = \sum_{ij}^{n} \left(\Delta S_{i-j} / S_i \right) \times (1/t) \tag{10-8}$$

式中，S_i 为模拟开始时间第 i 类土地利用类型总面积（即栅格单元面积）；ΔS_{i-j} 为模拟开始至模拟结束时段内第 i 类土地利用类型转换为其他类土地利用类型面积总和；t 为土地利用变化时间段；S 为与 t 时段对应的研究区土地利用变化率。根据 10km 网格内主导转换类型的变化最大的类型确定为该栅格的变化类型，形成主导转换土地利用动态类型图。通过对土地利用变化进行空间分配迭代以实现模拟，式（10-9）为迭代方程：

$$TPROP_{i,u} = P_{i,u} + ELAS_u + ITER_u \qquad (10\text{-}9)$$

式中，$TPROP_{i,u}$ 为栅格 i 上土地利用类型 u 的总概率；$P_{i,u}$ 为运用 Logistic 回归分析得出的土地利用类型 u 在栅格 i 中适宜性概率；$ITER_u$ 为土地利用类型 u 的迭代变量；$ELAS_u$ 为土地利用类型 u 的转化弹性系数。

10.4.3　模型精度检验

数据经过尺度转换后会产生不同程度的信息丢失和歪曲。尺度转换的精度验证是评价算法优劣的有效工具。综合现有研究，本节采用 Kappa 系数定量检验模型的模拟效果（Pontius，2000）。Kappa 系数表达式为

$$Kappa = (P_o - P_c)\big/(P_p - P_c) \qquad (10\text{-}10)$$

式中，P_o 为两幅图中一致性的比例；P_c 为随机情况下期望的一致性比例；P_p 为理想情况下一致性比例。以土地利用为例，本节土地利用类型为 5 类，因此随机情况下期望一致性的比例为 1/5，理想情况下一致性比例为 1。利用 ArcGIS 中的 Raster Calculator 工具，将模拟结果与 2015 年现状数据进行栅格相减，计算结果中 Value 值为 0 的栅格即为模拟正确的栅格。

10.5　本 章 小 结

双向耦合已经逐渐成为综合评估模型建模的发展趋势。嵌入式耦合和交互式耦合是双向耦合的两个主要发展方向。前者更加强调在同一建模框架下完成子模型的双向耦合，后者则是可以采用不同的计算平台、不同的实现语言等交互运行基于不同哲学框架的各子模型，通过设计关键接口实现子模型关键变量一致性，进而实现双向耦合。本章详细介绍了嵌入式耦合和交互式耦合两种双向耦合方法，总结了两种耦合方法的主要特点及优缺点。针对 DICE /RICE、IGSM、iESM、IMAGE 等典型综合评估模型，介绍其运用的主要耦合方法，展现不同耦合方法的建模方式。最后全面展示了 C^{3}IAM 模型运用的耦合方法，并介绍了多源数据融合模型的开发方法，为分析、模拟和预测各类社会经济以及气候要素的发展和演化提供了基本的技术支持。

C^{3}IAM 建立了嵌入式和多维交互的气候变化综合评估模型耦合方法，解决了气候变化综合评估模型中经济、气候变化及损失、能源利用与减排技术、适应等模块之间的双向耦合问题，尽量保持了各模块科学详细的刻画和模拟，同时实现了模块之间有效地交

互联系，为提高气候变化综合评估的科学性和准确性提供重要的手段和工具。特别地，传统复杂地球系统模式的运行时间长，无法有效支撑地球系统模块与经济系统模块多维交互。C^3IAM 使用的地球系统模块与经济系统模块的嵌入式耦合技术有效解决了这一难题，显著提升了模块之间的交互效率，为气候变化综合评估模型的大范围推广应用打下很好的基础。利用耦合模型可以快捷有效地评估全球应对气候变化行动方案的可行性及影响，以及全球应对气候变化的战略路径评估，为气候谈判提供实用的决策支撑工具；同时也能深入细致地模拟各种社会、经济、贸易、能源、环境及应对气候变化政策给社会、经济、气候等带来的深远影响及应对措施。

　　地球系统模式和社会经济系统双向耦合需要解决两类模型在时空运行尺度的不一致问题。本章开发了耦合多源、多尺度数据的算法，实现社会经济数据由面到点的有效转化，为双模型的嵌套研究提供数据基础。研究无论是全球层面规则的评估与改进还是国家层面的行动设计与分析，结果输出的形式均为宏观行政单元数据。此类数据空间分辨率低，无法进一步挖掘深层次的社会经济运行规律。

第 11 章　碳定价政策评估：典型应用 I

　　碳减排目标的实现依赖于有效的减排政策的实施。其中，碳定价政策由于能够更有效地实现温室气体排放的外部成本内在化，越来越受到关注与青睐。碳定价不仅能够激励居民、企业和政府以具有成本效益的方式减少排放，还能为低碳技术创新提供动力。基于此，本书采用中国气候变化综合评估模型 C^3IAM 的政策分析模块，针对我国目前碳定价仅聚焦电力部门的现状，围绕碳定价背景下的电价管制如何有序放开，以及全国碳市场如何有序扩容等问题展开研究，主要从以下几个方面展开介绍：

- 在当前实施碳定价的背景下，我国的电力市场改革应如何有序展开？
- 在 NDC 目标下，不同的碳市场扩容策略对社会经济和环境排放将会造成怎样的影响？
- 如何实施碳定价政策，以提高全国层面的碳减排效率，同时尽量减小其社会经济冲击？

11.1　碳定价背景下我国的电力定价改革策略研究

我国对于碳税和碳排放权交易这两大主流的碳定价政策均进行过深入的分析和探讨(Guo et al.，2014；Jiang et al.，2016；Li and Jia，2017；Liang et al.，2007；Liu et al.，2015；Zhang，2015)。2013 年，我国选择率先实施碳排放权交易政策并逐步在七个省市建立和完善碳交易试点。2016 年，国家发改委应对气候变化司指出，在全国碳市场初期运行阶段结束之后，将会逐步降低门槛，对碳市场纳入企业进行扩容，并对碳市场体系以外的排放企业征收碳税，通过配额和碳税共同发挥作用，让碳定价制度覆盖到所有的企业(南方日报，2016)。2017 年，国务院印发了《全国碳排放权交易市场建设方案(发电行业)》，这标志着我国碳排放交易体系完成了总体设计，碳市场建设进入新的阶段。2021 年 7 月 16 日，全国碳排放权交易市场正式启动，中国碳市场成为全球覆盖温室气体排放量规模最大的市场。

在我国碳市场建设初期，将发电行业作为了突破口。这主要是有两方面的考虑。一方面，发电行业数据基础较好，产品比较单一，数据计量设备比较完整，管理比较规范，容易核查，配额分配也比较简便易行(经济日报，2017)。另一方面，发电行业的排放量很大，电力部门是我国能源排放的最大贡献者。2015 年电力部门的碳排放约占全国化石能源碳排放的 30%(Teng et al.，2017)。目前我国碳交易系统对电力部门的 1700 家企业进行管制，覆盖碳排放量超过 30 亿吨(ICAP，2018)。可见，现阶段的碳交易虽然仅覆盖了电力行业，对于实现我国自主减排目标、应对全球气候变化也具有重要意义。

然而，仅在电力行业进行的碳交易伴随着一个亟待解决的问题，即电价改革。碳定价政策的减排效率取决于碳价格信号能在多大程度上传导给消费者，从而能在多大程度上改变消费者的行为模式以实现减排目的。对于我国电力行业而言，虽然从 2003 年起电力市场经历了一系列的市场化改革(Teng et al.，2014)，然而，目前我国的批发和零售电价仍然被高度管制。越高的政府管制使得电力价格和边际成本之间的差距越大，并且非竞争性的电力市场会降低电价改革的经济效率(Hartley et al.，2019)。同时，电力价格的管制直接阻断了电力部门向下游用电侧转移部分碳成本的过程，从而扭曲碳市场的资源配置，降低电力部门实施碳定价的成本有效性。例如，国家发改委最近的研究报告指出，电力行业减排潜力主要来源于消费终端节电(单位 GDP 电耗下降)、供电结构改革(非化石能源发电增长)和电厂效率提升(度电碳排放下降)。在当前电价管制情景下，发电厂的碳成本不能传导，仅考虑供电结构改革和电厂效率提升两部分潜力，碳市场可直接作用的减碳潜力占电力行业总潜力的 20%左右(ERINDRC，2017)。如果放开电价管制，电力部门的减排负担会增大，同时，电力部门的能源效率与能源投入结构也会得到改善(Yao et al.，2018)。因此，中国电力市场化改革一直以来都是国家决策者和研究人员关注的重点。

现有考虑了电力价格管制的相关研究只是简单地考察了电价管制与否，并没有考虑电价如何有序放开的情况。然而，电力市场的改革并不是一蹴而就的。事实上，考虑到电力在现代经济发展中的基础性和支撑性作用，2015 年，中共中央 国务院发布的《关于进一步深化电力体制改革的若干意见》中指出，要有序推进电价改革(GOCPC，2015)。

对于如何有序放开电价，实现电力价格由市场形成尚无明确细节规划。鉴于此，本书对不同的电价有序放开情景下，碳定价政策的减排效率和经济影响进行了分析，旨在探讨在当前实施碳定价的背景下，我国的电力市场改革应如何有序展开，从而能够既提高电力部门以及全国层面的碳减排效率，同时尽量减小碳定价带来的各方面的经济冲击。

11.1.1 情景设置

本书设置了 7 种情景，包括一个反映现状的电价全面管制的情景(情景 OR)，以及 6 个描述不同电价放开程度的情景，如表 11-1 所示。

表 11-1 电价改革情景

情景		电价管制范围			
		重点用电部门	非重点用电部门	居民	国家规定部门
阶段 1	OR	是	是	是	是
	DrEI	否	是	是	是
	DrNEI	是	否	是	是
	DrNPG	否	是	是	是
阶段 2	DrNPG	否	否	是	是
	DrNPGh	否	否	否	是
	DrNPGs	否	否	是	否
	DrAll	否	否	否	否

政府一直致力于有序推进电价改革，虽然关于如何有序进行尚无明确规划，但特别强调了分步实现公益性以外的发售电价格由市场形成，但对居民、重要公用事业等用电继续执行政府定价(GOCPC，2015)。基于此指导思想，本书对于电价放开方案设计的基本思路如下：将"重要公用事业部门、公益性服务性用电部门、居民"设定为"Protected Groups"。将电价的放开分为两大阶段，讨论除了"Protected Groups"之外的发售电价格宜如何放开。应该先放开重点用电部门(DrEI 情景)还是非重点用电部门(DrNEI 情景)？而当这些非保护性部门的电价管制都解除后(DrNPG 情景)，应该先放开重要公用事业及公益性服务性用电部门(DrNPGs 情景)还是居民部门(DrNPGh 情景)？本书还设定了一个完全放开的情景(DrAll 情景)。

在这些情景中，重点用电部门指的是钢铁(Ferrous)、化工(CHEM)、有色金属(NonFerrous)、建筑(CONS)。据国家能源局发布的 2017 年全社会用电量数据，第二产业用电量高达 44413 亿千瓦时，占比 70.4%。其中化学原料制品、非金属矿物制品、黑色金属冶炼和有色金属冶炼四大高载能行业用电量最高，合计占全社会用电量的比重约为 30%(CEC，2018)。由于这些部门较高的用电量，电价波动对其生产的影响最为显著。因此，本书选取这四种高耗电部门作为电价有序放开情景中的模拟对象之一。此外，国家规定的重要公用事业、公益性服务性用电部门，主要包括交通，自来水，电力，煤气，热力的生产、分配和供应，公共日常服务业等(GOCPC，2015)。

11.1.2　放开电价使得全国边际减排成本下降幅度更大

本书假设只对电力部门实施碳定价政策，分析了不同电价管制情景下，电力部门实现碳减排 5%～50%时，对于能源环境、宏观经济以及部门经济的影响。

图 11-1 显示了不同电力定价机制下，电力部门和全国的边际减排成本曲线。如图 11-1(a)所示，电力价格的全面管制的确会造成电力部门减排效率的明显低下。即使是在我们所设置的最小范围的电价放开情景（DrEI、DrNEI）中，电力部门为了实现相同减排目标的边际成本也能明显降低。总的来说，电价放开程度越大，边际减排成本降幅越大。

从电价放开的顺序来看，第一阶段，从电价完全管制（OR）情景到仅对国家规定部门电价管制（DrNPG）情景，相比于先放开重点用电部门（DrEI）情景，优先放开非重点用电部门（DrNEI）情景使得电力 MAC 下降更大。例如，在 5%的减排目标下，优先放开非重点用电部门电价（DrNEI）情景使得电力 MAC 相比于 OR 情景下降了 19%，比先放开重点用电部门电价（DrEI）情景多下降了 3 个百分点。第二阶段，从仅对国家规定部门电价管制（DrNPG）情景到电价完全放开（DrAll）情景，相比于先放开居民部门（DrNPGh）情景，优先放开国家规定部门（DrNPGs）情景使得电力 MAC 下降更大。例如，在 5%的减排目标下，DrNPGs 情景相比于 DrNPG 情景下降了 18.9%，而 DrNPGh 情景相比于 DrNPG 情景仅下降了 4.7%。

此外，随着电力部门减排目标的增大，电价进一步放开所能带来的减排效率提升也会愈加明显。例如，当电力部门的减排目标是 5%时，DrNPG 情景和 DrAll 情景的边际减排成本比 OR 情景分别低 29.8%和 46.3%；当电力部门的减排目标提高到 50%时，DrNPG 情景和 DrAll 情景的边际减排成本相对于 OR 情景下降的程度将分别扩大到 64.8%和 78.9%。此外，随着减排约束逐渐增强，不同情景间的 MAC 的差别会增大。这表示，减排目标越高，越要重视电力定价机制对减排成本的影响。

图 11-1(b)显示，全国边际减排成本和电力边际减排成本呈现相同的趋势。但是有序放开电价使得全国边际减排成本下降幅度更大。例如，当全国实现 10%的减排目标时（此

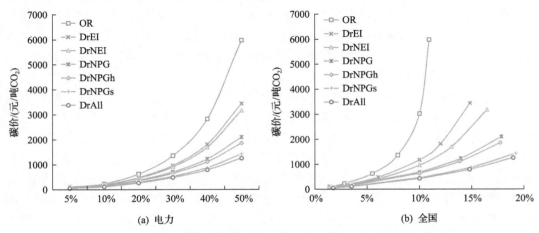

图 11-1　不同电价管制情景下电力部门和全国的边际减排成本曲线

时电力部门的碳减排大约为 40%)，相对于 OR 情景，DrNPG 情景和 DrAll 情景下全国层面的边际减排成本分别降低了 77.6% 和 85.8%，分别比相应的电力部门边际减排成本的降幅高了约 21 和 14 个百分点。

11.1.3　电价放开可有效促进各部门实施碳减排

图 11-2 显示了不同电价管制情景下，电力部门实施碳定价政策对于全国碳排放的影响。

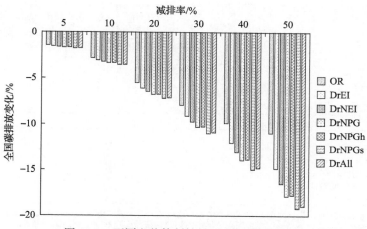

图 11-2　不同电价管制情景下全国碳排放变化

在相同的电力部门减排目标下，随着电价的有序放开，全国碳减排量逐渐提高。电价管制(OR)情景下全国碳减排量最小，电价完全放开(DrAll)情景下全国碳减排量最大。例如，在 5% 的电力部门减排目标下，DrAll 情景下，全国碳排放降低了 1.8%，而 OR 情景下仅降低了 1.4%。在 50% 的电力部门减排目标下，DrAll 情景下，全国碳排放下降了 19%，而 EC 情景下仅降低了 10.9%。这说明随着电价管制的有序放开，全国碳减排的效率在不断提高。

在电价有序放开方面，第一阶段，从电价完全管制(OR)情景到仅对国家规定部门电价管制(DrNPG)情景，结果显示，相比于先放开重点用电部门(DrEI)情景，优先放开非重点用电部门(DrNEI)情景下，全国碳排放下降更大。第二阶段，从仅对国家规定部门电价管制(DrNPG)情景到电价完全放开(DrAll)情景，相比于先放开居民部门(DrNPGh)情景，优先放开国家规定部门(DrNPGs)情景下，全国碳排放下降更大。值得注意的是，在 DrNPGs 情景下，全国碳减排幅度也略高于 DrAll 情景。例如，在 50% 的电力部门减排目标下，DrNPGs 情景下，全国碳减排量为 19.2%，比 DrAll 情景高了 1.3%。

从减排量分布来看，在电价完全放开(DrAll)情景下，碳减排不仅会发生在直接承担任务的电力部门，而且也能明显地发生在经济系统的其他部分，尤其是煤炭部门。图 11-3 显示了三种电价管制情景下电力部门实现 10% 的减排目标时各部门碳减排的分布。在电价管制下，减排主要来自电力和煤炭部门。随着电价的逐步放开，其他部门由于价格信号的传导也都实现了碳排放的降低，比如，废品废料(OtherIndu)和汽车零部件及配件

（CarPartMach）的碳减排分别为 1.9%和 1.7%。由此可见，电价放开可以有效地促进各部门实施碳减排。

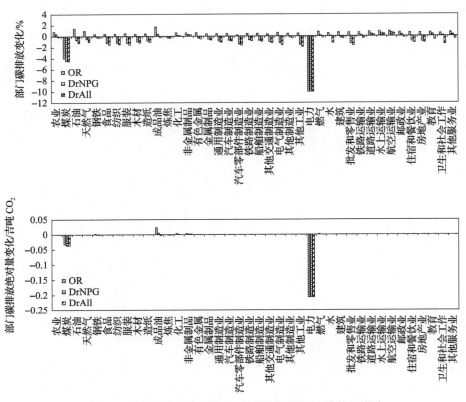

图 11-3　三种不同情景下电力行业碳减排 10%的部门影响

图 11-4 给出了在不同的电力部门减排约束下，各种电力定价机制对全国碳排放强度的影响。结果表明，相同减排约束下，电价管制情景下全国碳排放强度下降最小，随着

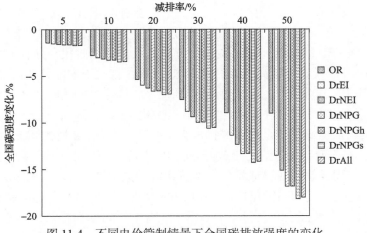

图 11-4　不同电价管制情景下全国碳排放强度的变化

电价的有序放开，全国碳强度下降幅度逐渐增大。例如，在 50%的电力减排下，OR 情景下，全国碳强度仅下降 9%，而 DrAll 情景下全国碳排放强度下降了 18%。

从电价有序放开来说，全国碳强度的变化趋势和全国碳排放基本一致。然而，相比于全国碳排放总量的变化，各电价放开情景对全国碳强度的影响差异更为明显。例如，在 50%的电力部门减排目标下，DrNPG 情景和 DrAll 情景的碳强度下降比 OR 情景分别提高了 87.1%和 100.2%，比相应的全国碳排放总量变化高了约 24 个百分点和 27 个百分点。此外，上述分析结果也表明，即使在全国减排效率最高的情景（DrNPGs）下，电力部门实现减排 50%时，全国碳减排总量仅为 19.2%。这说明仅对电力部门实施碳定价政策对于全国碳减排总量的作用仍然有限，未来的碳市场建设还需要纳入更多的行业共同分担减排责任。

11.1.4　分阶段优先放开不同的部门电价管制能更好地保护经济

图 11-5 的结果显示，在任何电价管制情景下，电力部门实施碳减排都会带来 GDP 损失。随着电力部门减排目标的逐渐增大，各情景下 GDP 的损失不断加大。例如，对 OR 情景而言，在 5%的减排目标下，GDP 降低了 0.004%，而在 50%的减排目标下，GDP 降低了 2.1%。此外，在同一情景下，随着电力部门减排目标的增大，GDP 损失增大的趋势越来越大。然而，随着电价的逐步放开，GDP 损失增大的变化趋势越来越小。

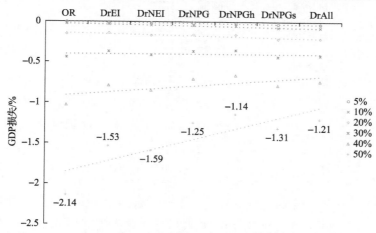

图 11-5　不同电力定价机制下有序放开电价的宏观经济影响

其次，在电力部门减排目标较低时，电价管制能够保护经济，降低 GDP 损失；而当减排目标增加时，电价管制导致 GDP 损失增大，放开电价能够降低 GDP 损失。例如，在 5%的电力部门减排目标下，DrAll 情景下的 GDP 损失比 OR 情景提高了 0.03 个百分点，而在 50%的电力部门减排目标下，DrAll 情景下的 GDP 损失比 OR 情景降低了 0.9 个百分点。

最后，对于电价有序放开分为两个阶段。以 50%的电力部门碳减排目标为例，第一阶段，从 OR 情景到 DrNPG 情景，优先放开 DrEI 情景能够比 DrNEI 情景避免 3.6%的 GDP 损失。第二阶段，从 DrNPG 情景到 DrAll 情景，优先放开 DrNPGh 情景能够比 DrNPGs 情景避免 13%的 GDP 损失。因此，在不同的阶段应该优先放开不同的部门电价管制，从而更好地保护经济，降低 GDP 损失。

11.1.5　放开电价使得碳定价政策对居民可支配收入的影响加大

图 11-6 给出了不同电力定价机制下，农村和城镇居民的可支配收入受到的影响。总体而言，电力部门实施碳定价政策对农村和城镇居民的可支配收入都会造成不利影响。而且，随着电价的有序放开，这种负面影响逐渐加大。首先，电价完全放开情景下，碳定价对于农村和城镇居民的可支配收入影响最大。其次，在相同电力定价机制下，电力部门碳减排对于城镇居民可支配收入的影响要高于对农村居民可支配收入的影响。例如，在电力部门实现 50% 减排目标时，OR 情景下，农村和城镇居民的可支配收入损失分别为 0.41% 和 0.44%。而在 DrAll 情景下，农村和城镇居民的可支配收入损失分别为 2.8% 和 3.2%。

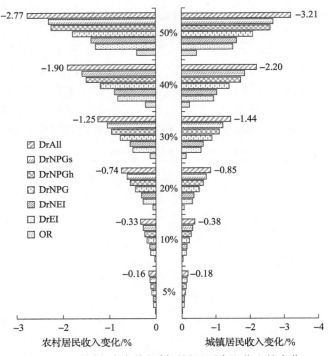

图 11-6　不同电力定价机制下居民可支配收入的变化

对于电价有序放开而言，第一阶段，从电价完全管制（OR）情景到仅对国家规定部门电价管制（DrNPG）情景，相比于先放开非重点用电部门（DrNEI）情景，优先放开重点用电部门（DrEI）情景下，农村和城镇居民的可支配收入损失较低。例如，在 50% 的电力部门减排目标下，DrEI 情景下，农村和城镇居民的可支配收入损失分别为 1.3% 和 1.5%，而在 DrNEI 情景下，农村和城镇居民可支配收入损失分别为 1.4% 和 1.6%。第二阶段，从仅对国家规定部门电价管制（DrNPG）情景到电价完全放开（DrAll）情景，相比于优先放开国家规定部门（DrNPGs）情景，优先放开居民部门（DrNPGh）情景使得农村和城镇居民的可支配收入损失较低。例如，在 50% 的电力部门减排目标下，DrNPGh 情景下，农村和城镇居民的可支配收入损失为 2.3% 和 2.6%，比 DrNPGs 情景分别降低了 2.4% 和 3.1%。

　　图 11-7 给出了不同电力定价机制对农村和城镇居民福利的影响。本书的居民福利计算采用希克斯等价变动。结果显示，随着电力定价机制的逐步放开，农村和城镇居民的福利损失在加大。具体而言，电价完全管制(OR)情景下，农村和城镇居民的福利损失最小(特别的，随着电力部门减排目标的增大，OR 情景下农村和城镇居民福利会增大)，而完全放开电价(DrAll)情景下，农村和城镇居民的福利损失最大。此外，在相同电力定价机制下，电力部门碳减排对城镇居民的福利损失大于对农村居民的福利损失。例如，在 5%的电力部门减排目标下，OR 情景下，农村和城镇居民的福利损失分别为 0.5 亿元和 2.2 亿元；在 DrAll 情景下，农村和城镇居民的福利损失分别为 6.7 亿元和 28.3 亿元。

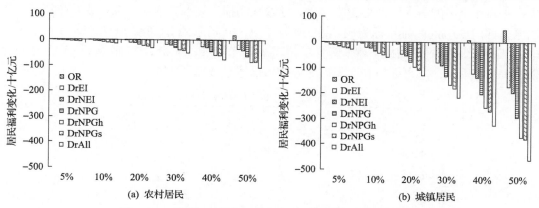

图 11-7　不同电力定价机制下农村和城镇居民福利的变化

　　对于电价有序放开而言，第一阶段，从电价完全管制(OR)情景到仅对国家规定部门电价管制(DrNPG)情景，相比于先放开非重点用电部门(DrNEI)情景，优先放开重点用电部门(DrEI)情景下，农村和城镇居民的福利损失较低。例如，在 5%的电力部门减排目标下，DrEI 情景下，农村和城镇居民的可支配收入损失分别为 2.2 亿元和 9.8 亿元，比 DrNEI 情景分别降低了 13.1%和 12.8%。第二阶段，从仅对国家规定部门电价管制(DrNPG)情景到电价完全放开(DrAll)情景，相比于优先放开国家规定部门(DrNPGs)情景，优先放开居民部门(DrNPGh)情景使得农村和城镇居民的可支配收入损失较低。例如，在 5%的电力部门减排目标下，DrNPGh 情景下，农村和城镇居民的可支配收入损失为 4.8 亿元和 20.5 亿元，比 DrNPGs 情景分别降低了 12.3%和 14.0%。

11.1.6　电价放开使得电力部门利润损失加大而多数重点用电部门利润增加

　　本节对部门层面影响的研究，重点关注电力部门本身，以及与电力部门关联的主要的上下游部门。我国电力部门的主要上游部门为煤炭部门。当前我国发电结构仍以煤电为主，根据《中国电力行业年度发展报告 2018》可知，2017 年全国发电量 64171 亿千瓦时，其中煤电发电量 41498 亿千瓦时，占比 64.7%(CEC，2018)。如前所述，我国电力部门的下游重点用电部门包括钢铁、建筑、化工、有色金属四个部门。

　　(1)电力部门。

　　图 11-8 给出了不同电力定价机制对电力部门利润的影响。本书的部门利润指的是部

门资本收益和固定要素收益的总和。一方面，随着电力部门减排目标的增大，碳定价对于电力部门利润的负面影响在不断扩大。例如，在电价完全放开情景下，当电力部门的减排目标从 5%提高到 50%时，其利润损失从 2.4%提高到 31.2%。另一方面，相同的电力部门减排目标下，随着电价管制的不断放开，碳定价对于电力部门利润的影响在不断增大。例如，在 50%的电力部门减排目标下，电价完全管制情景下，电力部门利润损失为 2%，比电价完全放开情景降低 29 个百分点。实施碳定价使得电力部门利润降低的原因在于电力部门产出价格的升高和产出的降低，产出的降低导致电力部门能源和资本需求降低。由于电力部门能源和资本的替代性较低，随着电价放开，电力部门产出损失变大，能源和资本的需求降低地越来越大，导致利润损失逐渐变大。从电价放开顺序来看，以电力部门 50%的减排目标为例。第一阶段，从 OR 情景到 DrNPG 情景，DrEI 情景下，电力部门利润损失比 DrNEI 情景降低了 10%。第二阶段，从 DrNPG 情景到 DrAll 情景，DrNPGh 情景下，电力部门利润损失比 DrNPGs 情景减低了 12%。

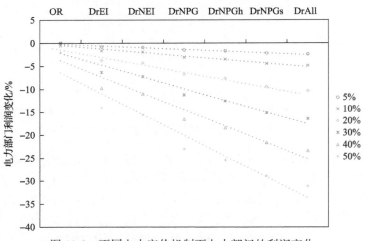

图 11-8　不同电力定价机制下电力部门的利润变化

（2）煤炭部门。

图 11-9 表明在不同电力定价机制下煤炭部门的利润变化。总体而言，电力部门实施碳定价政策会对煤炭部门的利润造成负面影响，并且，随着电力部门减排目标的增大，煤炭部门的利润损失在加大。例如，在电价完全管制情景下，电力部门 5%的减排目标下，煤炭部门利润降低 3.2%，而在 50%的减排目标下，煤炭部门利润降低 30%。另一方面，在相同减排目标下，随着电价管制的逐渐放开，煤炭部门的利润损失会增加，但幅度降低。例如，当电力部门实现 50%的减排目标时，DrAll 情景下煤炭部门利润损失比 OR 情景增加了 8.5%。

从电价有序放开来看，以电力部门 50%的减排目标为例。第一阶段，从 OR 情景到 DrNPG 情景，相比于 DrEI 情景，DrNEI 情景非首点用电部门会降低煤炭部门的利润损失。因为电力部门实施碳定价，电力成本上升，放开电价可以疏导电力成本。DrEI 情景下，重点用电部门放开，这些部门的成本上升，产出会降低，导致其电力需求减少，能源需求减少，资本需求降低。DrNEI 情景下，如果仅放开非重点用电部门电价，还要考虑其他能源生产部门成本上升的影响以及煤炭部门用电价格大幅上升，导致煤炭用能价格就要大幅上升。此时，资本替代了一部分能源需求，使得资本需求降低得少。在资本价格变化相似的情况下，资本收益降低的幅度较小，从而使得煤炭部门利润损失较小。同样，在第二阶段，从 DrNPG 情景到 DrAll 情景，相比于 DrNPGs 情景，DrNPGh 居民部门会降低煤炭部门的利润损失。

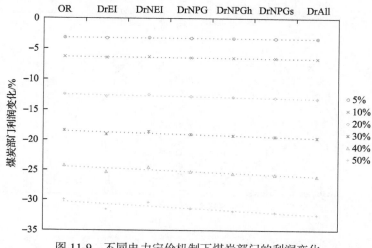

图 11-9　不同电力定价机制下煤炭部门的利润变化

（3）重点用电部门。

图 11-10 给出了不同电力定价机制下，电力部门实施碳定价政策对重点用电部门利润的影响。重点用电部门包括钢铁、建筑、化工、有色金属四个部门。结果显示，在电价完全管制情景下，电力部门实施碳定价使得金属和建筑部门的利润降低，而化工和有色金属部门的利润小幅度增加。例如，OR 情景下，在电力部门 50%的减排目标时，金属和建筑部门的利润分别降低了 2.2%和 4.4%，相反，化工和有色金属部门的利润分别增加了 1.2%和 0.3%。随着电价管制的有序放开，四个重点用电部门的利润都出现了增加。有色金属部门的利润增加幅度最大，其次是钢铁、化工和建筑部门。例如，DrAll情景下，在电力部门 50%的减排目标下，有色金属、钢铁、化工和建筑部门的利润分别增加了 4.6%、3.9%、2.9%和 0.8%。

从电价有序放开来看，第一阶段，从 OR 情景到 DrNPG 情景，相比于 DrNEI 情景，DrEI 情景使得四个重点用电部门的利润均有所增加，而 DrNEI 情景下重点用电部门的利润则降低。原因是在 DrEI 情景下，重点用电部门的产值增加，使得资本的需求增加。该情景下四个部门能源价格大幅增加，由于能源和资本的替代性较强，使得资本的需求增加，最终使得资本收益增加，利润上升。而 DrNEI 情景下，放开非重点用电部门，导致电力以外化石能源价格增加，而重点部门用电价格管制，且这些部门用能结构也是电力为主，因此，四个部门能源成本呈现微弱上升，使得资本替代需求较弱，弥补不了产出下降带来的资本投入减少，最终使得四个部门的资本收益降低，利润出现损失。在第二阶段，从 DrNPG情景到 DrAll 情景，相比于 DrNPGh 情景，应该优先放开 DrNPGs 国家规定部门，因为该情景下四个重点用电部门的利润增加较大。例如，对于钢铁部门而言，在电力部门 50%的减排目标下，DrNPGs 情景下，钢铁部门的利润比 DrNPGh 情景增加了 36%。

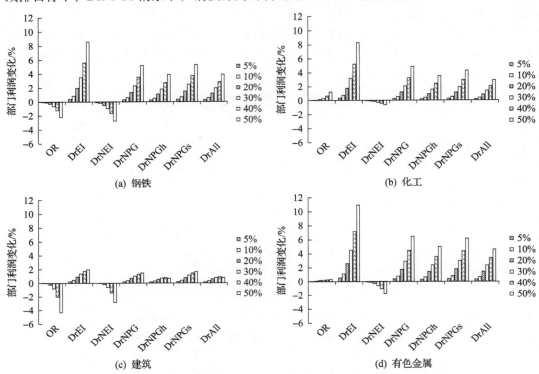

图 11-10　不同电力定价机制下重点用电部门的利润变化

11.1.7　关于电力价格如何有序放开的政策建议

本节分析了在仅对电力部门实施碳定价政策下，电力价格如何有序放开的问题。通过分析，主要政策建议如下。

（1）从降低边际减排成本、提高碳减排量的角度来看，应该逐步放开电价管制。研究表明，电力价格的全面管制会造成电力部门减排效率的明显低下，随着电价的有序放开，电力部门和全国的边际减排成本会降低。电价放开程度越大，边际减排成本降幅越大。此外，随着电力部门减排目标的增大，电价进一步放开所能带来的减排效率提升也会愈加明显。具体而言，如果政府希望更有效地降低边际减排成本和碳强度、提高全国碳减排量，第一阶段应该优先放开非重点用电部门（DrNEI 情景），第二阶段应该优先放开国家规定的保护部门（DrNPGs 情景）。

（2）在电力部门实施碳定价政策时，如果政府的目标是降低 GDP 损失、居民可支配收入损失和福利损失，那么在第一阶段，应该优先放开重点用电部门（DrEI 情景），第二阶段，应该优先放开居民部门（DrNPGh 情景）。因此在这两种情景下，碳定价的经济损失会有所降低。此外，结果表明，任何电价管制情景下，实施碳定价政策都会带来 GDP 损失。当电力部门减排目标较小时（5%），电价管制能够降低 GDP 损失。而随着电力部门碳减排目标的提高，放开电价能够大幅度降低 GDP 损失。因此，如果未来政府计划实施严格的减排目标，那么从保护经济的角度来看，应该考虑逐步放开电价管制。

（3）从保护部门利润角度来看，电价有序放开的顺序是混合的。在第一阶段，如果政府希望保护电力部门、重点用电部门的利润，那么应该优先放开重点用电部门（DrEI 情景）；如果要保护煤炭部门的利润，那么应该优先放开非重点用电部门（DrNEI 情景）。在第二阶段，如果政府希望保护电力和煤炭部门的利润，那么应该优先放开居民部门（DrNPGh 情景）；如果要保护重点用电部门的利润，那么应该优先放开国家规定的保护部门（DrNPGs 情景）。

11.2 NDC 目标约束下中国碳排放交易部门扩容策略研究

碳排放交易是一种以成本有效的方式实现减排目标的市场减排机制（Lo，2012）。目前在 29 个国家或地区有 24 个已运行的碳市场，有 8 个即将运行的碳市场；到 2021 年全球碳市场预计将覆盖超过 16% 的温室气体（ICAP，2021）。我国目前正在积极实践通过碳交易政策辅助减排，以期以市场机制实现减排目标。自 2013 年以来，我国相继在两省五市设立试点碳市场，在 2016 年增设四川和福建两个非试点地区碳市场，并于 2017 年 12 月正式启动全国碳市场。根据全国碳市场的建设安排，2018 年为基础建设期，2019 年为模拟运行期，2020 年为深化完善期。2021 年，全国碳市场正式启动第一个履约期，目前仅纳入电力行业，未来将逐步纳入石化、化工、建材、钢铁、有色、造纸、航空这 7 个碳密集行业，但如何扩容尚未有明确规划。

越来越多的研究从配额总量设置、配额分配原则和方法、配额排放收入利用和分配等方面评估了碳交易机制的设计及其对经济和环境的影响。如针对总量控制问题，Wang 等（2015）考虑了两种排放约束下广东碳市场的减排情况；Brink 等（2016）利用 CGE 模型模拟欧盟碳市场配额总量年线性下降因子从 1.74% 提高到 2.52% 对欧盟各国经济产生的影响。针对配额分配环节，大量学者使用 Agent-based（ABM）模型、CGE 模型以及目标规划模型对配额分配原则和配额免费发放比例进行研究（Ahn，2014；Chang et al.，2017；Cong and Wei，2010；Jensen and Rasmussen，2000；Li and Jia，2017；Tang et al.，2017；Zhang et al.，2018）。针对配额的拍卖收入，学者大多使用 CGE 模型探讨配额收入在居民、企业、政府间的分配对经济的影响（Lin and Jia，2018；Tran et al.，2019；Yao et al.，2016）。

碳市场的部门覆盖也是碳市场设计中的重要关键问题之一（Parsons et al.，2009），而目前这方面的研究还较少。Qian 等（2018）比较了不同的部门覆盖选择标准对排放、福利和碳泄漏的影响，结果显示纳入排放高和排放强度高的部门会导致更高的减排量，以及适中的经济和福利损失。Mu 等（2018）比较了碳市场覆盖不同部门的经济影响，结果显示覆盖主要高耗能行业（排放占全国排放 76.9%）的经济和减排表现较好。Tang 等（2020）测算了碳市场纳入不同部门时的最优碳价，结果显示碳市场纳入部门越多，碳价越低。Lin and Jia（2020）分析了全国碳市场第一阶段纳入电力行业之后，在第二阶段纳入不同部门的经济影响，结果显示覆盖越多部门，GDP 越高，碳价越低。已有研究主要聚焦于碳市场应该纳入哪些行业，而未分析碳市场在运行过程中如何纳入更多部门：是分步纳入还是一次性纳入更多部门，以及何时纳入更多部门？

因此，本书以 NDC 目标作为碳配额总量的约束，重点考察不同碳市场的扩容策略对经济和排放造成的影响，以期为未来全国碳市场的扩容选择提供现实参考。

11.2.1 情景设置

本书一共设置了 5 个情景，包括 1 个基准情景和 4 个政策情景，如表 11-2 所示（基准情景不在表中）。

基准情景（business as usual，BAU）表示没有实施碳交易时的情景。基准情景下 2012～2019 年的 GDP、人口、就业率和城镇化率根据国家统计局发布的实际数据得到，2020～2030 年数据参考"共享社会经济路径"（shared socioeconomic pathways）中的中度发展路径 SSP2、中国人口中长期发展规划等预测数据得到。全要素生产率根据既定宏观经济假设内生而出。基准情景下的碳排放呈现持续增长的情景。拟纳入的八个部门（电力、非金属矿物质、有色金属、黑色金属、造纸、化学工业、石油加工、交通）碳排放在 2020 年占总碳排放的 70%。到 2030 年碳强度相对于 2005 年下降 62%，无法实现我国去年更新的 65% 的国家自主贡献目标。

本书以实现我国国家自主贡献中 65% 的碳强度目标作为约束，对比了不同的碳市场扩容策略下，2020～2030 年碳交易政策的影响。模型中设置碳交易政策自 2021 年开始实施，且在 2021 年只覆盖电力部门，再设置四种未来的扩容情景（表 11-2），表示全国碳市场不同的扩容速度和扩容部门选择。不扩容（NE）情景表示，2021～2030 年全国碳市场不进行扩容。缓慢扩容（SE）情景表示自 2026 年全国碳市场由电力部门增加至全部八个部门。在 2020 年 9 月，生态环境部发言人指出，我国力争在"十四五"期间将全部八个部门纳入碳市场，因此本研究设置 2026 年作为全国碳市场扩容至全部八个部门的时间节点。分步扩容（GE）情景表示碳市场在 2022 年快速扩容至有色金属、非金属矿物质，而后在 2026 年覆盖全部八个部门。这是由于目前全国碳市场已经完成有色金属、非金属矿物质两个部门的配额试算，因此这两个行业具备率先纳入碳市场的条件，其他部门于 2026 年纳入。加速扩容（AE）情景表示在碳市场实施第二年就纳入全部八个部门。总量设置中，根据 NDC 目标，即到 2030 年碳强度相对于 2005 年下降 65%，约束了到 2030 年的碳排放总量。再将配额总量根据上一年度部门的排放占比分配碳市场中纳入的各个部门（Cao et al.，2019）。配额分配方面，参照 2020 年 11 月公布的《2019～2020 年全国碳排放权交易配额总量设定与分配实施方案（发电行业）》（征求意见稿）①，设定碳配额全部免费发放。

表 11-2 政策情景设置

情景	部门覆盖
不扩容（NE）	2021～2030 年只覆盖电力
缓慢扩容（SE）	自 2026 年扩容至八个碳密集部门
分步扩容（GE）	2022 年增加有色金属、非金属矿物质，2026 年扩容至八个碳密集部门
加速扩容（AE）	自 2022 年扩容至八部门

① 生态环境部. 2019-2020 年全国碳排放权交易配额总量设定与分配实施方案（发电行业）. [2020-12-30]. https://www.mee.gov.cn/xxgk2018/xxgk/xxgk03/202012/t20201230_815546.html。

11.2.2　NDC 目标约束下扩容时间影响全国碳减排量

为实现 NDC 目标下，到 2030 年碳强度相对于 2005 年下降 65% 的目标，四种情景下，到 2030 年的碳排放较 BAU 情景下降 8.31%～8.85%，如图 11-11 所示。从 2020～2030 年累计减排量来看，碳市场政策实施后，不扩容情景的累计减排量最多，排放累计较 BAU 减少 5.50%；加速扩容情景减排量最小，排放累计减少 5.11%。从减排时间上看，扩容情景累计减排量的差异主要来自于 2021～2025 年，扩容时间最早且纳入全部八个部门的 AE 情景在 2021～2025 年的减排量明显小于其他情景，而不扩容情景在所有情景中减排量最高。扩容促进了边际减排成本低的部门参与减排，从而分担了减排压力和成本，减少了经济损失。2026～2030 年，除 NE 情景外，碳市场均扩容至八个部门，且所有情景均有到 2030 年相同的减排目标的约束，因此这五年扩容情景的减排量差距不大，而在这期间仍未扩容的 NE 情景减排量依旧最大。

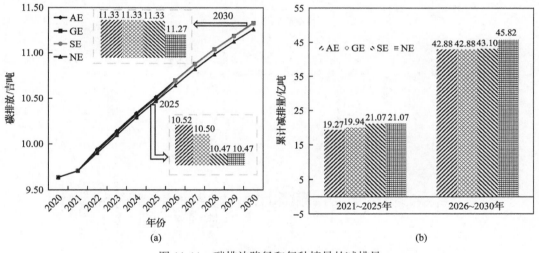

图 11-11　碳排放路径和每种情景的减排量

图 11-12 展示了各个情景下各部门的减排量。所有情景中，电力部门减排量最大，各部门边际减排成本的差异造成了部门间减排量的差异，电力部门的边际减排成本是所有部门中最小的（如同样减少 100 百万吨 CO_2，2030 年电力部门的边际减排成本仅为 24 元/吨 CO_2，其他部门的边际减排成本为 64～27017 元/吨 CO_2），因而在同一碳价水平下，电力部门的减排量远大于其他部门［图 11-12（a）］。扩容选择的差异造成各情景间电力部门减排量的巨大差异，越早纳入更多部门，促进更多部门参与减排，分担了电力市场的减排压力，在只有电力部门纳入碳市场时，其相对 BAU 情景累计减排占总减排量的 90.31%，而 AE 情景下，电力部门的累计减排占总减排量的 41.68%。此外，非纳入碳市场部门中，煤炭生产加工受碳交易政策的影响最大，碳交易政策对碳排放的约束使得对化石能源需求减少，尤其对单位能耗碳排放水平最高的煤炭的需求影响最大，四种情景下，2030 年煤炭的国内需求分别较 BAU 情景下降 10.80%、10.79%、10.84% 和 11.42%。电力部门是煤炭的主要消耗部门，因此四种情景下煤炭部门的碳排放差异主要是由于不

同扩容情景下，电力部门的碳排放约束所致。而使用石油和天然气额外增加的碳排放成本较煤炭更小，其受排放约束的影响也更小，到 2030 年石油和天然气的碳排放较 BAU情景上涨 0.80%～1.15%。

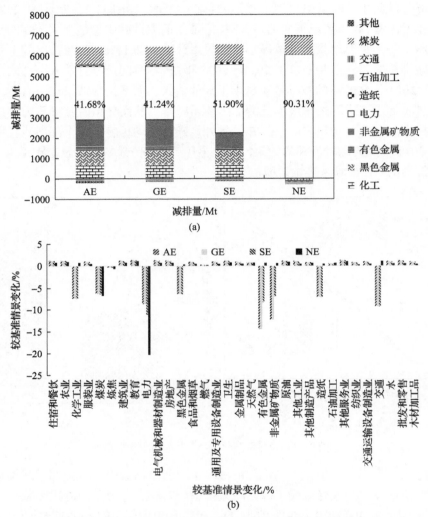

图 11-12 2020～2030 年各部门与 BAU 相比的累计碳排放变化

11.2.3 尽早扩容可减少宏观经济损失

碳交易政策实施后的宏观经济影响如图 11-13 所示，扩容情景的经济损失要低于不扩容情景。2020～2030 年不扩容情景累计 GDP 损失为 0.44%[图 11-13（a）]；扩容情景的累计 GDP 损失为 0.18%～0.25%，其中快速扩容情景损失最小，为 0.18%。当前模型中，国外储蓄外生，因此，当前的 GDP 损失主要来自总消费和总投资的下降。由于模型中政府消费外生，居民的消费倾向固定，因而总产出损失最大的不扩容情景，居民可支配收入损失也最大，从而总消费损失也最大，而更早扩容至全部八个部门的 AE 情景产出损失最小，因而总消费损失也最小[图 11-13（b）]。模型中总投资由总储蓄决定，居民和企业的储蓄均由收入决定，因而四种情景下的总投资表现与总消费表现类似[图 11-13（c）]。图 11-13（d）表明碳交易政策也导致了居民福利的损失，由于不扩容情景的居民收入损失最大，以及产品价格指数增长最高，导致居民的实际消费损失最大。而扩容政策下，居民收入损失和产品价格指数的增加均低于不扩容情景，所以居民福利损失略低于不扩容情景。

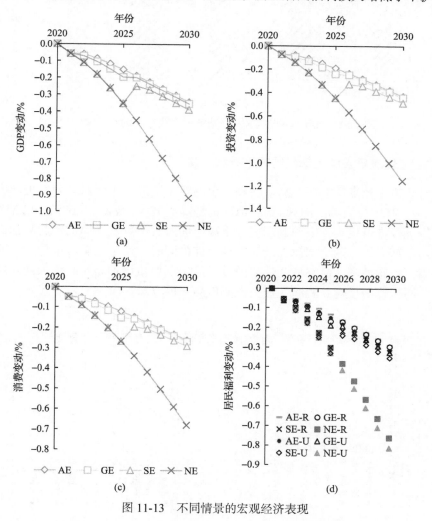

图 11-13　不同情景的宏观经济表现

　　图 11-14 具体展示了在 2022～2026 年扩容对经济的影响。无论是由单一的电力部门一次性扩容至全部八个部门，还是由单一的电力部门率先扩容至三个部门，再扩容至八个部门，都显示出越早扩容经济损失越低的规律。我国力争在"十四五"期间要全部纳入八个碳密集部门，若在"十四五"内仍未扩容至八部门，则累计 GDP 损失比在 2022 年扩容增加 9158 亿元，平均减排一吨 CO_2 的 GDP 损失增加 20%。而若先将有色金属和非金属矿物质两个部门纳入碳市场，在 2022 年扩容至三部门将比 2022 年一次性完成八部门的扩容累计 GDP 损失增加 1308 亿元，平均减排一吨 CO_2 的 GDP 损失增加 4%。因

此，与前文结论一致，越早扩容至越多部门，GDP 损失越低。

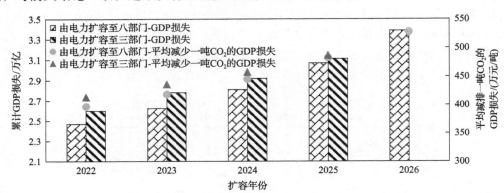

图 11-14　累计 GDP 损失和平均减少一吨 CO_2 的 GDP 损失

11.2.4　扩容可促进已被纳入部门的减排成本下降

　　碳交易政策导致高碳能源产品价格和产出的双重下降，因而对其利润也产生较大影响（图 11-15），其中煤炭部门的利润较 BAU 情景降幅最大，达到 11.62%～12.21%，并且不扩容情景下减排量更大，因而利润损失更高。而所有情景下，原油和成品油部门是利润上涨的两个部门，这两个部门在产品价格上涨的同时，产出也有所增长，主要因为在碳交易政策下，原油和成品油作为煤炭的替代品，消费量增加。对其他未纳入碳市场的部门而言，不扩容情景对其利润的损失也要略高于扩容情景。

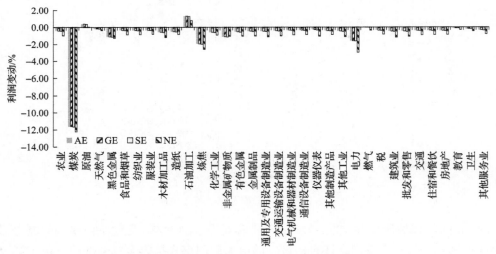

图 11-15　2030 年不同部门的利润较基准情景变动

　　碳交易中的减排成本表示为由于碳交易政策的实施所导致的碳排放成本，既包括一级配额分配市场中的碳配额成本，也包括部门在二级市场交易中的碳配额成本，碳交易的总减排成本为所有参与碳交易的部门的减排成本之和，各部门的减排成本如图 11-16 所示。首先，随着时间的推移，减排约束加大，碳市场的总减排成本越来越高。所有部门中，电力部门和成品油部门的减排成本最高，占总减排成本的一半以上。但是，越早扩容至更多部门，成本在部门间的分布越分散。同时，扩容会促进已被纳入部门的减排成本下降。相同年份，由于不扩容情景下的碳价远高于扩容情景，导致在历年不扩容情景的减排成本均高于扩容情景。而在扩容情景中，纳入三个部门的配额总量低于纳入八个部门的配额总量，但碳价差异较小，因而其总减排成本略低于纳入八个部门的扩容情景。

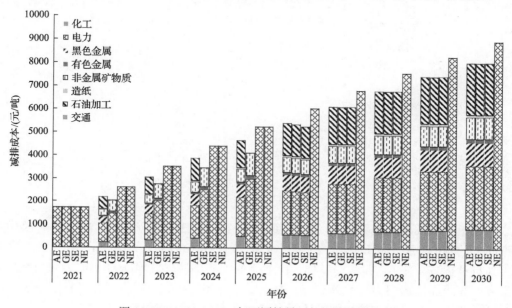

图 11-16　2021～2030 年不同情景下部门的减排成本

11.2.5　更多部门纳入碳市场能有效降低整体碳市场的边际减排成本

碳配额交易价格是指碳市场中配额交易的均衡价格，即此时配额供给和需求相等。均衡条件下碳配额价格与碳市场纳入部门的边际减排成本相等(Ji et al., 2019)，碳价反映控排部门多减少一单位二氧化碳排放所支付的成本。如图 11-17 所示，2021 年只纳入电力部门时，碳价为 71.58 元/吨。到 2025 年，不进行扩容的 NE 情景碳价为 243.58 元/吨，是已扩容至八部门的 AE 情景的 3.69 倍，是扩容至三部门的 GE 情景的 1.94 倍。而到 2030 年，不扩容情景碳价达 477.35 元/吨，是其他已扩容至八部门的情景的 4.34 倍。不扩容情景的碳价显著高于扩容情景，并且纳入部门越多，碳价越低，这体现了更多部门纳入碳市场能有效降低整体碳市场的边际减排成本。在 AE、GE、SE 情景下，碳价分别在 2022 年和 2026 年，即碳市场由单一部门扩容至八部门时，显著下降或增速显著下降，之后随减排量增大而继续增长，2026 年之后由于各情景间碳市场覆盖部门一致，控排总量一致，其价格走势也相近。

11.2.6　扩容可以有效提升碳市场的活跃度

在碳市场中，排放量大于配额发放量的部门需要通过碳交易购买配额实现履约，而

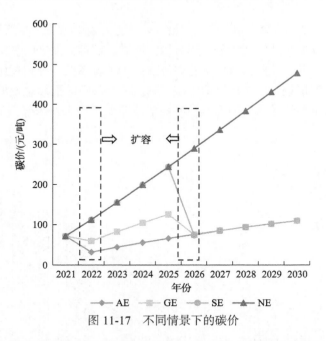

图 11-17　不同情景下的碳价

排放量小于配额发放量的部门可以在碳市场中卖出这些多余配额获利。与 CGE 模型中其他产品部门相似,碳交易市场也会实现出清。如图 11-18 所示,2025 年,SE 和 NE 情景电力独自承担减排任务,没有与其他部门之间的配额交易。AE 情景下,电力部门是最大的卖方,而成品油部门为最大的买方。这表明电力部门在完成既定减排目标之下还能够继续减排获取收益,而成品油部门还需在碳交易市场购买配额完成履约。电力部门和成品油部门在二级市场的配额交易量占二级市场总成交量的 60% 以上,将对碳交易市场的

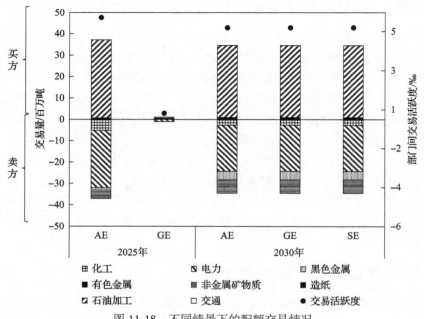

图 11-18　不同情景下的配额交易情况

交易价格和交易数量产生较大影响。GE 情景下，成交量远低于 AE 情景，电力依旧是最大的卖方，而有色金属和非金属矿物质部门为买方。2030 年，三种扩容情景下各部门成交情况类似，且成品油依旧是最大的买方，而电力部门依旧是最大的卖方。碳市场中交易的活跃度通常可以衡量一个碳市场的成熟度，同时交易越活跃越有利于市场发挥价格发现功能，越有利于实现碳市场低成本减排的作用。交易的活跃度指配额成交量占配额发放量的比重，本研究计算了部门间的交易量占总配额发放量的比重。图 11-18 表明在碳市场纳入三个部门时，碳市场的活跃度低于纳入八个部门后碳市场的活跃度。因此，扩容可以有效提升碳市场的活跃度。

11.2.7　关于未来全国碳市场发展的政策建议

本书对 CGE 模型的关键弹性(能源与资本之间，以及化石能源和电力之间的替代弹性)、经济增长的速度和碳配额的免费拍卖比例进行了灵敏度分析，分析显示，各种情景下上述结果均保持稳健。本书模拟结果可为未来全国碳市场的发展提供如下政策建议：

首先，从扩容步骤看，全国碳市场自 2017 年起开始对全部八个部门的企业进行排放核查，在此基础上应尽快完善除电力外对其他七个部门配额分配方式的制定，争取在 2022 年将其他部门纳入全国碳市场。研究结果显示，三种扩容情景下加速扩容的累计 GDP 损失和边际减排成本最低，其次为逐步扩容情景和缓慢扩容情景。该结果表明越早将越多部门纳入碳市场，经济损失越低。若全国碳市场在"十四五"内仍未扩容至八部门，则累计 GDP 损失将至少比"十四五"内完成八部门的扩容提高 3171 亿元，平均减少一吨二氧化碳的 GDP 损失将比"十四五"内完成八部门的扩容至少提高 7%。

其次，未来我国全国碳市场在运行阶段进行扩容时，政府需密切关注碳市场扩容后碳价的波动，维护碳价的稳定从而促进低碳投资。研究结果显示，扩容能够有效降低纳入碳市场部门整体的边际减排成本，因此，在扩容年份碳价会显著下降，如在逐步扩容情景中，2022 年碳市场由单一电力部门扩容到三个部门时碳价下跌 16%，但随着减排约束的增强碳价在扩容后会继续增长。碳价短期内的剧烈波动会对低碳投资造成负面影响，在扩容年份，政府可适当调整配额的发放数量或时间，以及引导市场中的交易主体对配额进行跨期储备等，避免碳价在扩容时的剧烈波动。

11.3　本 章 小 结

本章采用中国气候变化综合评估模型 C³IAM 的政策分析模块，针对我国目前碳定价仅聚焦电力部门的问题展开研究。一方面：当前我国电力价格仍然受到政府的管制，这是否会降低碳定价政策的成本有效性？另一方面，根据国际经验和我国碳市场的建设安排，碳定价将逐步覆盖到其他部门，那么从经济效率来看，应该如何扩容？

在电价有序放开方面，从降低边际减排成本、提高碳减排量的角度来看，应该逐步放开电价管制。如果政府的目标是降低 GDP 损失、居民可支配收入损失和福利损失，那么在第一阶段，应该优先放开重点用电部门，第二阶段，应该优先放开居民部门。从保护部门利润角度来看，电价有序放开的顺序是混合的。例如，在第一阶段，如果政府希望保护电力部门、重点用电部门的利润，应该优先放开重点用电部门，如果要保护煤炭部门的利润，应该优先放开非重点用电部门。在第二阶段，如果政府希望保护电力和煤炭部门的利润，应该优先放开居民部门；如果要保护重点用电部门的利润，应该优先放开国家规定的保护部门。

此外，在碳市场未来的扩容规划方面，鉴于全国碳市场自 2017 年起开始对全部八个部门（电力、非金属矿物质、有色金属、黑色金属、造纸、化学工业、石油加工、交通）的企业进行排放核查，在此基础上应尽快完善对除电力外其他七个部门配额分配方式的制定，争取在 2022 年将其他部门纳入全国碳市场。未来我国全国碳市场在运行阶段进行扩容时，政府需密切关注碳市场扩容后碳价的波动，维护碳价的稳定，从而促进低碳投资。未来控排企业应重视增加对低碳设备、节能设备等的投入，提高资本对能源的替代能力，从而降低减排成本。

第 12 章　全球气候减缓策略：典型应用 II

应对气候变化需要全球各国集体行动。《巴黎协定》规定各缔约方每五年提交一次国家自主贡献(NDC)，由各国自主制定减排目标。但现有多数研究表明，国家自主贡献无法满足 2℃和 1.5℃温控目标的要求。为使 NDC 与全球温控目标不断趋近，《巴黎协定》设置了动态评估机制，要求各国依据自身减排能力逐期增加减排量。然而，出于短期经济发展的考虑，国家或地区可能拒绝增强短期行动力度，这对"后巴黎时代"全球气候治理提出了严峻挑战。本章采用全球多区域经济最优增长模型(C³IAM/EcOp)，量化温控目标下的各国行动方案对应的潜在收益和成本，为缔约方进一步提高国家自主贡献力度提供决策参考。基于此，本章拟回答以下问题：

• 全球合作减排机制下，如何量化各国行动方案对应的潜在收益和成本？

• 为满足 2℃和 1.5℃温控目标要求，如何设计国家自主贡献改进方案？

12.1　应对气候变化需要集体行动

面对全球气候治理的紧迫性和复杂性，提高缔约方减排力度是《巴黎协定》通过之后面临的首要任务。《巴黎协定》要求各方每5年提交一次国家自主贡献方案，并且更新后的目标和行动需要比之前的更富有雄心。但是，近年来在波兰卡托维兹召开的第二十四届联合国气候变化大会(COP24)以及在西班牙马德里举行的第25次缔约方会议(COP25)均进展有限。2018年，IPCC发布《全球升温1.5℃特别报告》，指出如果按照目前每十年平均约0.2℃的温升趋势，全球温升最快可能在2030年间达到1.5℃。一旦突破1.5℃临界点，气候灾害发生的频率和强度将大幅上升，带来水资源短缺、旱涝灾害、极端高温、生物多样性丧失和海平面上升等长期不可逆的风险。尽早采取迅速行动虽然会在短期内产生大量减排成本，但将为弥合不断扩大的排放差距提供更好的机会。不采取行动应对气候变化将导致巨大的社会经济损失。从这个意义上讲，对各国应对气候变化可能带来的经济收益和避免的气候损失进行评估，并预估实现1.5℃和2℃的目标时是否有净收益(避免的气候损害减去减排成本)有助于各国制定最优"自我防护策略"。

目前已有相关研究提出了减缓气候变化的全球或国家战略。一些研究侧重评估与全球变暖阈值(1.5℃或远低于2℃的目标)一致的NDC与排放情景之间的排放差距。由于当前的减排努力不足以实现温控目标，因此，一些学者基于公平性原则，将给定的排放空间基于不同的分配原则在国家之间进行分配。然而此类方法使用的排放空间或排放路径，往往不是基于成本最优路径得到的。因此，一些研究基于全球成本最优路径，将其与1.5℃目标的排放差距分配给国家或地区。但是，此类研究只考虑了全球减排成本，而忽略了应对气候变化带来的潜在收益。与责任分担研究相反，近期的一些研究不仅考虑了减排成本，而且还考虑了减排的收益(即避免了气候影响)，通过优化全球或区域社会福利来寻找最佳的减排途径。尽管这类研究表明，各国在减缓和控制气候变化方面的努力可能具有潜在的收益，但其路径并不都考虑全球变暖阈值和公平性原则。因此，目前国际学界缺少一种国家自主贡献改进策略，此策略既可以平衡每个国家缓解气候变化所获得的长期利益与短期减排成本，又考虑了公平的减排责任分担。因此，我们在综合考虑技术发展和气候变化不确定性的条件下，对各国应对气候变化可能带来的经济收益和避免的气候损失进行了评估，提出了在"后巴黎协定时代"能够让各方无悔的最优"自我防护策略"。

通常，成本和收益取决于技术发展和气候破坏的程度。已有研究表明气候变化带来的潜在损失有可能远高于之前的估计。这说明减排可避免更多的气候损失，从而有更多的收益。此外，低碳技术(例如碳捕集与封存、可再生能源利用和负排放技术)的快速发展将不断降低减排的成本投入。为了全面考虑由于气候损失及低碳技术发展的不确定性带来的气候治理挑战，我们从合作减排视角出发寻找实现1.5℃和2℃温升目标的最优温室气体排放路径。在此研究框架下，与当前的减排努力(即政策照常发展情景，PaU)相比，"自我防护策略"可以同时实现温控目标和收益。对于国家自主贡献力度充足的国家，NDC被视为照常政策；而对于国家自主贡献力度不足的国家，则照常发展情景(BaU)情况被视为政策照常发展情景。净收益意味着，与当前全球和国家层面的气候政策相比，额外避免的气候影响带来的累计收益应超过额外的减排成本。本书还可以进一步确定每个国家和地区扭亏为盈的转折点（即减排成本与收益之间的收支平衡点）。

为实现长期温控目标以避免巨额损失，本书采用自主研发的中国气候变化综合评估模型（C³IAM）。为了考虑地区之间的平等，我们引入了责任分担的方法来确定国家和地区的社会福利权重。由于各国之间对气候变化的易损性、历史责任以及温室气体减排成本的承受能力都有很大差别，因此并没有得到公认的区域公平的气候政策。目前单一原则很难解决"公平但有区别的责任"。而综合多种原则的分配方案更有希望在国际谈判中被接受。因此，我们综合现有的主流责任分担原则，构建了每个区域的综合社会福利权重。其中既包括发达国家支持的祖父原则，也包括发展中国家支持的历史责任原则；同时涵盖了支付能力和人均分配原则。社会福利权重系数越大，意味着该地区承担的减排责任越低，从其他区域减排获得的收益越高。然后，将综合社会福利权重用于全球福利最大化，以在成本效益分析中提高分配结果的公平性。由于各缔约方没有就 NDC 文件内容达成一致，NDC 的编制结构并无统一标准，各方提交的方案各有侧重，主要体现在温室气体减排形式多样、目标年和基准年选择不一致、减排目标涵盖部门和气体种类有差异。这直接构成了定量分析减缓目标的重要阻碍。本书开发了 NDC 统一核算方法，基于核算结构构建了政策照常发展情景（PaU）。通过比较最优排放路径和政策照常发展路径之间的收益和成本，得出了可以实现温控目标并为每个地区带来净收益的最佳排放路径。按照地理位置和经济体量，考虑各国对待气候变化的态度，C³IAM 将全球划分为 12 个区域：欧盟、亚洲、东欧独联体、伞形集团、中东和非洲、其他欧洲发达国家、拉丁美洲。其中，伞形集团指除欧盟以外的其他发达国家。中国、美国、日本、印度、俄罗斯这 5 个国家从所属区域中抽出，单独列出进行分析。在 C³IAM 中，我们首先在区域范围（12 个区域）内进行了减排责任分担和成本收益分析；然后采用降尺度模型将分配结果进一步缩小到国家级别，为国家减排力度的提升提供参考。

总体而言，就减缓气候变化可能带来的净收益而言，本书提出了一种比当前 NDC 更好的减排策略。结果表明，在"后巴黎时代"，各国可以采取经济有效的行动来更新其国家自主贡献。

12.2　构建"自我防护策略"以实现长期温控目标

在合作减排机制设计中，既需要考虑机制是否能实现《巴黎协定》的 2℃温控目标，又需要保证各缔约方接受减排机制。因此，情景设置考虑了四个方面，包括变暖阈值、低碳技术成本、气候损失和公平性原则。关于变暖阈值，我们关注 2100 年的大气平均温度变化。本书中的变暖阈值符合《巴黎协定》的要求。根据气候损失及低碳技术的相关研究，得到气候损失与低碳技术成本下降的基准值与上下限值。进而，根据基准值与上下限值构建不同水平的气候损失与低碳技术成本下降的组合情景[图 12-1（a）]。低碳技术成本和气候损失的变化是根据现有研究确定的。采用经济损失占 GDP 的比率来定义气候损失的程度。模型中损失函数的放大系数用于表征不同水平的气候损失。参考 Nordhaus

的研究，假设气候损失占 GDP 的 1.6%为参考水平[图 12-1（a）、（c）]。在这项研究中，我
们定义了高、中和低水平的气候损失程度，对应的损失函数系数分别是参考水平的 4～5
倍、2～4 倍和不到 2 倍。此外，我们定义了三个技术发展水平，即低速发展（每五年低
碳技术成本下降率低于 15%）、中等发展（每五年低碳技术成本的下降率为 15%～30%）
和高速发展（每五年低碳技术成本下降率为 30%～40%）。通过引入公平性原则来确定区
域的社会福利权重。

在所有最优排放情景中[图 12-1（a）]，实现 2℃和 1.5℃温控目标的情景占所有情景的
51.9%。绝大部分情景需要满足较高的气候损失程度和低碳技术发展程度（中等到高速）。
低碳技术成本下降，意味着如果社会经历中等到高速的技术发展（低碳技术成本每五年的
下降率可以达到 15%或更多），那么总会找到一种具有直接收益的自我保护策略。但是，
只有在气候损失超过 1.5 倍（相对于参考水平）且低碳技术成本下降超过 20%（在所有最优
排放情景中占 35.8%）的情况下，才能实现 1.5℃温控目标。图 12-1（b）反应了各种情景下
温室气体排放路径及温度变化差异。2100 年，温室气体排放量为–3.39～13.95 吉吨 CO_2
当量，大气平均温度变化在 1.3～2.5℃。

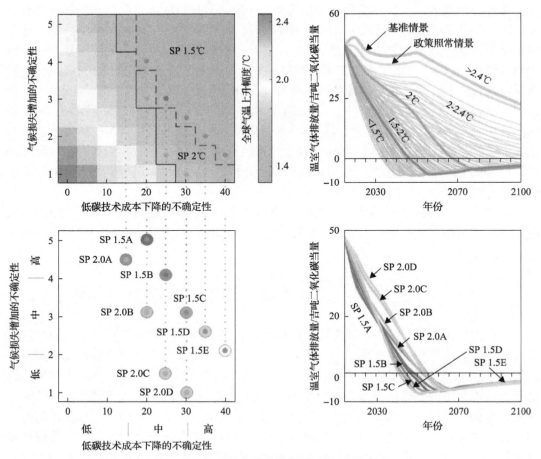

图 12-1　自我防护策略的构建及其主要特征

根据各种不确定性情景实现温控目标的程度以及全球社会福利最大化原则，我们选择了 9 种代表性自我防护策略用于进一步分析，包括 4 个实现 2℃温控目标的情景，即 SP 2.0s（包括 SP 2.0 A、SP 2.0 B、SP 2.0 C 和 SP 2.0 D）和 5 个实现 1.5℃温控目标的情景，即 SP 1.5s（包括 SP 1.5 A、SP 1.5 B、SP 1.5 C、SP 1.5 D 和 SP 1.5 E）[图 12-1 (a)、(c)]。在 4 个 2℃温控目标情景中，2035 年后，温室气体排放将迅速下降，到 2055 年左右将实现净零排放或负排放[图 12-1 (d)]。相比之下，若要实现 1.5℃温控目标，需要温室气体排放量急剧下降，以便在 2045～2050 年实现净零排放[图 12-1 (d)]。

12.3　"自我防护策略"可避免巨额经济损失

图 12-2(a) 表明，与当前的减排努力相比，全球累计收益将超过 2100 年之前的累计额外成本。如果实现 2℃和 1.5℃温控目标，到本世纪末，全球平均将有 336.0 万亿美元和 422.1 万亿美元的累计净收益（2011 年不变价，按购买力平价法。此后，所有货币金额都使用相同的不变价格），全球将于 2065～2070 年实现扭亏为盈。同时，本世纪末所有国家和区域都有正向累计净收益[图 12-2(b)]。具体而言，如果实现 2℃和 1.5℃温控目标，除美国、俄罗斯、日本、欧盟、其他伞形集团以及东欧独联体以外的所有国家和地区，可分别在 2080 年和 2070 年之前扭亏为盈。此外，实现 1.5℃温控目标比 2℃温控目标更早获得正的累计净收益。2℃温控目标约束下，印度尼西亚、中国、欧盟、印度和尼日利亚的累计净收益（到 2100 年平均为 37.2 万亿美元）将比全球平均水平（2.5 万亿美元）还要高。在实现 1.5℃温控目标后，印度、尼日利亚、中国、欧盟、印度尼西亚和美国的累计净收益（到 2100 年平均为 39.9 万亿美元）也将比全球平均水平（3.2 万亿美元）高。本世纪末所有国家和区域都有累计净收益，有望达到 2100 年 GDP 的 0.46%～5.24%。各国平均净支出小于年度 GDP 的 0.57%，对经济增长的影响十分有限。哥伦比亚、委内瑞拉、阿尔及利亚和埃塞俄比亚等国家也可在 2030～2070 年达到收支平衡。若 1.5℃温控目标实现，本世纪末哥伦比亚、委内瑞拉、阿尔及利亚和埃塞俄比亚的累计净收益将达到 1.23 万亿～2.75 万亿美元、0.87 万亿～1.95 万亿美元、1.55 万亿～3.79 万亿美元和 3.36 万亿～8.21 万亿美元。

但是，实现扭亏为盈需要先期投资。通过比较自我保护策略和政策照常情景的减排成本，我们估算了收支平衡点之前的累计减排成本。温控目标下，全球需要 18 万亿～114 万亿美元的前期投资以实现应对气候变化的扭亏为盈。其中，G20 集团国家需要付出 16 万亿～104 万亿美元的前期投资；拉丁美洲、中东和非洲等相对脆弱的国家和地区需要 1.35 万亿～9.77 万亿美元和 0.06 万亿～0.31 万亿美元的资金投入即可分别在 2060～2075 年和 2030～2035 年前实现扭亏为盈。结果表明，美国、俄罗斯、加拿大和澳大利亚的收支平衡点出现在本世纪末，而南非和沙特阿拉伯可在 2035 年之前实现扭亏为盈。G20 集团中的发展中经济体（中国、巴西、墨西哥、印度尼西亚、土耳其、阿根廷、印度和沙特阿拉伯）需要约 4.73 万亿～30.66 万亿美元的前期投资以实现扭亏为盈。脆弱国家(例如哥伦比亚、委内瑞拉、阿尔及利亚和埃塞俄比亚)的平均前期投资在 48.62 亿～3526.1 亿美元之间。对前期投资的量化可在一定程度上为各国之间的资金转移提供依据。

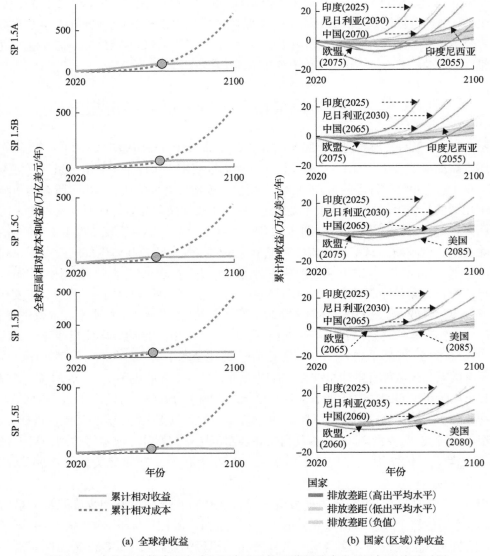

(a) 全球净收益　　　　　　　　　　　　(b) 国家(区域)净收益

图 12-2　自我防护策略下全球和国家(区域)可获得的净收益及扭亏为盈时间

　　尽管实现 2℃和 1.5℃温控目标需要付出一定的前期成本,但是如果当前的减排努力不加以改进,到本世纪末与实现温控目标相比,全球总计将会失去 127 万亿～616 万亿美元的收益,分别是 2015 年全球 GDP 的 1.21～5.86 倍和 2.51～5.80 倍[图 12-3(a)、(b)];如果各国连当前的 NDC 都无法实现,则预计全球错失的收益将可能达到 150 万亿～792万亿美元,是当前全球 GDP 的 7.53 倍(2015 年)[图 12-3(c)、(d)]。

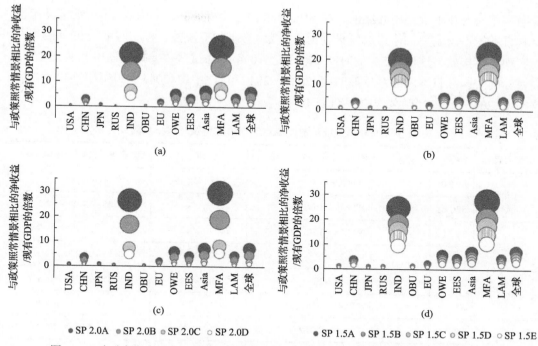

图 12-3　自我保护策略下区域层面的净收益（单位：2015 年区域或国家 GDP 的倍数）

12.4　后巴黎时代缔约方的经济有效行动

就目前而言，大部分国家的自主减排目标缺乏雄心。为了实现长期温控目标和经济收益，2030 年，全球需要在现有 NDC 基础上进一步减排 19～29 吉吨 CO_2 当量和 28～30 吉吨 CO_2 当量以实现 2℃和 1.5℃温控目标（图 12-4）。所有国家和地区均需在现有 NDC 基础上进一步提高减排力度。其中，日本（101%）、美国（93%）、俄罗斯（85%）、欧盟（72%）、中国（65%）和其他伞形集团国家（63%）需要付出更多的努力，在本世纪中叶之前需要实

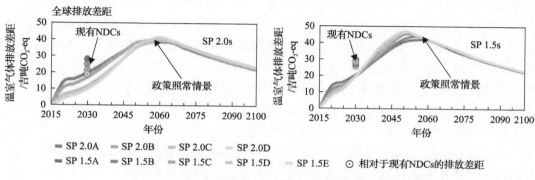

图 12-4　自我防护策略下全球距离温控目标的排放差距

现净零排放。在本世纪中叶之前，在 SP 2.0 和 SP 1.5 情景下，中国、美国、欧盟、俄罗斯和日本的平均温室气体排放量必须为负。为了实现 2℃温控目标，印度需在 2065 年之前实现净零排放，这比 1.5℃的时间要晚了近 10 年。在这些主要排放国中，实现 2℃温控目标的美国和日本的净零排放时间(2035~2040 年)比中国(2045~2050 年)要早 10 年，比印度(2060~2065 年)要早 23 年(表 12-1)。

表 12-1　2030 年主要排放国温室气体排放量及净零排放时间

国家(区域)	策略	2030 年温室气体排放/吉吨 CO_2-eq	净零排放时间	累积负排放量/吉吨 CO_2-eq
中国	SP 2.0s	5.62(4.53~6.56)	2045~2050 年	−49.48(−46.71~−51.68)
	SP 1.5s	4.61(4.38~4.77)	2040~2045 年	−61.85(−58.48~−67.09)
印度	SP 2.0s	3.49(3.26~3.70)	2060~2065 年	−22.66(−20.96~−25.09)
	SP 1.5s	3.26(3.22~3.29)	2050~2055 年	−30.15(−25.28~−33.09)
欧盟	SP 2.0s	1.63(0.93~2.25)	2040~2045 年	−26.85(−25.25~−28.87)
	SP 1.5s	0.97(0.85~1.06)	2035~2040 年	−31.45(−30.85~−32.46)
美国	SP 2.0s	1.37(0.28~2.39)	2035~2040 年	−50.33(−40.52~−56.80)
	SP 1.5s	0.37(0.22~0.47)	2035 年	−47.79(−42.04~−52.62)
俄罗斯	SP 2.0s	0.63(0.33~0.92)	2040~2045 年	−13.38(−14.11~−12.75)
	SP 1.5s	0.33(0.29~0.37)	2035 年	−15.28(−15.97~−14.73)
日本	SP 2.0s	0.19(0.01~0.36)	2035~2040 年	−6.38(−6.89~−5.83)
	SP 1.5s	−0.01(−0.02~0.01)	2030~2035 年	−7.24(−7.32~−7.10)

为了实现自我保护策略，需要有效的政策予以保障。边际减排成本(MAC)是衡量气候变化政策严格性的重要因素。为了提高策略可行性，气候变化政策的严格程度应与相应的 MAC 保持一致，如图 12-5 所示。与其他关于 MAC 的研究相比，我们的结果在现有区间内。此外，较高的边际成本并不一定意味着较高的政策成本。因此，从这个角度来看，自我防护策略是可行的。从时间角度来看，所有地区都需要在初期阶段逐年收紧政策。在稍后阶段，大部分国家可以放宽他们的严格政策。不同地区放宽政策的时机不同。具体来说，对于 2℃温控目标，日本、美国、俄罗斯、其他伞形国家和欧盟可以在 2040 年前放松政策;除东欧及独联体和拉丁美洲以外,直到 2045~2050 年，其他欧洲发达国家、中国都需要持续收紧政策。印度、亚洲以及中东和非洲需要至少在 2060~2065 年之前持续加强其政策。为了实现 1.5℃温控目标，所有地区都需要比在早期达到 2℃温控目标时更快地提高政策严格性。MAC 的区域差异与不同地区的减排努力保持一致，这意味着有必要建立国际排放权交易计划以降低总减排成本。

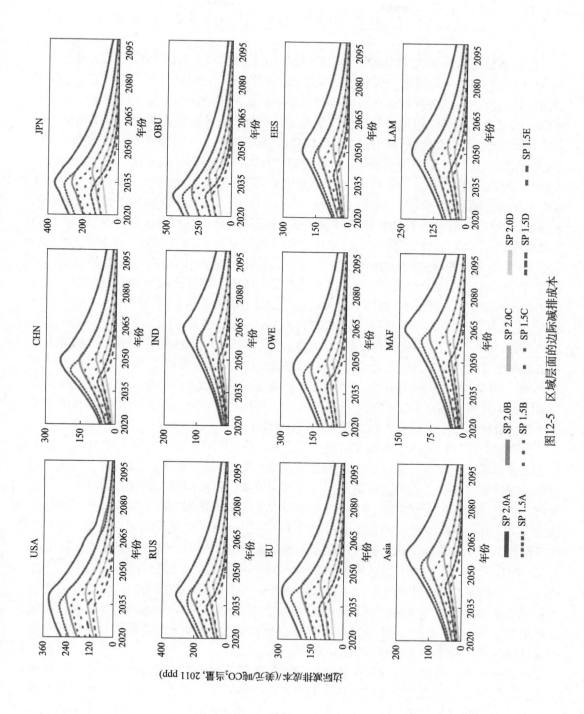

图12-5　区域层面的边际减排成本

12.5 "自我防护策略"下各国的成本收益分析

现有多数研究表明,《巴黎协定》各缔约方提出的国家自主贡献(NDC)无法满足全球 2℃和1.5℃温控目标的要求。为使NDC与全球温控目标不断趋近,《巴黎协定》设置了动态评估机制,要求各国依据自身减排能力逐期增加减排量。然而出于短期经济发展的考虑,国家或地区可能拒绝增强短期行动力度。在此背景下,量化温控目标下各国不行动或行动力度不足而造成的经济损失、探究改进NDC后各方可能获得的潜在收益,有助于提高国家应对气候变化的积极性,推动全球气候治理进程。研究发现,在"自我防护策略"下实现温控目标,会使得本世纪末所有国家和区域都有正向累计净收益。即使低碳技术发展相对缓慢,仍然可以找到一种自我保护策略。在气候影响加剧和低碳技术迅速发展的条件下,实施自我防护策略将带来更大的好处,即使是相对脆弱的国家,在2100年也将有累计净收益。2℃温控目标下,中东和非洲国家在2030~2035年实现扭亏为盈,到2100年,累计净收益为0.84万亿~4.17万亿美元,占累计GDP的0.63%~3.12%。此外,拉丁美洲在2070~2075年实现扭亏为盈,到2100年累计净收益为0.25万亿~1.17万亿美元,相当于GDP的0.26%~1.24%。实现1.5℃温控目标,可以更早地达到收支平衡点。中东和非洲、拉丁美洲将分别在2030年(1.62万亿~3.96万亿美元)和2060~2065年(0.53万亿~1.19万亿美元)实现扭亏为盈。为了实现2℃温控目标,大多数国家需要适度提高现有的NDC力度。为了实现1.5℃温控目标,全球需要在2030年之前再减少28吉吨~30吉吨 CO_2-eq的温室气体,每个国家都必须大大加强当前的努力。此外,需要加快技术升级,以立即实现快速减排。日本、美国、俄罗斯、欧盟、中国和其他伞形集团国家必须做出更大的努力以实现1.5℃温控目标。

尽管我们的自我保护策略能够实现温控目标,并且能够保证所有国家和地区在2100年之前获得累计净收益,但许多国家仍需要前期投资以实现最终的扭亏为盈。因此,与当前的减排努力相比,由于高额的温室气体减排成本,许多国家和地区在前期的净收益为负。温控目标下,全球需要18万亿~114万亿美元的前期投资以实现应对气候变化的扭亏为盈。其中,G20集团国家需要付出约16万亿~104万亿美元的前期投资。不过,拉丁美洲、中东和非洲等相对脆弱的国家和地区需要1.35万亿~9.77万亿美元和0.06万亿~0.31万亿美元的资金投入便可在2060~2075年和2030~2035年前实现扭亏为盈。特别地,各国平均净支出小于年度GDP的0.57%,对经济增长的影响十分有限。因此,为避免气候变化带来的威胁,我们鼓励各国参考自我保护策略采取减排行动。在"自我防护策略"下,全球将于2065~2070年实现扭亏为盈。本世纪末所有国家和区域都有正向累计净收益,有望达到2100年GDP的0.46%~5.24%。

最重要的是,要实施自我保护战略,就要求各国认识到全球变暖的严重性并在低碳技术上取得突破。发达国家的资金和技术支持对于相对脆弱的国家实施自我保护战略是必要的。为了探讨各国应如何合作,我们采取一种考虑公平性的减排责任分担方法。但是,这导致一些非主要排放国承担了相对多的负担。因此,应对脆弱国家和地区优先给予技术和财政支持。我们的研究可以确定每个国家实施自我保护策略需要的前期投资。

拉丁美洲、中东和非洲等相对脆弱的国家和地区需要发达国家的资金支持和技术转让，这与《巴黎协定》第 11 条保持一致。相对脆弱的国家，例如阿尔及利亚和哥伦比亚，分别需要 24.8 亿~130.2 亿美元和 1045.6 亿~79757 亿美元的前期投资才能实现温控目标，并在 2030~2035 年和 2060~2075 年扭亏为盈。自我保护策略为每个国家设定了减排目标参考。但是，在自我防护策略下实现温控目标，要求低碳技术成本的下降速度相对较快，每五年下降速度应大于 15%。

尽管这项研究量化了温控目标下各国不行动或行动力度不足而造成的经济损失、探究改进 NDC 后各方可能获得的潜在收益，并为各国在后巴黎时代更新 NDC 提供参考，但仍然存在一些不足。例如，对适应气候变化策略的模拟不足。未来我们将在 C³IAM 中开发适应模块，评估适应措施的发展潜力以及经济成本。此外，除经济利益外，政治态度、外交政策和资源禀赋等因素也是各国开展减缓气候变化行动的重要决定因素。未来的研究将进一步综合考虑多种影响因素，提高模型模拟的可信度以及策略推广的可接受度。

12.6　本 章 小 结

为实现长期温控目标以避免巨额损失，我们采用自主研发的中国气候变化综合评估模型（C³IAM），在综合考虑技术发展和气候变化不确定性的条件下，对各国应对气候变化可能带来的经济收益和避免的气候损失进行了评估，提出了在"后巴黎时代"能够实现各方无悔的最优"自我防护策略"。研究发现在"自我防护策略"下，全球将于 2065~2070 年实现扭亏为盈。本世纪末所有国家和区域都有正的累计净收益，有望达到 2100 年 GDP 的 0.46%~5.24%。各国平均净支出小于年度 GDP 的 0.57%，对经济增长的影响十分有限。为了实现长期温控目标和经济收益，2030 年，全球需要在现有 NDC 基础上进一步减排 19 吉吨~29 吉吨 CO_2-eq 和 28 吉吨~30 吉吨 CO_2-eq 以实现 2℃ 和 1.5℃ 温控目标。所有国家和地区均需在现有 NDC 基础上进一步提高减排力度。其中，日本、美国、俄罗斯、欧盟、中国需要付出更多的努力，在本世纪中叶之前需要实现净零排放。

参 考 文 献

戴维·赫尔德. 2012. 气候变化的治理——科学、经济学、政治学与伦理学. 北京: 社会科学文献出版社.

段红霞. 2009. 气候变化经济学和气候政策. 经济学家, (8): 68-75.

付甜甜. 2017. 电动汽车用氢燃料电池发展综述. 电源技术, 41(04): 651-653.

高霁. 2012. 气候变化综合评估框架下中国土地利用和生物能源的模拟研究. 北京: 首都师范大学.

国家税务总局. 2013. 中国税务年鉴. 北京: 中国税务出版社.

国家统计局. 2013. 中国统计年鉴 2013. 北京: 中国统计出版社.

国家统计局城市社会经济调查司. 2013. 中国城市(镇)生活与价格年鉴. 北京: 中国统计出版社.

国家统计局能源统计司. 2013. 中国能源统计年鉴 2013. 北京: 中国统计出版社.

国家统计局能源统计司. 2019. 中国能源统计年鉴 2019. 北京: 中国统计出版社.

国家统计局能源统计司. 2020. 中国能源统计年鉴 2019. 北京: 中国统计出版社.

国家统计局农村社会经济调查司. 2013. 中国农村统计年鉴. 北京: 中国统计出版社.

国家统计局人口和就业统计司和人力资源和社会保障部规划财务司. 2013. 中国劳动统计年鉴. 北京: 中国统计出版社.

韩骥, 周翔, 象伟宁. 2016. 土地利用碳排放效应及其低碳管理研究进展. 生态学报, 36: 1152-1161.

韩融. 2020. 气候治理政策综合评估方法及其应用研究. 北京: 北京理工大学.

黄建平. 1992. 理论气候模式. 北京: 气象出版社.

经济日报. 2017. 全国碳排放交易体系正式启动. (2017-12-20)[2018-09-20]. http://www.gov.cn/xinwen/2017/12-20/content_5248687.htm.

赖力. 2010. 中国土地利用的碳排放效应研究. 南京: 南京大学.

李强. 2019. '后巴黎时代'中国的全球气候治理话语权构建: 内涵、挑战与路径选择. 国际论坛, 98(2): 144.

米志付. 2015. 气候变化综合评估建模方法及其应用研究. 北京: 北京理工大学.

南方日报. 2016. 我国 2020 年以后或开征碳税 全国碳市场配额分配 10 月启动. [2016-08-10]. https://finance.sina.com.cn/china/gncj/2016-08-10/doc-ifxutfyw1010001.shtml.

孙晓芳, 岳天翔, 范泽孟. 2012. 中国土地利用空间格局动态变化模拟——以规划情景为例. 生态学报, 32(20): 6440-6451.

王灿, 陈吉宁, 邹骥. 2002. 气候政策研究中的数学模型评述. 上海环境科学, (7): 435-439, 454-458.

王策. 2019. 多国博弈下全球温室气体减排机制设计建模及应用研究. 北京: 北京理工大学.

威廉·诺德豪斯. 2019. 气候赌场——全球变暖的风险、不确定性与经济学. 上海: 东方出版中心.

威廉·诺德豪斯. 2020. 管理全球共同体. 上海: 东方出版中心.

谢汉生, 黄茵, 马龙. 2010. 我国铁路能源利用效率和节能减排分析研究. 铁道劳动安全卫生与环保, 37(03): 118-122.

杨璞. 2018. 全球气候协定综合评估方法及其应用研究. 北京: 北京理工大学.

余碧莹, 赵光普, 安润颖, 等. 2021. 碳中和目标下中国碳排放路径研究. 北京理工大学学报: 社会科学版, 23(2): 8.

中国财政部. 2013. 中国财政年鉴 2013. 北京: 中国财政杂志社.

中国钢铁工业年鉴编辑委员会. 2019. 中国钢铁工业年鉴. 北京: 冶金工业出版社.

中华人民共和国工业和信息化部. 2012. 钢铁企业超低排放改造技术指南. 北京: 中国环境科学出版社.

中华人民共和国工业和信息化部. 钢铁产业调整政策(2015 年修订). (2015-05-20)[2020-03-20]. http://www.mofcom.gov.cn/article/b/g/201505/20150500989182.shtml.

周天军, 陈梓明, 邹立维, 等. 2020. 中国地球气候系统模式的发展及其模拟和预估. 气象学报, 78(03): 332-350.

Aguiar A, Narayanan B, McDougall R. 2016. An overview of the GTAP 9 data base. Journal of Global Economic Analysis, 1(1): 181-208.

Ahn J. 2014. Assessment of initial emission allowance allocation methods in the korean electricity market. Energy Economics, 43: 244-255.

Aldy J, Pizer W, Tavoni M, et al. 2016. Economic tools to promote transparency and comparability in the Paris Agreement. Nature, 6: 1000-1004.

Allen R G. 1998. Crop evapotranspiration-guideline for computing crop water requirements. Irrigation and Drain, 56: 300.

Andrei P S, Adam S C, Dutkiewicz S, et al. 2005. The MIT integrated global system model (IGSM) version 2: Model description and baseline evaluation. MIT Joint Program Report: 124.

Andrei P, Sokolov C, Adam S, et al. 2005. The MIT integrated global system model (IGSM) version 2: Model description and baseline evaluation. MIT Joint Program Report, Cambridge: 40.

Andrei S, David K, Adam S, et al. 2018. Description and evaluation of the MIT earth system model (MESM). MIT Joint Program Report 325, Cambridge: 30.

Armour K C. 2017. Energy budget constraints on climate sensitivity in light of inconstant climate feedbacks. Nature Climate Change, 7: 331-335.

Athanasiou T, Kartha S, Baer P. 2014. National fair shares: The mitigation gap-domestic action and international support. Berkeley and Somerville: EcoEquity and Stockholm Environment Institute, Stockholm.

Barker T, Pan H, Kohler J, et al. 2006. Decarbonizing the global economy with induced technological change: Scenerios to 2100 using E3MG. The Energy Journal, 27: 143-160.

Blanc E. 2012. The impact of climate change on crop yields in Sub-Saharan Africa. American Journal of Climate Change, 01(01): 1-13.

Boden T A, Andres R J, Marland G. 2017. Global, regional, and national fossil-fuel CO_2 emissions (1751-2014) (V. 2017). Environmental system science data infrastructure for a virtual ecosystem (ESS-DIVE) (United States). Carbon Dioxide Information Analysis Center (CDIAC), Oak Ridge National Laboratory (ORNL), Oak Ridge.

Bodirsky B L, Rolinski S, Biewald A, et al. 2015. Global food demand scenarios for the 21st Century. PLoS One, 10: 1-27.

Böhringer C, Carbone J C, Rutherford T F. 2016. The strategic value of carbon tariffs. American Economic Journal: Economic Policy, 8(1): 28-51.

Bollen J, van der Zwaan B, Brink C, et al. 2009. Local air pollution and global climate change: A combined cost-benefit analysis. Resource and Energy Economics, 31(3): 161-181.

Bond-Lamberty B, Calvin K, Jones A D, et al. 2014. Coupling earth system and integrated assessment models: The problem of steady state. Geoscientific Model Development, 7: 1499-1524.

Bond-Lamberty B, Calvin K, Jones A D, et al. 2014. On linking an earth system model to the equilibrium carbon representation of an economically optimizing land use model. Geoscientific Model Development, 7: 2545-2555.

Bonsch M, Popp A, Biewald A, et al. 2015. Environmental flow provision: Implications for agricultural water and land-use at the global scale. Global Environmental Change, 30: 113-132.

Bosetti V, Carraro C, Galeotti M. 2006. The dynamics of carbon and energy intensity in a model of endogenous technical change. The Energy Journal, 27(Special issue): 191-206.

Branger F, Quirion P. 2014. Would border carbon adjustments prevent carbon leakage and heavy industry competitiveness losses. Insights from a meta-analysis of recent economic studies. Ecological Economics, 99: 29-39.

Brink C, Herman R J. 2016. Carbon pricing in the EU: Evaluation of different EU ETS reform options. Energy Policy, 97: 603-617.

Burke M, Hsiang S M, Miguel E. 2015. Global non-linear effect of temperature on economic production. Nature, 527: 235-239.

Burniaux J M, Martin J P, Nicoletti G, et al. 1992. Green: A multi-sector, multi-region general equilibrium model for quantifying the costs of curbing CO_2 emissions: A technical manual, Paris.

Burniaux J M, Truong T P. 2002. GTAP-E: An energy-environmental version of the GTAP model. West Lafayette: Purdue University.

Calzadilla A, Rehdanz K, Tol R. 2011. The GTAP-W model: Accounting for water use in agriculture. Kiel Institute for the World Economy, Kiel.

Caney S. 2009. Justice and the distribution of greenhouse gas emissions. Journal of Global Ethics, 5: 125-146.

Cao J, Mun S H, Dale W J, et al. 2019. China's emissions trading system and an ETS-carbon tax hybrid. Energy Economics, 81: 741-753.

Carraro C, Domenico S. 1993. Strategies for the international protection of the environment. Journal of Public Economics, 52(3): 309-328.

Carslaw K S, Lee L A, Reddington C L, et al. 2013. Large contribution of natural aerosols to uncertainty in indirect forcing. Nature, 503: 67-71.

CEC. 2018. China power industry annual development report (2018). China Electricity Council (CEC), Beijing.

Challenor P. 2012. Using emulators to estimate uncertainty in complex models. Springer, 377: 151-164.

Chang X, Li Y, Zhao Y, et al. 2017. Effects of carbon permits allocation methods on remanufacturing production decisions. Journal of Cleaner Production, 152: 281-294.

Climate Action Tracker. [2022-02-25]. https://climateactiontracker.org/methodology/comparability-of-effort/.

Climate Equity Reference. 2018. After Paris inequality, fair shares, and the climate emergency: A civil society science-and equity-based assessment of the NDCs. [2018-12-20]. http://civilsocietyreview.org/files/COP24_CSO_Equity_Review_Report.pdf.

Collins W D, Craig A P, Truesdale J E, et al. 2015. The integrated earth system model version 1: Formulation and functionality. Geoscientific Model Development, 8(7): 381-427.

Cong R G, Wei Y M. 2010. Potential impact of (CET) carbon emissions trading on China's power sector: A perspective from different allowance allocation options. Energy, 35(9): 3921-3931.

Copeland B R, Taylor M S. 2004. Trade, growth, and the environment. Journal of Economic Literature, 42(1): 7-71.

Corrado Di M, van der Werf E. 2008. Carbon leakage revisited: Unilateral climate policy with directed technical change. Environmental and Resource Economics, 39(2): 55-74.

Dell M, Jones B F, Olken B A. 2014. What do we learn from the weather? The new climate-economy literature. Journal of Economic Literature, 52: 740-798.

Deser C, Adam P, Vincent B, et al. 2012. Uncertainty in climate change projections: The role of internal variability. Climate Dynamics, 38(3-4): 527-546.

Di Vittorio A V, Chini L P, Bond-Lamberty B, et al. 2014. From land use to land cover: Restoring the afforestation signal in a coupled integrated assessment-earth system model and the implications for CMIP5 RCP simulations. Biogeosciences, 11: 6435-6450.

Dietrich J P, Schmitz C, Lotze-Campen H, et al. 2014. Forecasting technological change in agriculture—An endogenous implementation in a global land use model. Technological Forecasting and Social Change, 81: 236-249.

Dietrich J P, Schmitz C, Müller C, et al. 2012. Measuring agricultural land-use intensity—A global analysis using a model-assisted approach. Ecological Modelling, 232: 109-118.

Dimitrov R S. 2016. The Paris Agreement on climate change: Behind closed doors. Global Environmental Politics, 16(3): 1-11.

Doelman J C, Stehfest E, Tabeau A, et al. 2018. Exploring SSP land-use dynamics using the IMAGE model: Regional and gridded scenarios of land-use change and land-based climate change mitigation. Global Environmental Change, 48: 119-135.

Doll C N H, Muller J P, Morley J G. 2006. Mapping regional economic activity from night-time light satellite imagery. Ecological Economics, 57(1): 75-92.

Dorheim K, Link R, Hartin C, et al. 2020. Calibrating simple climate models to individual Earth system models: Lessons learned from calibrating Hector. Earth and Space Science, 7(11): e2019EA000980.

Dowlatabadi H, Morgan M G. 1993. Integrated assessment of climate change. Science, 259(5103): 1813-1814.

Dowlatabadi H. 1995. Integrated assessment models of climate change: An incomplete overview. Energy Policy, 23(4-5): 289-296.

Dutkiewicz S, Sokolov A, Scott J, et al. 2005. A three-dimensional ocean-seaice-carbon cycle model and its coupling to a two-dimensional atmospheric model: Uses in climate change studies. MIT Joint Program Report: 122.

Edenhofer O, Lessmann K, Bauer N. 2006. Mitigation strategies and costs of climate protection: The effects of ETC in the hybrid model mind. The Energy Journal, 27(Special Issue): 207-222.

Edenhofer O, Pichs-Madruga R, Sokona Y, et al. 2011. IPCC special report on renewable energy sources and climate change mitigation. Cambridge: Cambridge University Press.

Elliott J, Foster I, Kortum S, et al. 2010. Trade and carbon taxes. American Economic Review, 100 (2): 465-469.

Emmerling J, Kornek U, Bosetti V, et al. 2021. Climate thresholds and heterogeneous regions: Implications for coalition formation. The Review of International Organizations, 16 (2): 293-316.

Erb K H, Gaube V, Krausmann F, et al. 2007. A comprehensive global 5 min resolution land-use data set for the year 2000 consistent with national census data. Journal of Land Use Science, 2: 191-224.

ERINDRC. 2017. The progress of China's carbon market. [2017-12-20]. https://www.edf.org/sites/default/files/documents/The_Progress_of_Chinas_Carbon_Market_Development_English_Version.pdf.

Etminan M, Myhre G, Highwood E J, et al. 2016. Radiative forcing of carbon dioxide, methane, and nitrous oxide: A significant revision of the methane radiative forcing. Geophysical Research Letters, 43: 12614-12623.

Falkner R. 2016. The Paris Agreement and the new logic of international climate politics. International Affairs, 92 (5): 1107-1125.

Fawcett A A, Iyer G C, Clarke L E, et al. 2015. Can Paris pledges avert severe climate change. Science, 350: 1168-1169.

Fischer G, Shah M M, van Velthuizen H T, et al. 2001. Global agro-ecological assessment for agriculture in the 21st century. IIASA, Laxenburg.

Frenken K, Gillet V. 2012. Irrigation water requirement and water withdrawal by country. FAO, Rome.

Friedlingstein P, Cox P, Betts R, et al. 2006. Climate-carbon cycle feedback analysis: Results from the C4MIP model intercomparison. Journal of Climate, 19: 3337-3353.

Fu R, Feldman D, Margolis R, et al. 2017. US solar photovoltaic system cost benchmark: Q1 2017 (No. NREL/TP-6A20-68925). EERE Publication and Product Library, Washington D C.

Fuhrman J, McJeon H, Patel P, et al. 2020. Food–energy–water implications of negative emissions technologies in a +1.5 ℃ future. Nature Climate Change, 10: 920-927.

Fujimori S, Su X, Liu J Y, et al. 2016. Implication of Paris Agreement in the context of long-term climate mitigation goals. Springer Plus, 5: 1620.

GAINS. 2012. Mitigation of air pollutants and greenhouse gases program. [2012-12-20]. http://gains.iiasa.ac.at/models/gains_models3.html.

Galán-Martín A, Pozo C, Azapagic A, et al. 2018. Time for global action: An optimised cooperative approach towards effective climate change mitigation. Energy & Environmental Science, 11 (3): 572-581.

Gerlagh R. 2006. ITC in a global growth-climate model with CCS: The value of induced technical change for climate stabilization. The Energy Journal, 27: 55-72.

Gerlagh R. 2008. A climate-change policy induced shift from innovations in carbon-energy production to carbon-energy savings. Energy Economics, 30 (2): 425-448.

Gidden M J, Riahi K, Smith S J, et al. 2019. Global emissions pathways under different socioeconomic scenarios for use in CMIP6: A dataset of harmonized emissions trajectories through the end of the century. Geoscientific Model Development Discussions, 12 (4): 1443-1475.

Giorgi F, Widmann M. 2002. Climate change 2001: The scientific basis (IPCC WG1 Third assessment report. Netherlands Journal of Geosciences, 87 (3): 197-199.

GOCPC. 2015. Several opinions on further deepening the reform of the electric power system. General Office of the CPC Central Committee (GOCPC), Beijing.

Good P, Gregory J M, Lowe J A. 2011. A step response simple climate model to reconstruct and interpret AOGCM projections. Geophysical Research Letters, 38: 101703.

Goodwin P, Williams R G, Ridgwell A. 2014 Sensitivity of climate to cumulative carbon emissions due to compensation of ocean heat and carbon uptake. Nature Geoscience, 8: 29-34.

Greenblatt J B, Wei M. 2016. Assessment of the climate commitments and additional mitigation policies of the United States. Nature Climate Change, 6: 1090-1093.

Gregory J M, Dixon K W, Stouffer R J, et al. 2005. A model intercomparison of changes in the Atlantic thermohaline circulation in response to increasing atmospheric CO_2 concentration. Geophys Res Lett, 32: L12703.

Gregory J M, Jones C D, Cadule P, et al. 2009. Quantifying carbon cycle feedbacks. Journal of Climate, 22 (19): 5232-5250.

Grubb M. 1997. Technologies, energy systems and the timing of CO_2 emissions abatement: An overview of economic issues. Energy Policy, 25 (2): 159-172.

Guo Z, Zhang X, Zheng Y, et al. 2014. Exploring the impacts of a carbon tax on the chinese economy using a CGE model with a detailed disaggregation of energy sectors. Energy Economics, 45: 455-462.

Hallegatte S, Rogelj J, Allen M, et al. 2016. Mapping the climate change challenge. Nature Climate Change, 6 (7): 663-668.

Hansen J, Kharecha P, Sato M, et al. 2013. Assessing "dangerous climate change": Required reduction of carbon emissions to protect young people, future generations and nature. PLoS One, 8 (12): 81648.

Harmsen M J H M, van Vuuren D P, van Den Berg M, et al. 2015. How well do integrated assessment models represent non-CO_2 radiative forcing. Climatic Change, 133: 565-582.

Hartin C A, Patel P, Schwarber A, et al. 2015. A simple object oriented and open-source model for scientific and policy analyses of the global climate system Hector v1.0. Geoscientific Model Development, 8: 939-955.

Hartley P R, Medlock III K B, Jankovska O. 2019. Electricity reform and retail pricing in texas. Energy Economics, 80: 1-11.

Harvey L D D, Kaufmann R K. 2002. Simultaneously constraining climate sensitivity and aerosol radiative forcing. Journal of Climate, 15: 2837-2861.

Hawkins Ed, Sutton R. 2009. The potential to narrow uncertainty in regional climate predictions. Bulletin of the American Meteorological Society, 90 (8): 1095-1108.

Hedenus F, Azar C, Lindgren K. 2006. Induced technological change in a limited foresight optimization model. The Energy Journal, (Special Issue): 109-122.

Hoegh-Guldberg O. 1999. Climate change, coral bleaching and the future of the world's coral reefs. Marine and Freshwater Research, 50 (8): 839-866.

Hof A F, Hope C W, Lowe J, et al. 2012. The benefits of climate change mitigation in integrated assessment models: The role of the carbon cycle and climate component. Climatic Change, 113 (3-4): 897-917.

Holz C, Kartha S, Athanasiou T. 2018. Fairly sharing 1.5: National fair shares of a 1.5℃-compliant global mitigation effort. International Environmental Agreements: Politics, Law and Economics, 18: 117-134.

Hooss G, Voss R, Hasselmann K, et al. 2001. A nonlinear impulse response model of the coupled carbon cycle-climate system (NICCS). Climate Dynamics, 18: 189-202.

Hope C, Anderson J, Wenman P. 1993. Policy analysis of the greenhouse effect: An application of the PAGE model. Energy Policy, 21 (3): 327-338.

Houghton E. 1996. Climate change 1995: The science of climate change: Contribution of working group I to the second assessment report of the intergovernmental panel on climate change. Cambridge: Cambridge University Press.

Houghton R A, House J I, Pongratz J, et al. 2012. Carbon emissions from land use and land-cover change. Biogeosciences, 9: 5125-5142.

ICAP. 2018. ETS detailed information: China. ICAP, Berlin.

ICAP. 2020. Emissions trading worldwide: Status report 2020. ICAP, Berlin.

ICAP. 2021. Emissions trading worldwide: Status report 2021. ICAP, Berlin.

IEA (International Energy Agency). 2009. Cement technology roadmap 2009: Carbon emissions reductions up to 2050. World Business Council for Sustainable Development and International Energy Agency, Paris.

IEA (International Energy Agency). 2016. 20 years of carbon capture and storage. International Energy Agency (IEA), Paris.

IEA (International Energy Agency). 2018. Technology roadmap low-carbon transition in the cement industry. World Business Council for Sustainable Development and International Energy Agency, Paris.

IMF. 2017. Investment and capital stock dataset, 1960-2015. [2018-02-26]. https://www.imf.org/external/np/fad/publicinvestment/ data/data122216.xlsx.

IPCC. 2001. Climate change 2001: Mitigation. Contribution of working group Ⅲ to the third assessment report of the intergovernmental panel on climate change. Cambridge: Cambridge University Press.

IPCC. 2007. Climate change 2007: The physical science basis. Contribution of working groups I to the fourth assessment report of the intergovernmental panel on climate change. Cambridge: Cambridge University Press.

IPCC. 2014. Climate change 2014: Mitigation of climate change. Contribution of working group III to the fifth assessment report of the intergovernmental panel on climate change. Cambridge: Cambridge University Press.

IPCC. 2018. Special report: Global warming of 1.5℃. [2016-08-10]. https://www.imf.org/external/np/fad/publicinvestment/ data/data122216.xlsx.

Islam N. 1995. Growth empirics: A panel data approach. The Quarterly Journal of Economics, 110(4): 1127-1170.

Jacoby H D. Reilly J M, McFarland J R, et al. 2006. Technology and technical change in the MIT EPPA model. Energy Economics, 28(5): 610-631.

Jakob M, Steckel J C. 2014. How climate change mitigation could harm development in poor countries. Wiley Interdisciplinary Reviews: Climate Change, 5(2): 161-168.

Janssens-Maenhout G, Crippa M, Guizzardi D, et al. 2017. EDGAR v4.3.2 global atlas of the three major greenhouse gas emissions for the period 1970-2012. Earth System Science Data Discussions: 1-55.

Jensen J, Rasmussen T N. 2000. Allocation of CO_2 emissions permits: A general equilibrium analysis of policy instruments. Journal of Environmental Economics and Management, 40(2): 111-136.

Ji C J, Li X Y, Hu Y J, et al. 2019. Researchon carbonprice in emissions tradingscheme: A bibliometric analysis. Natural Hazards, 99(3): 1381-1396.

Jiang J, Xie D, Ye B, et al. 2016. Research on China's cap-and-trade carbon emission trading scheme: Overview and outlook. Applied Energy, 178: 902-917.

Jones W I. 1995. The World Bank and Irrigation (English). The World Bank, Washington D C.

Joos F. 1996. An efficient and accurate representation of complex oceanic and biospheric models of anthropogenic carbon uptake. Tellus Series B-Chemical and Physical Meteorology, 48: 394-417.

Joos F, Roth R, Fuglestvedt J S, et al. 2013. Carbon dioxide and climate impulse response functions for the computation of greenhouse gas metrics: A multi-model analysis. Atmospheric Chemistry and Physics, 13(5): 2793-2825.

Jorgenson D W, Goettle R J, Hurd B H, et al. 2004. US market consequences of global climate change. Arlington: Pew Center on Global Climate Change.

Kainuma M, Matsuoka Y, Morita T. 1999. Analysis of post-Kyoto scenarios: The AIM model. The Energy Journal (Special Issue): 207-220.

Kartha S, Athanasiou T, Caney S, et al. 2018. Cascading biases against poorer countries. Nature Climate Change, 8: 348-349.

Keohane R O, David G V. 2016. Cooperation and discord in global climate policy. Nature Climate Change, 6(6): 570-575.

Kerr R A. 1999. Global change: Research council says US climate models can't keep up. Science, 283(5403): 766-767.

Kreidenweis U, Humpenöder F, Kehoe L, et al. 2018. Pasture intensification is insufficient to relieve pressure on conservation priority areas in open agricultural markets. Global Change Biology, 24: 3199-3213.

Krupp F, Nathaniel K, Eric P. 2019. Less than zero: Can carbon-removal technologies curb climate change. Foreign Affairs, 98: 142.

Kurosawa A. 2004. Carbon concentration target and technological choice. Energy Economics, 26(4): 675-684.

Kyle G P, Luckow P, Calvin K V, et al. 2011. GCAM 3.0 agriculture and land use: Data sources and methods. The U.S. Department of Energy, United States.

Lal R. 2002. Soil carbon dynamics in cropland and rangeland. Environmental Pollution, 116: 353-362.

Le Quéré C, Andrew R M, Friedlingstein P, et al. 2018. Global carbon budget 2018. Earth System Science Data, 10: 2141-2194.

Leach N J, Jenkins S, Nicholls Z, et al. 2020. A generalized impulse response model for climate uncertainty and future scenario exploration. Geoscientific Model Development, 14(5): 3007-3036.

Lenton T M. 2000. Land and ocean carbon cycle feedback effects on global warming in a simple Earth system model. Tellus Series B-Chemical and Physical Meteorology, 52: 1159-1188.

Lenton T M. 2014. Tipping climate cooperation. Nature Climate Change, 4(1): 14-15.

Li W, Jia Z. 2017. Carbon tax, emission trading, or the mixed policy: Which is the most effective strategy for climate change mitigation in China. Mitigation and Adaptation Strategies for Global Change, 22(6): 973-992.

Liang Q M, Wei Y M. 2012. Distributional impacts of taxing carbon in China: Results from the CEEPA model. Applied Energy, 92: 545-551.

Liang Q M, Fan Y, Wei Y M. 2007. Carbon taxation policy in China: How to protect energy-and trade-intensive sectors. Journal of Policy Modeling, 29(2): 311-333.

Liang Q M, Wang T, Xue M M. 2016. Addressing the competitiveness effects of taxing carbon in China: Domestic tax cuts versus border tax adjustments. Journal of Cleaner Production, 112: 1568-1581.

Lin B, Jia Z. 2018. Transfer payments in emission trading markets: A perspective of rural and urban residents in China. Journal of Cleaner Production, 204: 753-766.

Lin B, Jia Z. 2020. Does the different sectoral coverage matter. An analysis of China's carbon trading market. Energy Policy: 137.

Liu L, Chen C, Zhao Y, et al. 2015. China's carbon-emissions trading: Overview, challenges and future. Renewable and Sustainable Energy Reviews, 49: 254-266.

Lo A Y. 2012. Carbon emissions trading in China. Nature Climate Change, 2(11): 765-766.

Lobell D B, Field C B. 2007. Global scale climate crop yield relationships and the impacts of recent warming. Environmental research letters, 2(1): 625-630.

Lobell D B, Schlenker W, Costa-Roberts J. 2011. Climate trends and global crop production since 1980. Science, 333(6042): 616-620.

MacCracken C N, Edmonds J A, Kim S H, et al. 1999. The economics of the Kyoto Protocol. The Energy Journal, 20(Special Issue): 25-71.

Manne A, Richels R. 1992. Buying greenhouse insurance: The economic costs of carbon dioxide emission limits. Cambridge: MIT Press.

Manne A, Mendelsohn R, Richels R. 1995. A model for evaluating regional and global effects of GHG reduction policies. Energy Policy, 23(1): 17-34.

Maria C D, van der Werf E. 2008. Carbon leakage revisited: Unilateral climate policy with directed technical change. Environmental and Resource Economics, 39(2): 55-74.

Mason C F, Polasky S, Tarui N. 2017. Cooperation on climate-change mitigation. European Economic Review, 99: 43-55.

Mckibbin W J, Adele C M, Peter J W, et al. 2018. The role of border carbon adjustments in a US carbon tax. Climate Change Economics, 09(01): 1840011.

Meinshausen M, Jeffery L, Guetschow J, et al. 2015. National post-2020 greenhouse gas targets and diversity-aware leadership. Nature Climate Change, 5: 1098-1106.

Meinshausen M, Raper S, Wigley T M L. 2011. Emulating coupled atmosphere-ocean and carbon cycle models with a simpler model, MAGICC6—Part 1: Model description and calibration. Atmosphere Chemistry Physics, 11: 1417-1456.

Mendelsohn R, Williams L. 2004. Comparing forecasts of the global impacts of climate change. Mitigation and Adaptation Strategies for Global Change, 9(4): 315-333.

Millar R J, Fuglestvedt J S, Friedlingstein P, et al. 2017. Emission budgets and pathways consistent with limiting warming to 1.5℃. Nature Geoscience, 10: 741-747.

Monfreda C, Navin R, Jonathan A F. 2008. Farming the planet: 2. Geographic distribution of crop areas, yields, physiological types, and net primary production in the year 2000. Global Biogeochemical Cycles, 22(1): 2007GB002947.

Moore F C, Diaz D B. 2015. Temperature impacts on economic growth warrant stringent mitigation policy. Nature Climate Change, 5: 127-131.

Mu Y, Evans S, Wang C, et al. 2018. How will sectoral coverage affect the efficiency of an emissions trading system. A CGE-based case study of China. Applied Energy, 227: 403-414.

Murakami K, Sasai T, Yamaguchi Y. 2010. A new one dimensional simple energy balance and carbon cycle coupled model for global warming simulation. Theoretical and Applied Climatology, 101: 459-473.

Murphy J M, Sexton D M H, Barnett D N, et al. 2004. Quantification of modelling uncertainties in a large ensemble of climate change simulations. Nature, 430 (7001): 768-772.

Nicholls Z R J, Meinshausen M, Lewis J, et al. 2020. Reduced complexity model intercomparison project phase 1: Introduction and evaluation of global-mean temperature response. Geoscientific Model Development, 13: 5175-5190.

Nordhaus W, Popp D. 1997. What is the value of scientific knowledge. An application to global warming using the PRICE model. The Energy Journal, 18 (1): 1-45.

Nordhaus W D, Yang Z. 1996. RICE: A regional dynamic general equilibrium model of optimal climate-change policy. American Economic Review, 86 (4): 741-765.

Nordhaus W. 1991. To slow or not to slow: The economics of the greenhouse effect. The economic journal, 101 (407): 920-937.

Nordhaus W. 1992. The DICE model: Background and structure of a dynamic integrated climate-economy model of the economics of global warming. New Haven CT: Yale University.

Nordhaus W. 2010. Economic aspects of global warming in a post-Copenhagen environment. Proc. Proceedings of the National Academy of Sciences, 107: 11721-11726.

Nordhaus W. 2015. Climate clubs: Overcoming free-riding in international climate policy. American Economic Review, 105 (4): 1339-1370.

Nordhaus W. 2017. Revisiting the social cost of carbon. Proceedings of the National Academy of Sciences, 114: 1518-1523.

Nordhaus W. 2018. Evolution of modeling of the economics of global warming: Changes in the DICE model, 1992–2017. Climatic Change, 148 (4): 623-640.

Nordhaus W. 2019. Can we control carbon dioxide? (from 1975). American Economic Review, 109 (6): 2015-2035.

O'Neill B C, Kriegler E, Ebi K L, et al. 2017. The roads ahead narratives for shared socioeconomic pathways describing world futures in the 21st century. Global Environmental Change, 42: 169-180.

Odegard I Y R, van der Voet E. 2014. The future of food—Scenarios and the effect on natural resource use in agriculture in 2050. Ecological Economics, 97: 51-59.

Olhoff A, Christensen J M. 2018. Emissions gap report 2018. UNEP DTU Partnership, Copenhagen.

Paltsev S, Reilly J M, Jacoby H D, et al. 2005. The MIT emissions prediction and policy analysis (EPPA) model: Version 4. MIT Joint Program on the Science and Policy of Global Change, Cambridge.

Pan X, den Elzen M, Höhne N, et al. 2017. Exploring fair and ambitious mitigation contributions under the Paris Agreement goals. Environmental Science & Policy, 74: 49-56.

Parmesan C, Yohe G. 2003. A globally coherent fingerprint of climate change impacts across natural systems. Nature, 421 (6918): 37-42.

Parsons J E, Ellerman A D, Feilhauer S. 2009. Designing a US market for CO_2. Journal of Applied Corporate Finance, 21: 79-86.

Peck S C, Teisberg T J. 1992. A model for carbon emissions trajectory assessment. The Energy Journal, 13 (1): 55-77.

Pindyck R S. 2013. Climate change policy: What do the models tell us. Journal of Economic Literature, 51: 860-872.

Pont Y R du, Jeffery M L, Gütschow J, et al. 2016. National contributions for decarbonizing the world economy in line with the G7 agreement. Environmental Research Letter, 11: 054005.

Pont Y R du, Jeffery M L, Gütschow J, et al. 2017. Equitable mitigation to achieve the Paris Agreement goals. Nature Climate Change, 7: 38-43.

Pont Y R du, Meinshausen M. 2018. Warming assessment of the bottom-up Paris Agreement emissions pledges. Nature, 9: 4810.

Pontius R G. 2000. Quantification error versus location error in comparison of categorical maps. Photogrammetric Engineering and Remote Sensing, 66 (8): 1011-1016.

Popp D. 2004. Endogenous technological change in the DICE model of global warming. Journal of Environmental Economics and Management, 48 (1): 742-768.

Qian H, Ying Z, Wu L. 2018. Evaluating various choices of sector coverage in China's national emissions trading system (ETS). Climate Policy, 18: 7-26.

Rao S, Keppo I, Riahi K. 2006. Importance of technological change and spillovers in long-term climate policy. The Energy Journal, 27: 123-139.

Raper S, Gregory J M, Osborn T J. 2001. Use of an upwelling-diffusion energy balance climate model to simulate and diagnose A/OGCM results. Climate Dynamics, 17: 601-613.

Raper S, Gregory J M, Stouffer R J. 2002. The role of climate sensitivity and ocean heat uptake on AOGCM transient temperature response. Journal of Climate, 15: 124-130.

Riahi K, van Vuuren D P, Kriegler E, et al. 2017. The shared socioeconomic pathways and their energy, land use, and greenhouse gas emissions implications: An overview. Global Environmental Change, 42: 153-168.

Rochefort D A. 1997. Studying public policy: Policy cycles and policy subsystems. American Political Science Review, 91 (2): 455-456.

Rogelj J, Schleussner C F. 2019. Unintentional unfairness when applying new greenhouse gas emissions metrics at country level. Environmental Research Letter, 14: 114039.

Rogelj J, Meinshausen M, Knutti R. 2012. Global warming under old and new scenarios using IPCC climate sensitivity range estimates. Nature Climate Change, 2 (4): 248-253.

Rogelj J, Den E M, Höhne N, et al. 2016. Paris agreement climate proposals need a boost to keep warming well below 2℃. Nature, 534: 631-639.

Rogelj J, Fricko O, Meinshausen M, et al. 2017. Understanding the origin of Paris Agreement emission uncertainties. Nature Communications, 8: 15748.

Rotmans J, De Boois H, Swart R J. 1990. An integrated model for the assessment of the greenhouse effect: The Dutch approach. Climate Change, 16 (3): 331-356.

Sands R, Leimbach M. 2003. Modeling agriculture and land use in an integrated assessment framework. Climatic Change, 56: 185-210.

Sano F, Akimoto K, Homma T, et al. 2005. Analysis of technological portfolios for CO_2 stabilizations and effects of technological changes. The EnergyJournal (Special issue): 141-161.

Schaeffer M, Gohar L, Kriegler E, et al. 2015. Mid-and long-term climate projections for fragmented and delayed-action scenarios. Technological Forecasting and Social Change, 90: 257-268.

Schlesinger M, Jiang X. 1990. Simple model representation of atmosphere-ocean GCMs and estimation of the time scale of CO_2-induced climate change. Journal of Climate, 3: 1297-1315.

Schleussner C F, Rogelj J, Schaeffer M, et al. 2016. Science and policy characteristics of the Paris Agreement temperature goal. Naturee Climate Change, 6: 827-835.

Schlosser C A, Kicklighter D, Sokolov A. 2007. A global land system framework for integrated climate-change assessments. MIT Joint Program Report. http://web.mit.edu/globalchange/www/MITJPSPGC_Rpt147.pdf.

Schmitz C, Dietrich J, Lotze-Campen H, et al. 2010. Implementing endogenous technological change in a global land-use model. [2020-12-20]. West Lafayette. https://www.gtap.agecon.purdue.edu/resources/res_display.asp?RecordID=3283.

Schönhart M, Schmid E, Schneider UA. 2011. CropRota—A crop rotation model to support integrated land use assessments. European Journal of Agronomy, 34: 263-277.

Smith C J, Forster P M, Allen M, et al. 2018. FAIR v1.3: A simple emissions-based impulse response and carbon cycle model. Geoscientific Model Development, 6 (11): 1-45.

Sokolov A P, Schlosser C A, Dutkiewicz S, et al. 2005. The MIT integrated global system model (IGSM) version 2: Model description and baseline evaluation. MIT Joint Program Report.

Stanton E A. 2010. Negishi welfare weights in integrated assessment models: The mathematics of global inequality. Climatic Change, 107(3-4): 417-432.

Stanton E A, Ackerman F, Kartha S. 2009. Inside the integrated assessment models: Four issues in climate economics. Climate and Development, 1(2): 166-184.

Stehfest E, van Vuuren D, Bouwman L, et al. 2014. Integrated assessment of global environmental change with IMAGE 3.0: Model description and policy applications. Netherlands Environmental Assessment Agency (PBL), Amsteldam.

Stern N. 2007. The Economics of climate change: The stern review. Cambridge: Cambridge University Press.

Stocker T F. 2004. Models change their tune. Nature, 430(7001): 737-738.

Stocker T. 2011. Model Hierarchy and Simplified Climate Models. Berlin: Springer.

Stoutenborough J W. 2015. Cheap and clean: How americans think about energy in the age of global warming. Review of Policy Research, 32(6): 747-748.

Strassmann K M, Joos F. 2018. The bern simple climate model (BernSCM) v1.0, 2018: An extensible and fully documented open-source re-implementation of the Bern reduced-form model for global carbon cycle–climate simulations. Geoscientific Model Development, 11: 1887-1908.

Tang B J, Ji C J, Hu Y J, et al. 2020. Optimal carbon allowance price in China's carbon emission trading system: Perspective from the multi-sectoral marginal abatement cost. Journal of Cleaner Production, 253: 119945.

Tang L, Wu J, Yu L, et al. 2017. Carbon allowance auction design of China's emissions trading scheme: A multi-agent-based approach. Energy Policy, 102: 30-40.

Tao F, Zhang Z. 2010. Dynamic responses of terrestrial ecosystems structure and function to climate change in China. Journal of Geophysical Research: Biogeosciences 115.

Tebaldi C, Knutti R. 2007. The use of the multi-model ensemble in probabilistic climate projections. Philosophical transactions of the royal society A: Mathematical. Physical and Engineering Sciences, 365(1857): 2053-2075.

Teng F, Wang X, Lv Z. 2014. Introducing the emissions trading system to China's electricity sector: Challenges and opportunities. Energy Policy, 75: 39-45.

Teng F, Jotzo F, Wang X. 2017. Interactions between market reform and a carbon price in China's power sector. Economics of Energy & Environmental Policy, 6(2): 39-54.

Tol R S J. 1997. On the optimal control of carbon dioxide emissions: An application of FUND. Environmental Modeling and Assessment, 2(3): 151-163.

Tran T M, Siriwardana M, Meng S, et al. 2019. Impact of an emissions trading scheme on australian households: A computable general equilibrium analysis. Journal of Cleaner Production, 221: 439-456.

Tsutsui J. 2017. Quantification of temperature response to CO_2 forcing in atmosphere–ocean general circulation models. Climatic Change, 140: 287-305.

UN. 2017. World population prospects: The 2017 revision. [2020-09-08]. https://population.un.org/wpp/.

UNEP-WCMC. 2007. World Database on Protected Areas (WDPA). United Nations Environment Programme — World Conservation Monitoring Centre, Cambridge.

UNFCCC. 2015. Adoption of the Paris agreement. United Nations Framework Convention on Climate Change, Pair.

UNFCCC. 2016. Aggregate effect of the intended nationally determined contributions: An update. Marrakech: Marrakech Climate Change Conference.

UNFCCC. 2017. National inventory submissions 2014. [2017-12-20]. http://unfccc.int/national_reports/annex_i_ghg_inventories/national_inventories_submissions/item s/8108.php.

UNFCCC. 2018. Katowice climate package: Implementation guidelines for the Paris Agreement. [2020-09-08]. https://unfccc.int/.

United Nations Environment Programme (UNEP). 2019. Emissions gap report 2019. UN Environment Programme.

UNSD. 2017. China-US Bilateral Trade. WITS, World Integrated Trade Solution. [2020-12-20]. https://wits.worldbank.org/.

USTR. 2018. Findings of the investigation into China's acts, policies and practices related to technology transfer, intellectual property, and innovation under section 301 of the Trade Act of 1974 (Section 301 Investigation Report). [2022-01-20]. https://Ustr.Gov/about-Us/Policy-Offices/Press-Office/Press-Releases/2018/March/Section-301-Report-Chinas-Acts.

Valin H, Sands R D, van der Mensbrugghe D, et al. 2014. The future of food demand: Understanding differences in global economic models. Agricultural Economics, 45: 51-67.

van Vuuren DP, Lucas P, Hilderink H. 2007. Downscaling drivers of global environmental change. Enabling use of global SRES scenarios at the national and grid levels. Global Environmental Change, 17: 114-130.

van Vuuren D P, Lowe J, Stehfest E, et al. 2011. How well do integrated assessment models simulate climate change. Climatic Change, 104: 255-285.

van Vuuren D P, Bayer L B, Chuwah C, et al. 2012. A comprehensive view on climate change: Coupling of earth system and integrated assessment models. Environmental Research Letters, 7 (2): 7024012.

Vandyck T, Keramidas K, Saveyn B, et al. 2016. A global stocktake of the Paris pledges: Implications for energy systems and economy. Globbal Environmental Change, 41: 46-63.

Waldhoff S, Anthoff D, Rose S, et al. 2014. The marginal damage costs of different greenhouse gases: An application of FUND. Economics-The Open Access Open-Assessment E-Journal, 8: 1-33.

Walras L. 1969. Elements of pure economics; or the theory of social wealth. Madrid: Madrid Compston University: A. M. Kelley.

Walras L. 2014. Léon walras: Elements of theoretical economics: Or, the theory of social wealth. London: Cambridge University Press.

Walther G R, Post E, Convey P, et al. 2002. Ecological responses to recent climate change. Nature, 416 (6879): 389-395.

Wang P, Dai H, Ren S, et al. 2015. Achieving copenhagen target through carbon emission trading: Economic impacts assessment in Guangdong province of China. Energy, 79: 212-227.

Wang T, Jim W. 2010. Scenario analysis of China's emissions pathways in the 21st Century for low carbon transition. Energy Policy, 38 (7): 3537-3546.

Wang T, Zhang Y, Yu H, et al. 2010. Advanced Manufacturing Technology in China: A Roadmap to 2050. Beijing: Science Press Beijing and Springer Berlin Heidelberg.

Watson R T. 2003. Climate change: The political situation. Science, 302 (5652): 1925-1926.

Wei Y M, Mi Z F, Huang Z. 2015. Climate policy modeling: An online SCI-E and SSCI based literature review. Omega, 57: 70-84.

Wei Y M, Han R, Liang Q M, et al. 2018. An integrated assessment of INDCs under Shared Socioeconomic Pathways: An implementation of C^{3}IAM. Natural Hazards, 92: 585-618.

Wei Y M, Han R, Wang C, et al. 2020. Self-preservation strategy for approaching global warming targets in the Post-Paris Agreement Era. Nature Communications, 11 (1): 1624.

Weindl I, Popp A, Bodirsky B L, et al. 2017. Livestock and human use of land: Productivity trends and dietary choices as drivers of future land and carbon dynamics. Global and Planetary Change, 159: 1-10.

Weitzman M L. 1974. Prices vs. quantities. The Review of Economic Studies, 41 (4): 477-491.

Weyant J. 2017. Some contributions of integrated assessment models of global climate change. Review of Environmental Economics and Policy, 11 (1): 115-137.

Willett K M, Sherwood S. 2012. Exceedance of heat index thresholds for 15 regions under a warming climate using the wet-bulb globe temperature. International Journal of Climatology, 32: 161-177.

Winchester N. 2018. Can tariffs be used to enforce Paris climate commitments. The World Economy, 41 (10): 2650-2668.

Winchester N, Sergey P, John M R. 2011. Will border carbon adjustments work. The BE Journal of Economic Analysis & Policy, 11:1.

Wirsenius S. 2000. Human use of land and organic materials: Modeling the turnover of biomass in the global food system. Chalmers University of Technology: 1-255.

Wu Y J, Xuan X W. 2002. The Economic Theory of Environmental Tax and Its Application in China. Beijing: Economic Science Press.

Wu T W, Li W P, Ji J J, et al. 2013. Global carbon budgets simulated by the Beijing climate center climate system model for the last century. J Geophys Res Atmos, 118: 4326-4347.

Wu T W, Song L C, Li W P, et al. 2014. An overview of BCC climate system model development and application for climate change studies. J Meteorol Res, 28(1): 34-56.

Xu L, Chen N, Chen Z. 2017. Will China make a difference in its carbon intensity reduction targets by 2020 and 2030. Applied Energy, 203: 874-882.

Yang H, Burghouwt G, Wang J, et al. 2018. The implications of high-speed railways on air passenger flows in China. Applied geography, 97: 1-9.

Yang Z. 2008. Strategic Bargaining and Cooperation in Greenhouse Gas Mitigations: An Integrated Assessment Modeling Approach. Cambridge MA: MIT Press.

Yang Z, Sirianni P. 2010. Balancing contemporary fairness and historical justice: A quasi-equitable proposal for GHG mitigations. Energy Economics, 32(5): 1121-1130.

Yao Y F, Qiao M L. 2016. Approaches to carbon allowance allocation in China: A computable general equilibrium analysis. Natural Hazards, 84: S333-S351.

Yao Y F, Wei Y M, Liang Q M, et al. 2018. Sharing mitigation burden among sectors in China: Results from CEEPA. Energy Sources, Part B: Economics, Planning, and Policy, 13(3): 141-148.

Yue T X, Fan Z M, Liu J Y. 2007. Scenarios of land cover in China. Global and Planetary Change, 55(4): 317-342.

Yumashev D, Hope C, Schaefer K, et al. 2019. Climate policy implications of nonlinear decline of Arctic land permafrost and other cryosphere elements. Nature Communications, 10: 1900.

Zhang C Y, Yu B, Chen J M, et al. 2021. Green transition pathways for cement industry in China. Resources, Conservation and Recycling, 166: 105355.

Zhang L, Li Y, Jia Z. 2018. Impact of carbon allowance allocation on power industry in China's carbon trading market: Computable general equilibrium based analysis. Applied Energy, 229: 814-827.

Zhang Z X. 2015. Carbon emissions trading in China: The evolution from pilots to a nationwide scheme. Climate Policy, 15(sup1): S104-S126.

附　　录

附录 1　区　域　分　类

区域	成员
USA	美国
CHN	中国
JPN	日本
RUS	俄罗斯
IDN	印度
OBU	加拿大、澳大利亚、新西兰
EU	奥地利、比利时、丹麦、芬兰、法国、德国、希腊、爱尔兰、意大利、卢森堡、荷兰、葡萄牙、西班牙、瑞典、英国、塞浦路斯、捷克共和国、爱沙尼亚、匈牙利、马耳他、波兰、斯洛伐克、斯洛文尼亚、保加利亚、拉脱维亚、立陶宛、罗马尼亚、克罗地亚
OWE	阿尔巴尼亚、黑山、塞尔维亚、前南斯拉夫的马其顿、土耳其、波黑、关岛、冰岛、列支敦士登、挪威、波多黎各、瑞士
EES	亚美尼亚、阿塞拜疆、白俄罗斯、格鲁吉亚、哈萨克斯坦、吉尔吉斯斯坦、摩尔多瓦、塔吉克斯坦、土库曼斯坦、乌克兰、乌兹别克斯坦
ASIA	阿富汗、孟加拉国、不丹、文莱达鲁萨兰国、柬埔寨、朝鲜、斐济、法属波利尼西亚、印度尼西亚、老挝、马来西亚、马尔代夫、密克罗尼西亚(联邦)、蒙古国、缅甸、尼泊尔、新喀里多尼亚、巴基斯坦、巴布亚新几内亚、菲律宾、韩国、萨摩亚、新加坡、所罗门群岛、斯里兰卡、泰国、东帝汶、瓦努阿图、越南
MAF	阿尔及利亚、安哥拉、巴林、贝宁、博茨瓦纳、布基纳法索、布隆迪、喀麦隆、佛得角、中非共和国、乍得、科摩罗、刚果、科特迪瓦、刚果民主共和国、吉布提、埃及、赤道几内亚、厄立特里亚、埃塞俄比亚、加蓬、冈比亚、加纳、几内亚、几内亚比绍、伊朗(伊斯兰共和国)、伊拉克、以色列、约旦、肯尼亚、科威特、黎巴嫩、莱索托、利比里亚、阿拉伯利比亚民众国、马达加斯加、马拉维、马里、毛里塔尼亚、毛里求斯、马约特、摩洛哥、莫桑比克、纳米比亚、尼日尔、尼日利亚、巴勒斯坦被占领土、阿曼、卡塔尔、卢旺达、留尼旺、沙特阿拉伯、塞内加尔、塞拉利昂、索马里、南非、南苏丹、苏丹、斯威士兰、阿拉伯叙利亚共和国、多哥、突尼斯、乌干达、阿拉伯联合酋长国、坦桑尼亚联合共和国、西撒哈拉、也门、赞比亚、津巴布韦
LAM	阿根廷、阿鲁巴、巴哈马、巴巴多斯、伯利兹、玻利维亚(多民族国家)、巴西、智利、哥伦比亚、哥斯达黎加、古巴、多米尼加共和国、厄瓜多尔、萨尔瓦多、法属圭亚那、格林纳达、瓜德罗普、危地马拉、圭亚那、海地、洪都拉斯、牙买加、马提尼克、墨西哥、尼加拉瓜、巴拿马、巴拉圭、秘鲁、苏里南、特立尼达和多巴哥、美属维尔京群岛、乌拉圭、委内瑞拉(玻利瓦尔共和国)

资料来源：作者根据 GTAP9 数据库整理。

附录2　减排力度调整系数相对变化

表1　减排力度调整系数相对变化(调整系数0.8)

调整次数	1	2	3	4	5	6	7	8	9	10
调整起始年份	2020	2025	2030	2035	2040	2045	2050	2055	2060	2065
美国	1.99	1.75	1.53	1.33	1.16	1.04	0.96	0.88	0.82	0.76
中国	1.46	1.38	1.34	1.22	1.08	0.99	0.93	0.89	0.87	0.83
日本	4.96	6.90	6.34	5.65	4.95	4.54	4.35	4.24	4.22	4.04
俄罗斯	4.00	3.82	3.91	3.28	2.50	1.97	1.65	1.45	1.28	1.10
印度	1.05	0.69	0.69	0.60	0.49	0.41	0.35	0.31	0.27	0.24
其他伞形集团	4.08	5.90	5.86	5.70	5.48	5.40	5.43	5.48	5.60	5.61
欧盟	2.56	1.32	1.01	0.78	0.62	0.52	0.46	0.42	0.40	0.37
其他西欧	2.75	3.66	3.92	3.84	3.57	3.35	3.19	3.07	2.95	2.75
东欧及独联体	3.84	3.34	2.79	2.31	1.94	1.71	1.58	1.49	1.44	1.36
其他亚洲	1.15	0.68	0.61	0.52	0.44	0.38	0.35	0.32	0.30	0.28
中东及非洲	0.98	0.81	0.75	0.68	0.61	0.56	0.52	0.49	0.46	0.43
拉丁美洲	1.31	1.66	1.78	1.87	1.92	2.01	2.13	2.25	2.39	2.50

　　注：减排力度调整系数的相对变化指的是新的温室气体强度变化相对原有的自主减排情景减排力度调整系数的比值，大于1表示减排力度的进一步提升，小于1表示减排力度的削弱；温室气体强度调整系数为0.8。

表2　减排力度调整系数相对变化(调整系数0.7)

调整次数	1	2	3	4	5	6	7	8	9	10
调整起始年份	2020	2025	2030	2035	2040	2045	2050	2055	2060	2065
美国	2.63	2.29	1.97	1.69	1.45	1.26	1.09	0.97	0.87	0.78
中国	1.78	1.66	1.60	1.45	1.28	1.13	1.01	0.94	0.87	0.82
日本	7.41	10.31	9.48	8.45	7.40	6.53	5.78	5.40	4.95	4.54
俄罗斯	5.88	5.57	5.66	4.70	3.55	2.68	2.08	1.76	1.44	1.19
印度	1.12	0.72	0.72	0.62	0.51	0.42	0.35	0.30	0.26	0.22
其他伞形集团	6.00	8.37	8.08	7.67	7.22	6.85	6.52	6.39	6.23	6.08
欧盟	3.53	1.82	1.38	1.06	0.83	0.68	0.57	0.50	0.45	0.40
其他西欧	3.88	4.95	5.16	4.93	4.49	4.05	3.64	3.41	3.12	2.84
东欧及独联体	5.63	4.77	3.90	3.17	2.61	2.21	1.91	1.75	1.59	1.46
其他亚洲	1.29	0.75	0.67	0.57	0.47	0.40	0.35	0.32	0.29	0.26
中东及非洲	0.99	0.82	0.75	0.68	0.61	0.55	0.51	0.47	0.44	0.41
拉丁美洲	1.55	1.92	2.03	2.09	2.13	2.16	2.18	2.26	2.31	2.38

　　注：减排力度调整系数的相对变化指的是新的温室气体强度变化相对原有的自主减排情景减排力度调整系数的比值，大于1表示减排力度的进一步提升，小于1表示减排力度的削弱；温室气体强度调整系数为0.7。

附录3 部门分类

序号	GEEPA 部门	GTAP 部门	部门描述	序号	GEEPA 部门	GTAP 部门	部门描述
1	pdr	pdr	水稻	30	lum	lum	木材制品
2	wht	wht	小麦	31	ppp	ppp	纸制品、出版
3	gro	gro	谷物	32	ROil	p_c	成品油、煤制品
4	v_f	v_f	蔬菜、水果、坚果	33	crp	crp	化学、橡胶、塑料制品
5	osd	osd	油籽	34	nmm	nmm	非金属矿物
6	c_b	c_b	甘蔗、甜菜	35	i_s	i_s	黑色金属
7	pfb	pfb	植物纤维	36	nfm	nfm	有色金属
8	ocr	ocr	农作物	37	fmp	fmp	金属制品
9	ctl	ctl	牛，羊，山羊，马	38	mvh	mvh	汽车及零件
10	oap	oap	动物产品	39	otn	otn	运输设备
11	rmk	rmk	原牛奶	40	ele	ele	电子设备
12	wol	wol	羊毛，蚕茧	41	ome	ome	机械设备
13	frs	for	林业	42	omf	omf	其他制造
14	fsh	fsh	渔业	43	Elec	ely	电力
15	Coal	col	煤炭	44	FuelGas	gdt	燃气
16	Oil	oil	原油	45	Water	wtr	水
17	Gas	gas	天然气	46	Cons	cns	建筑
18	OtherMin	omn	矿产			otp	运输服务
19	cmt	cmt	牛肉，羊肉，山羊肉，马肉	47	TransService	wtp	海运
20	omt	omt	肉类产品			atp	空运
21	vol	vol	植物油脂			trd	贸易
22	mil	mil	乳制品			cmn	通信
23	pcr	pcr	稻谷加工			ofi	金融服务
24	sgr	sgr	糖			isr	保险
25	ofd	ofd	食品	48	OthServices	obs	商业服务
26	b_t	b_t	饮料和烟草制品			ros	娱乐等服务
27	tex	tex	纺织品			osg	公共管理、防御、健康、教育
28	wap	wap	服装			dwe	住宅
29	lea	lea	皮革制品				

来源：作者根据 GTAP 9 数据库整理。

附录 4　基准情景下的 GDP、人口和环境排放

表 1　基准情景下的 GDP（单位：十亿美元，2005 年计价）

年份	USA	China	Japan	EU	ROA	MAF	LAM	ROW
2010	13151.872	9447.503	3899.299	13876.494	4739.401	5338.272	5834.355	10526.710
2011	13486.861	10412.092	3944.011	14094.213	5234.368	5602.666	6075.848	10827.180
2012	13830.382	11475.166	3989.236	14315.348	5781.029	5880.155	6327.336	11136.226
2013	14182.652	12646.780	4034.979	14539.952	6384.780	6171.387	6589.234	11454.094
2014	14543.896	13938.015	4081.247	14768.081	7051.585	6477.044	6861.973	11781.035
2015	14826.815	14270.450	4122.859	14965.089	7214.238	6660.242	7041.819	12029.060
2016	15283.738	15583.999	4162.456	15255.339	7928.624	7032.159	7334.584	12366.406
2017	15754.742	17018.457	4202.432	15551.219	8713.751	7424.845	7639.521	12713.212
2018	16240.261	18584.951	4242.793	15852.837	9576.625	7839.459	7957.136	13069.745
2019	16740.742	20295.637	4283.542	16160.305	10524.944	8277.226	8287.956	13436.276
2020	17111.429	20838.197	4320.842	16416.340	10786.166	8519.829	8505.645	13715.789
2021	17523.666	24.276	4366.921	16701.155	11653.078	8967.242	8817.133	14074.670
2022	17945.835	23702.552	4413.492	16990.911	12589.666	9438.150	9140.027	14442.942
2023	18378.175	25279.157	4460.560	17285.695	13601.530	9933.787	9474.747	14820.850
2024	18820.930	26960.632	4508.129	17585.593	14694.720	10455.453	9821.724	15208.646
2025	19172.616	27768.592	4551.239	17840.415	15120.726	10756.892	10063.083	15510.196
2026	19549.727	29047.961	4593.878	18135.980	16107.512	11289.583	10389.445	15874.968
2027	19934.256	30386.275	4636.916	18436.441	17158.696	11848.652	10726.392	16248.319
2028	20326.348	31786.247	4680.357	18741.881	18278.480	12435.408	11074.267	16630.450
2029	20726.152	33250.720	4724.205	19052.380	19471.343	13051.220	11433.424	17021.568
2030	21058.172	34165.439	4764.432	19318.239	20054.655	13420.345	11694.895	17334.056
2031	21403.953	35242.681	4796.229	19634.479	21165.642	14030.514	12034.747	17690.526
2032	21755.412	36353.888	4828.239	19955.896	22338.176	14668.425	12384.474	18054.327
2033	22112.642	37500.132	4860.462	20282.574	23575.666	15335.339	12744.365	18425.609
2034	22475.738	38682.516	4892.901	20614.601	24881.710	16032.575	13114.714	18804.526
2035	22787.078	39551.647	4923.419	20899.439	25609.592	16471.190	13394.153	19116.406
2036	23114.532	40504.863	4948.606	21243.899	26874.854	17191.151	13756.451	19466.345
2037	23446.691	41481.053	4973.921	21594.036	28202.627	17942.582	14128.548	19822.691
2038	23783.623	42480.769	4999.366	21949.944	29596.000	18726.858	14510.710	20185.559
2039	24125.397	43504.579	5024.941	22311.718	31058.213	19545.416	14903.209	20555.070
2040	24424.346	44317.729	5049.352	22621.738	31935.901	20070.996	15205.641	20866.103
2041	24733.508	45155.317	5076.770	22978.123	33329.793	20915.230	15590.328	21204.349
2042	25046.583	46008.735	5104.338	23340.122	34784.523	21794.974	15984.748	21548.079
2043	25363.622	46878.282	5132.055	23707.824	36302.747	22711.722	16389.145	21897.380

续表

年份	USA	China	Japan	EU	ROA	MAF	LAM	ROW
2044	25684.673	47764.263	5159.922	24081.319	37887.237	23667.032	16803.774	22252.344
2045	25970.156	48505.668	5186.444	24403.661	38905.360	24292.165	17129.077	22557.335
2046	26255.037	49159.790	5213.001	24764.740	40416.864	25280.761	17536.101	22877.277
2047	26543.043	49822.734	5239.694	25131.162	41987.092	26309.590	17952.798	23201.757
2048	26834.209	50494.618	5266.523	25503.005	43618.323	27380.288	18379.395	23530.839
2049	27128.568	51175.562	5293.490	25880.351	45312.930	28494.558	18816.130	23864.589
2050	27394.562	51776.280	5319.228	26209.057	46462.881	29235.147	19164.199	24157.045
2051	27680.921	52243.275	5348.957	26583.921	48098.962	30411.222	19595.843	24487.917
2052	27970.273	52714.483	5378.852	26964.146	49792.653	31634.607	20037.209	24823.320
2053	28262.650	53189.940	5408.914	27349.810	51545.984	32907.208	20488.516	25163.318

表 2　基准情景下的人口（单位：十亿美元，2005 年计价）

年份	USA	China	Japan	EU	ROA	MAF	LAM	ROW
2054	28558.083	53669.686	5439.145	27740.990	53361.055	34231.002	20949.988	25507.972
2055	28826.356	54111.257	5467.873	28083.376	54643.285	35115.520	21322.418	25811.404
2056	29127.028	54495.043	5500.459	28492.641	56397.348	36516.789	21774.979	26182.109
2057	29430.836	54881.552	5533.240	28907.871	58207.716	37973.975	22237.145	26558.138
2058	29737.813	55270.802	5566.215	29329.151	60076.198	39489.310	22709.120	26939.568
2059	30047.992	55662.812	5599.388	29756.572	62004.658	41065.113	23191.113	27326.475
2060	30329.716	56030.189	5630.804	30129.702	63413.598	42121.866	23585.221	27664.929
2061	30644.237	56333.645	5662.648	30564.373	65278.863	43775.044	24057.772	28057.463
2062	30962.019	56638.744	5694.672	31005.315	67198.993	45493.106	24539.791	28455.567
2063	31283.096	56945.495	5726.877	31452.618	69175.603	47278.596	25031.468	28859.319
2064	31607.504	57253.908	5759.264	31906.374	71210.353	49134.163	25532.995	29268.801
2065	31902.319	57547.467	5790.023	32303.057	72739.923	50387.757	25947.976	29627.600
2066	32204.310	57780.671	5820.840	32747.071	74693.619	52302.915	26438.281	30025.909
2067	32509.159	58014.821	5851.820	33197.188	76699.788	54290.864	26937.851	30429.573
2068	32816.894	58249.919	5882.966	33653.492	78759.840	56354.373	27446.861	30838.663
2069	33127.543	58485.970	5914.277	34116.067	80875.222	58496.312	27965.488	31253.254
2070	33412.273	58713.489	5944.106	34523.126	82508.401	59963.545	28399.502	31619.145
2071	33699.174	58861.264	5972.826	34963.935	84528.061	62151.435	28909.713	32002.849
2072	33988.538	59009.411	6001.686	35410.372	86597.158	64419.154	29429.090	32391.209
2073	34280.387	59157.931	6030.684	35862.510	88716.903	66769.615	29957.798	32784.282
2074	34574.741	59306.825	6059.823	36320.421	90888.536	69205.838	30496.004	33182.126
2075	34846.776	59452.365	6087.708	36727.171	92606.699	70902.993	30950.556	33537.665
2076	35135.356	59558.064	6115.161	37171.577	94677.071	73377.813	31476.395	33910.467
2077	35426.326	59663.951	6142.737	37621.361	96793.729	75939.014	32011.169	34287.413

续表

年份	USA	China	Japan	EU	ROA	MAF	LAM	ROW
2078	35719.706	59770.026	6170.438	38076.587	98957.708	78589.612	32555.027	34668.550
2079	36015.515	59876.290	6198.263	38537.322	101170.067	81332.728	33108.126	35053.923
2080	36289.677	59980.860	6224.971	38949.203	102958.557	83277.091	33579.753	35401.676
2081	36564.391	60025.983	6252.753	39397.284	105061.149	86046.066	34118.902	35769.939
2082	36841.185	60071.141	6280.659	39850.521	107206.680	88907.109	34666.708	36142.034
2083	37120.075	60116.332	6308.690	40308.971	109396.026	91863.282	35223.310	36517.999
2084	37401.075	60161.557	6336.845	40772.696	111630.082	94917.749	35788.848	36897.874
2085	37663.249	60206.477	6363.881	41189.610	113471.517	97121.964	36275.500	37242.993
2086	37926.696	60220.785	6392.530	41644.136	115603.855	100192.485	36828.629	37613.417
2087	38191.985	60235.097	6421.309	42103.677	117776.264	103360.081	37390.193	37987.526
2088	38459.131	60249.412	6450.217	42568.290	119989.496	106627.821	37960.319	38365.356
2089	38728.144	60263.731	6479.255	43038.029	122244.318	109998.870	38539.139	38746.943
2090	38980.483	60278.019	6507.128	43462.239	124133.207	112474.569	39041.147	39095.115
2091	39235.236	60276.037	6536.161	43925.436	126289.409	115836.999	39608.940	39467.120
2092	39491.653	60274.055	6565.324	44393.569	128483.065	119299.949	40184.990	39842.664
2093	39749.746	60272.073	6594.617	44866.692	130714.825	122866.423	40769.418	40221.782
2094	40009.526	60270.091	6624.040	45344.856	132985.350	126539.518	41362.345	40604.508
2095	40254.246	60268.109	6652.294	45778.223	134914.219	129286.718	41880.110	40955.139
2096	40498.831	60259.865	6680.886	46244.575	137068.050	132915.153	42459.780	41318.495
2097	40744.902	60251.622	6709.600	46715.679	139256.265	136645.421	43047.473	41685.076
2098	40992.468	60243.380	6738.438	47191.581	141479.414	140480.379	43643.301	42054.908
2099	41241.539	60235.140	6767.400	47672.332	143738.055	144422.964	44247.376	42428.022
2100	41477.171	60226.889	6795.252	48109.985	145683.373	147428.895	44778.460	42771.921

数据来源：GTAP 9 数据库和 IIASA-WiC POP-SSP 公共数据库（Version 2.0）。

表3　基准情景下的人口　　　　　　　　　（单位：百万人）

年份	USA	China	Japan	EU	ROA	MAF	LAM	ROW
2010	314.242	1348.932	126.536	500.441	2181.650	1236.928	585.498	575.097
2011	316.724	1353.419	126.450	502.093	2211.803	1265.610	591.601	577.080
2012	319.225	1357.922	126.363	503.750	2242.372	1294.958	597.769	579.070
2013	321.745	1362.439	126.277	505.413	2273.363	1324.987	604.000	581.067
2014	324.286	1366.971	126.191	507.081	2304.783	1355.711	610.297	583.070
2015	326.649	1371.369	126.105	508.699	2332.412	1380.341	616.016	585.012
2016	329.221	1374.593	125.846	509.954	2361.891	1410.015	621.697	586.611
2017	331.813	1377.825	125.588	511.211	2391.743	1440.327	627.429	588.215
2018	334.425	1381.065	125.331	512.472	2421.973	1471.291	633.215	589.823
2019	337.058	1384.312	125.074	513.736	2452.584	1502.920	639.053	591.435

续表

年份	USA	China	Japan	EU	ROA	MAF	LAM	ROW
2020	339.508	1387.491	124.813	514.972	2479.809	1528.712	644.418	593.008
2021	342.081	1388.740	124.420	516.100	2507.078	1558.690	649.533	594.230
2022	344.673	1389.990	124.029	517.232	2534.648	1589.257	654.689	595.454
2023	347.285	1391.240	123.639	518.366	2562.520	1620.423	659.887	596.681
2024	349.917	1392.492	123.250	519.502	2590.699	1652.201	665.125	597.911
2025	352.372	1393.734	122.850	520.616	2616.156	1678.606	669.996	599.118
2026	354.822	1392.904	122.362	521.570	2640.737	1708.534	674.412	599.961
2027	357.289	1392.074	121.876	522.525	2665.548	1738.996	678.857	600.806
2028	359.774	1391.244	121.392	523.482	2690.593	1770.001	683.332	601.651
2029	362.275	1390.415	120.909	524.442	2715.873	1801.559	687.836	602.498
2030	364.622	1389.582	120.410	525.385	2739.059	1828.247	692.076	603.334
2031	366.906	1386.572	119.862	526.172	2761.274	1857.886	695.732	603.932
2032	369.203	1383.569	119.316	526.960	2783.669	1888.006	699.407	604.530
2033	371.516	1380.573	118.774	527.750	2806.247	1918.613	703.101	605.129
2034	373.842	1377.583	118.233	528.541	2829.007	1949.717	706.815	605.728
2035	376.039	1374.534	117.670	529.321	2850.135	1976.442	710.354	606.322
2036	378.151	1369.455	117.087	529.988	2869.661	2005.421	713.267	606.812
2037	380.275	1364.395	116.507	530.656	2889.321	2034.825	716.191	607.302
2038	382.410	1359.354	115.929	531.325	2909.115	2064.660	719.127	607.792
2039	384.557	1354.331	115.355	531.995	2929.045	2094.933	722.075	608.283
2040	386.598	1349.140	114.754	532.658	2947.765	2121.338	724.915	608.770
2041	388.529	1342.300	114.145	533.190	2964.408	2149.069	727.067	609.076
2042	390.470	1335.494	113.539	533.722	2981.145	2177.163	729.225	609.382
2043	392.421	1328.722	112.936	534.255	2997.977	2205.624	731.389	609.689
2044	394.382	1321.985	112.337	534.789	3014.904	2234.456	733.560	609.995
2045	396.256	1314.937	111.708	535.318	3030.982	2259.993	735.673	610.300
2046	398.083	1306.586	111.088	535.664	3044.064	2286.088	737.024	610.384
2047	399.918	1298.288	110.472	536.009	3057.202	2312.484	738.377	610.468
2048	401.763	1290.044	109.859	536.355	3070.397	2339.184	739.732	610.552
2049	403.615	1281.851	109.249	536.702	3083.649	2366.193	741.090	610.636
2050	405.392	1273.184	108.609	537.046	3096.391	2390.465	742.425	610.720
2051	407.214	1263.674	107.992	537.173	3105.789	2414.081	742.982	610.555
2052	409.044	1254.236	107.378	537.299	3115.216	2437.930	743.538	610.390
2053	410.883	1244.868	106.768	537.426	3124.672	2462.015	744.096	610.225

表 4　基准情景下的人口　　　　　　（单位：百万人）

年份	USA	China	Japan	EU	ROA	MAF	LAM	ROW
2054	412.730	1235.570	106.161	537.553	3134.156	2486.337	744.653	610.060
2055	414.503	1225.636	105.523	537.679	3143.383	2508.544	745.207	609.894
2056	416.346	1215.344	104.901	537.617	3148.812	2529.681	745.057	609.515
2057	418.198	1205.139	104.283	537.554	3154.250	2550.996	744.908	609.137
2058	420.058	1195.020	103.669	537.491	3159.698	2572.490	744.758	608.758
2059	421.926	1184.986	103.058	537.429	3165.155	2594.165	744.608	608.380
2060	423.721	1174.179	102.415	537.366	3170.528	2614.227	744.458	608.000
2061	425.458	1163.524	101.751	537.027	3172.455	2633.196	743.804	607.291
2062	427.202	1152.966	101.091	536.688	3174.383	2652.302	743.150	606.584
2063	428.953	1142.503	100.436	536.349	3176.313	2671.546	742.497	605.878
2064	430.712	1132.136	99.785	536.010	3178.243	2690.930	741.844	605.172
2065	432.406	1120.905	99.095	535.670	3180.163	2709.069	741.186	604.459
2066	433.956	1110.247	98.400	535.155	3179.183	2725.780	740.101	603.462
2067	435.511	1099.691	97.710	534.641	3178.203	2742.595	739.018	602.466
2068	437.071	1089.235	97.024	534.127	3177.223	2759.513	737.937	601.472
2069	438.638	1078.879	96.343	533.613	3176.244	2776.535	736.857	600.480
2070	440.154	1067.617	95.619	533.096	3175.262	2792.625	735.763	599.473
2071	441.460	1057.032	94.920	532.468	3171.572	2806.944	734.265	598.211
2072	442.770	1046.553	94.225	531.841	3167.887	2821.336	732.771	596.952
2073	444.084	1036.177	93.536	531.215	3164.205	2835.802	731.280	595.695
2074	445.401	1025.904	92.852	530.590	3160.528	2850.342	729.792	594.441
2075	446.684	1014.694	92.122	529.958	3156.813	2864.219	728.276	593.164
2076	447.712	1004.182	91.436	529.230	3150.558	2876.184	726.418	591.651
2077	448.743	993.779	90.755	528.503	3144.316	2888.199	724.565	590.142
2078	449.775	983.483	90.078	527.777	3138.085	2900.264	722.716	588.637
2079	450.811	973.294	89.407	527.052	3131.867	2912.380	720.872	587.136
2080	451.824	962.133	88.690	526.318	3125.538	2924.044	718.985	585.600
2081	452.585	951.861	87.987	525.487	3117.065	2933.684	716.820	583.843
2082	453.348	941.699	87.289	524.658	3108.615	2943.355	714.661	582.091
2083	454.111	931.645	86.596	523.830	3100.187	2953.058	712.509	580.344
2084	454.876	921.698	85.909	523.003	3091.782	2962.793	710.363	578.602
2085	455.629	910.773	85.172	522.164	3083.172	2972.241	708.159	576.813
2086	456.162	901.060	84.475	521.175	3072.954	2979.627	705.783	574.892
2087	456.696	891.451	83.784	520.187	3062.771	2987.031	703.414	572.978
2088	457.230	881.945	83.098	519.201	3052.621	2994.454	701.054	571.070
2089	457.765	872.539	82.418	518.217	3042.505	3001.895	698.701	569.169
2090	458.294	862.210	81.686	517.216	3032.085	3009.171	696.277	567.210

年份	USA	China	Japan	EU	ROA	MAF	LAM	ROW
2091	458.623	853.257	81.004	516.056	3020.443	3014.560	693.782	565.134
2092	458.952	844.398	80.328	514.898	3008.846	3019.958	691.295	563.065
2093	459.281	835.630	79.657	513.743	2997.293	3025.366	688.817	561.004
2094	459.610	826.954	78.992	512.591	2985.785	3030.784	686.348	558.950
2095	459.938	817.448	78.276	511.415	2973.876	3036.115	683.799	556.828
2096	460.045	809.258	77.609	510.017	2961.391	3039.624	681.231	554.577
2097	460.152	801.151	76.948	508.622	2948.958	3043.137	678.672	552.334
2098	460.259	793.125	76.292	507.231	2936.577	3046.655	676.123	550.100
2099	460.367	785.179	75.642	505.844	2924.249	3050.176	673.583	547.876
2100	460.474	776.501	74.941	504.422	2911.450	3053.661	670.957	545.570

数据来源：GTAP 9 数据库和 IIASA-WiC POP-SSP 公共数据库（Version 2.0）。

后 记

全球气候变化主要是由于人类活动排放温室气体产生的外部性问题，需要依赖于经济系统的政策手段进行干预。为有效刻画经济活动和气候变化之间的联系，设计减缓或适应气候变化的有效措施，需要从气候经济学视角出发，运用成本-收益理论，分析气候变化影响的损失、权衡应对气候变化的成本与收益。气候变化综合评估模型将经济系统和气候系统整合在一个框架中，涵盖气候变化的经济根源和经济影响、政策效应等多方面元素，是分析气候变化的重要方法，已成为气候政策研究的主流工具，在国内外均受到广泛的关注。面向减缓和适应气候变化的迫切需求，为了支持全球气候政策的制定和气候变化综合评估模型的发展，结合我们自主设计开发的气候变化综合评估模型 C^3IAM，撰写了《气候变化综合评估模型与应用》一书。

本书采用定性与定量综合集成的研究方法，写作风格兼顾学术性和科普性，既适合高等院校相关专业(特别是多学科交叉专业)的本科生、研究生及教师、科研人员的学术交流，又适合政府和企业管理人员参阅。本书按照厘清研究问题、梳理基本原理、突出主要应用、融入研究成果的逻辑思路逐步展开。

本书是北京理工大学能源与环境政策研究中心团队成员在自主研发中国气候变化综合评估模型(C^3IAM)的 1.0 版和 2.0 版基础上，经过长期对气候变化相关问题的研究积累形成的总结。本书的形成由魏一鸣负责总体设计、策划、组织和统稿。第 1 章由魏一鸣、梁巧梅、廖华、刘丽静、韩融、米志付完成；第 2 章和第 3 章由魏一鸣、韩融、米志付完成；第 4 章由魏一鸣、王策、康佳宁完成；第 5 章由魏一鸣、梁巧梅、刘丽静、张坤完成；第 6 章由魏一鸣、余碧莹、刘兰翠、安润颖、康佳宁完成；第 7 章由魏一鸣、袁潇晨、常俊杰完成；第 8 章由魏一鸣、袁潇晨、彭鹃、姜昕旸、彭淞完成；第 9 章由魏一鸣、袁潇晨、彭鹃完成；第 10 章由魏一鸣、姚云飞、韩融、蔚艳艳完成；第 11 章由魏一鸣、梁巧梅、刘丽静、张坤、吉嫦靖完成；第 12 章由魏一鸣、韩融完成。刘丽静博士等帮助我们对本书部分章节的统稿及校对工作做出了贡献。本书是能源与环境政策研究中心集体智慧的结晶。

在本书的研究与撰写过程中，得到了国家自然科学基金项目(72293600、72074022、71822401)和北京市自然科学基金项目(JQ19035)等的支持，并获得了北京理工大学"双一流"引导专项经费的资助。本书的出版，先后得到了陈述彭院士、丁仲礼院士、杜祥琬院士、李静海院士、彭苏萍院士、杨志峰院士、卢春房院士、丁烈云院士、刘合院士、郭重庆院士、丁一汇院士、李京文院士、杨善林院士、陈晓红院士、金红光院士、严晋跃、黄晶、傅小锋、吴启迪、刘燕华、徐锭明、吴吟、于景元、何建坤、王思强、黄晶、宋雯、安丰全、孙洪、李善同、陈晓田、周寄中、李一军、汪寿阳、杨列勋、刘作仪、李若筠、吴刚、李江涛、李高、戴彦德、李俊峰、高世宪、徐华清、康艳兵、田成川、郭日生、彭斯震、张九天、仲平、许世森、李景明、涂序彦、石敏俊、夏光、段晓男、林而达、巢清尘、马柱国、程晓陶、魏伟、张建、王灿、陆诗建、高林、潘家华、王仲颖、张有生、陈文颖、彭勃、刘练波、李小春、李琦、张贤、张志强、邹乐乐、刁玉杰、魏凤、刘强等专家和领导的鼓励、指导、支持和无私的帮助。

国外同行 W.D.Nordhaus、Z.L. Yang、Erik Ahlgren、Priyadarshi R. Shukla、Basanta K Pradhan、Bas van Ruijven、Matthias Weitzel、R.S.J. Tol、B.Hofman、E.Martinot、T.Drennen、H.Jacoby、J.Parsons、I.MacGill、O.Edenhofer、K.Burnard、C.Nielsen、F.Nguyen、N.Okada、B.Ang、J.Yan、H.Tatano、S.K.Chou、Z.M. Huang、T.Murty、G.Erdmann、J.Chen、Billy Pizer、Reed Walker、Finn Forsund、Michael Pollitt、W. B. Davina、François Lévêque、Kuishuang Feng、Klaus Hubacek、Paul Burke、Y.F. Chen、G.Y. Han、Jae Edmonds、Hooman Peimani、Giovanni Baiocchi、Reimund Schwarze、Chia-Yen Lee、D'Maris Coffman Matthias Weitzel、Manfred Fischedick、Leon Clarke、B.K. Pradhan、Tooraj Jamasb、L. F. Cabeza 等曾应邀访问能源与环境政策研究中心并做学术交流，他们以不同形式给予我们支持和帮助。

衷心感谢能源与环境政策研究中心的唐葆君、曹云飞、陈炜明、李慧、曲申、沈萌、赵鲁涛、赵伟刚提供的帮助和支持。

特别感谢本书的所有作者和引文中的所有作者。由于气候经济学的理论和实践仍处于不断发展和完善之中，加之我们学术水平和能力有限，不足之处敬请批评指正。

2022 年 5 月 1 日于中关村